토머스 쿤의
과학철학

쟁점과 전망

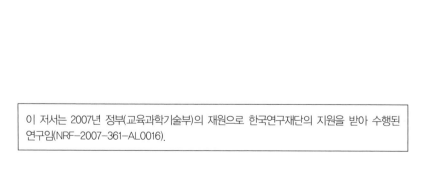

이 저서는 2007년 정부(교육과학기술부)의 재원으로 한국연구재단의 지원을 받아 수행된 연구임(NRF-2007-361-AL0016).

토머스 쿤의
과학철학 쟁점과 전망

조인래 지음

小花

차례

부모님께 이 책을 바칩니다.

머리말

 토머스 쿤(Thomas Kuhn, 1922~1996)은 현대의 가장 영향력 있는 과학철학자 중 한 명으로 자주 언급되어 왔다.[1] 버드(Alexander Bird)는 이러한 평가에 대해 동조하면서도 쿤의 독자적 유산이라고 할 만한 것은 없다고 말한다.[2] '쿤의 철학적 유산'에 대한 이러한 소극적 평가는 부분적으로 맞지만 부분적으로는 상황을 오도할 수 있다고 생각된다.

 버드는 소극적 평가의 근거로서 두 가지를 든다.[3] 하나는 과학철학 분야에서 딱히 쿤 학파라고 부를 지적 공동체가 존재하지 않는다는 것이다. 어떤 학자의 학문적 견해 중 주된 부분들을 수용하고 발전시키려는 동료 또는 후배 학자들로 구성되는 지적 공동체라는 의미에서의 학파가 존재한다면 그것은 가장 뚜렷한 형태의 학문적 유산에 해당할 것이다. 그리고 쿤이 그런 형태의 유산을 남기지 못한 것은 사실이다.[4]

---

[1] 참조: Bird (2004 / 2011); Grandy (2006), p. 419.

[2] 참조: Bird (2002). 버드(2002, 443)는 "왜 쿤은, 20세기 후반에 그가 미친 막대한 영향에도 불구하고, 자신의 독자적인 유산을 남기지 못했는가?"라는 물음으로 그의 논의를 시작한다.

[3] 참조: Bird (2002), pp. 443-444.

[4] 쿤(1997, 319)은, "당신은 과학철학 분야의 학생이 없었다"는 Gavroglu의 지적에 대해, "나는 철학 분야의 대학원생을 지도한 적이 없다"고 말한다.

그러나 학파의 존재를 학문적 유산의 주된 기준으로 삼는다면 그러한 기준을 충족시킬 학자들의 수는 극히 적을 것이라는 점에서 학파의 존재가 학문적 유산의 필요 조건이 되어서는 안될 것이다. 버드의 다른 근거는, 쿤의 가장 특징적인 견해인 공약불가능성 논제가 그가 주장한 철학적 의의를 더 이상 가지지 않는 것으로 간주된다는 상황 판단이다. 그러나 쿤이 공약불가능성 논제만 주장한 것이 아닌 만큼, 버드의 지적은 쿤의 주요 주장들이 모두 또는 대부분 쿤이 생각한 의의를 더 이상 지니지 않는다는 의미에서 시효가 이미 지난 주장들이라는 지적으로 읽혀야 할 터인데 이는 상당히 과도하다. 심지어 공약불가능성 논제 하나만 놓고 보더라도, 그것에 대한 논의가 공약불가능성 논제에 대한 비판자들의 과도한 해석에 대해 쿤이 상대적으로 온건한 진의를 해명하는 방식으로 진행되었다는 점을 감안하면 그 논제가 쿤이 아니라 비판자들이 생각한 의의를 더 이상 지니지 않는 상황이 되었다고 말하는 것이 더 정확한 서술일 것이다. 그리고 이렇게 해명된 공약불가능성 논제의 철학적 의의가 시효를 넘긴 경우인가는 아직 논란의 여지가 있다는 점에서 열린 문제이다.

쿤의 막대한 학문적 영향과는 달리 그의 학문적 유산이 미약한 이유에 대한 논의에서 버드는 두 가지를 언급한다.[5] 한 가지 주된 이유는 쿤이 자신의 중심되는 업적인 범례(exemplar)로서의 패러다임(paradigm)과 그 역할을 적극적으로 논구하고 활용하지 않았다는 것이다. 이러한 설명에 대해서는 나도 어느 정도 동의한다. 뒤이어 버드는 쿤이 범례들과 관련된 논의를 적극적으로 전개하지 못한 원인에 대해 그의 견해가

---

5 참조: Bird (2002), p. 444.

시대를 앞섰기 때문이라고 말하는데, 이러한 변호는 불필요한 지적 면죄부를 주는 결과가 될 수 있다. 쿤의 학문적 유산이 미약한 다른 부차적 이유를 버드는 쿤이 『과학혁명의 구조』에서 채택한 과학사를 매개로 한 자연주의적 접근으로부터 언어 및 개념 분석에 치중하는 선험적 접근으로 '그릇된 선회(wrong turning)'를 하게 된 데서 찾는다. 이러한 상황 진단 및 평가에 대해서는 선뜻 동의하기 어려운데, 그 이유는 이 책의 관련된 부분들에서 차차 논의될 것이다.

그런데 쿤의 학문적 유산에 대한 상황 판단과 평가는 이 책의 작업 범위와 그 의의를 규정하는 데 긴요하다고 생각되므로, 서문의 나머지 부분에서 나는 토머스 쿤과 관련된 나의 지적 이력을 배경으로 그의 학문적 유산을 좀 더 적극적으로 이해하고 평가하는 방안을 모색하고자 한다.

내가 『과학혁명의 구조』를 처음 접하게 된 것은 서울대 철학과 대학원에 재학 중 유학을 간 켄트 주립 대학(Kent State University)의 철학과에서 디코프(James Dickoff) 교수가 개설한 철학 개론 과목의 조교를 맡으면서였다. 그 과목은 플라톤(Plato), 보에티우스(Boethius), 흄(David Hume), 니체(Friedrich Nietzsche) 그리고 쿤의 원저들을 읽고 강의 및 토론을 통해 논의하는 방식으로 진행되었는데, 그 원저 중 하나가 『과학혁명의 구조』였다. 『과학혁명의 구조』가 등장하게 된 지적 배경에 해당하는 주류 과학철학(특히 논리경험주의와 포퍼의 과학철학)에 대한 이해가 매우 부족하던 상황에서 후속 논의를 먼저 접하게 된 것이다.[6]

---

6 미국 유학을 가기 전 과학철학에 대한 학습은 지도교수이셨던 김준섭 교수님이 개설하신 일부 과목을 통해 매우 제한적으로 이루어졌고, 대부분의 학습은 석사 학위 논문의 주제

그나마 다행스럽게도 디코프 교수가 대학원에서 수피(Frederick Suppe)의 『과학 이론의 구조(*The Structure of Scientific Theories*)』를 주교재로 하는 과학철학 과목을 개설한 덕분에 『과학혁명의 구조』가 현대 과학철학에서 차지하는 위치를 대략적으로나마 이해할 수 있게 되었다. 이 과정에서 향후 과학철학을 주된 학습 분야로 해야겠다는 생각을 다지게 되었는데, 그 일환으로 쿤의 『코페르니쿠스 혁명(*The Copernican Revolution*)』을 주된 논의 대상으로 하는 석사 논문을 기획하고 초고를 거의 완성한 단계에서 켄트를 떠나 존스 홉킨스 대학(The Johns Hopkins University)으로 옮겨가게 되었다. 이 미완성된 석사 논문의 주된 내용은 『과학혁명의 구조』가 기획되는 과정에서 이루어진 선행 사례 연구에 해당했던 '코페르니쿠스 혁명'에서 과연 쿤이 제시한 과학혁명에 해당하는 과학변동이 실제로 일어났는가를 비판적으로 검토하는 것이었다. 켄트 주립대학에서 유학하는 동안 내가 얻게 된 다른 커다란 지적 수확은 이광세 교수가 개설한 칸트 과목들을 통해서였다.[7] 그와의 칸트 수업에서 나는 서양철학사 공부를 어떻게 해야 하는지에 대해 획기적인 전환을 경험하였다. 특히 칸트의 철학은 당시 뉴턴 역학과 관련하여 제기되는 개념적, 인식론적 및 형이상학적 과제들을 해결하는 작업의 일환으로 이해될 필요가 있다는 것을 깨닫게 되었다.[8] 서양철학사를 이해하는 방식에서의

였던 프레게와 초기 비트겐슈타인[특히 『논리—철학 논고(*Tractatus Logico-Philosophicus*)』] 사이의 관계 규명과 관련된 초기 분석철학의 언어철학적 논의에 치중되어 있었다.

7 이광세 교수는 나의 지도교수였을 뿐만 아니라 탁월한 칸트 학자였다.

8 이 점은 약 20년 후에 프리드먼(Michael Friedman, 1998)에 의해서도 재확인된다. "임마누엘 칸트는 철학적 연구 활동 내내 당대의 과학, 특히 뉴턴의 수학적 물리학에 몰두했다."(Friedman 1998, xiii)

이러한 전환은 존스 홉킨스 대학에서 데카르트의 철학을 공부하는 경험을 통해 더욱 강화되었다. 이처럼 미국 유학 과정에 하게 된 서양 근세 철학에 대한 공부의 경험을 통해 서양 철학이 서양 과학과 밀접한 관계를 맺고 있을 뿐만 아니라 그 관계를 제대로 이해할 때에만 서양 철학도 제대로 이해할 수 있다는 인식을 체화하게 되었다. 돌이켜보는 관점에서 아쉬운 점은 쿤의 과학철학에 대한 공부와 칸트 철학에 대한 공부를 병행했던 시기에 양자 사이의 관계, 즉 쿤의 과학철학에 내재된 칸트적 관점을 미처 주목하지 못했다는 것이다.[9]

존스 홉킨스 대학으로 옮겨가면서 나는 과학철학에 대한 본격적인 학습을 할 수 있는 기회를 가지게 되었다. 일반 과학철학에 대한 학습은 현대의 주요 과학철학자 중 한 사람인 애친슈타인(Peter Achinstein) 교수의 수업을 통해서 그리고 논리학 및 물리학의 철학에 대한 학습은 소장 교수였던 자레(David Zaret) 교수의 수업을 통해 이루어졌다. 나는 애친슈타인 교수가 개설한 과학철학 분야의 과목들을 거의 빠짐없이 수강하였는데 흥미롭게도 쿤의 과학철학은 거의 다루어지지 않았다. 그런 상황에서 나 역시 쿤에 대한 관심으로부터 멀어졌다.[10] 당시에는 이 점을 특별히 이상하게 생각하지 않았지만 돌이켜 생각해보면 상당한 시사점이 있다. 한 가지 유력한 추론은, 『과학혁명의 구조』가 불러일으킨 큰 반향과 많은 후속 논의에도 불구하고, 쿤의 과학철학이 미국의 주류

---

9 실제로 이 점에 대한 본격적인 연구는 십수년 후 호이닝엔-휘네(Paul Hoyningen-Huene)에 의해 이루어졌고 그 결과가 쿤의 과학철학에 대한 연구에서는 기초적인 문헌으로 자리잡은 『과학혁명의 재구성(*Reconstructing Scientific Revolutions*)』(1993)이다.
10 그럼에도 불구하고 나는 토머스 쿤이 애친슈타인 교수의 초청으로 1984년 11월에 존스 홉킨스 대학을 방문하여 행한 4차례의 탈하이머 강연들(Thalheimer lectures)과 대학원생들과의 간담회에 참석하는 행운을 누렸다.

철학에 편입되지 않은 채로 남았다는 것이다. 이와 같은 추론은 "쿤의 학문적 유산이 존재하지 않는다"는 버드의 지적과 맥을 같이하는 것으로 들릴 수 있다. 그런데 버드가 "쿤의 학문적 유산이 존재하지 않는다"고 말할 때 그가 '학문적 유산'이라는 표현을 사용하는 방식은, 앞서 이미 언급한 것처럼, 상당히 제한적이다. 대부분의 학자들이 학문적 유산을 남기지 못한 것으로 간주되는 상황을 피하려면 좀 더 온건한 또는 포괄적인 용법에 대한 고려도 필요해 보인다.

버드가 채택한 것으로 보이는 '학문적 유산'의 한 가지 용법은, 어떤 학자의 학설을 동료 또는 후배 학자들이 공유함으로써 학파라는 지적 공동체를 형성한 것으로 밝혀졌을 때 그는 학문적 유산을 남겼다고 말하는 것이다. 이보다 좀 더 온건한 용법은, 어떤 학자의 학설을 주변 학자들이 각기 제 나름의 방식으로 수용하되 학파와 같은 지적 공동체를 형성한 것으로 보기 어려울 때도 학문적 유산의 존재를 인정하는 것이다. 한층 더 온건한 용법은, 어떤 학자의 학설 자체를 주변 학자들이 수용한 것으로 보기 어려우나 그 학문적 활동의 다른 요소, 예를 들어 연구 방법을 주변 또는 후배 학자들이 수용한 것으로 인정되는 경우에도 학문적 유산의 존재를 인정하는 것이다. 버드의 경우, '학문적 유산'의 용법을 첫 번째 용법과 두 번째 용법에 한정하는 것으로 보일 뿐만 아니라 두 가지 용법 모두에 대해 쿤의 학문적 유산을 인정하기 어렵다는 상황 판단을 하는 것으로 이해된다.

앞서 나는 첫 번째 용법과 관련해서는 버드의 판단에 동의하되 두 번째 용법과 관련해서는 버드의 주장에 동의하는 대신 논의의 여지가 있는 열린 문제이며 보다 구체적인 논의는 이 책을 통해 이루어질 것이라는 입장을 취했다. 남는 물음은 세 번째 용법과 관련하여 쿤의 학문적 유산을 인정할 것인가 그리고 인정한다면 어떤 점에서 인정할 것인가 하는 것이다. 이 물음에 대해 나는 긍정적인 답을 선호하는데 이를 위해 애친슈타인 교수의 경우를 하나의 사례로 다루고자 한다. 애친슈타인 교수는, 쿤과 마찬가지로, 학부와 대학원 모두 하버드대를 거쳤다는 점에서 전형적인 하버드맨이다. 그는 하버드대 철학과에서 콰인(W. V. O. Quine), 헴펠(C. G. Hempel), 화이트(Morton White), 셰플러(Israel Scheffler) 등으로부터 배웠는데,[11] 특히 헴펠의 영향을 받아 과학철학을 주된 연구 분야로 삼게 되었다고 전해진다. 그리고 그의 박사학위 논문은 카르납의 확률 이론에 대해서였다. 이처럼 그는 1950년대 주류 과학철학의 세례를 받은 학자이다. 다만 다른 변수는 옥스포드 일상언어 학파와의 교류를 통해 받은 영향이다. 즉 그는 1959년에 1년간 옥스포드에서 스트로슨(Peter Strawson)의 지도하에 연수를 하게 되었고 라일(Gilber Ryle), 에이어(A. J. Ayer), 헤어(Richard Hare), 오스틴(J. L. Austin)의 세미나 또는 강의에 참석하였는데 특히 언어에 대한 철학적 분석에서 맥락적 및 실용적 고려를 중시하는 오스틴의 영향을 많이 받았다. 그리고 이 두 가지 상이한 철학적 전통들로부터의 영향은 애친슈타인의 설명에 대한 논의에서 결합된 형태로 나타난다. 즉 그는 저서 『설명의 본성(*The Nature of Explanation*)』(1983)에서 설명 행위의 산물로서의 설명보다 설명 행위 자체를 가장 기본적인 논의 대상으로 삼는 관점을 채택하는 동시에 설명 이론의 주요 개념적 요소들에 대해 일종의 형식적 정의들을 추구한다. 이처럼 애친슈타인은 설명에 대한 이론적 작업에서 논리실증주의의 원리들을 수용하지 않지만 형식적 정의의

---

11 참조: Gimbel & Maynes (2011), p. 3.

사용 같은 그것의 분석적 작업 방식을 차용하는 접근을 선호했다. 그런데 방법론적 주제들을 다룰 때는 그는 과학사적 사례 연구를 수행한다. 그 예가 라카토슈 상을 받은 그의 잘 알려진 저서 『입자와 파동(*Particles and Waves*)』(1991)이다. 이 책에서 다루어지는 세 과학사적 사례들의 공통점은 관련된 과학자들이 관찰된 현상들을 설명하려고 시도하는 과정에서 입자나 파동 같은 관찰가능하지 않는 존재자들을 상정한다는 것이다. 주된 방법론적 문제는 과학자들의 이러한 관행이 어떻게 정당화될 수 있는가 하는 것인데, 애친슈타인은 이 문제와 관련된 방법론적 이슈들에 기존의 주류 과학철학자들이 했던 것처럼 논리학이나 확률 이론 같은 형식 이론들에 기반하여 선험적 방식으로 접근하기보다 관련된 과학자들의 방법론적 전략 및 실천을 분석하는 방식으로 접근한다. 그런데 이러한 접근 방식은 과학철학에서 역사적 접근을 채택했던 학자들 (대표적으로, 쿤)의 과학철학을 내용면에서 수용한 것은 아니지만 그 작업 방식을 차용한 경우에 해당한다. 이처럼 애친슈타인은 논리경험주의의 과학철학이나 쿤의 대안적 과학철학에 대해 내용면에서 독자성을 견지하면서도 사안별로 전자의 작업 방식이나 후자의 작업 방식을 차용하는 접근을 한 것으로 보인다. 그리고 이렇게 유연하고 제한된 방식의 학문적 계승은 쿤이 남긴 학문적 유산의 한 가지 형태를 예시한다고 볼 수 있다.

애친슈타인과는 달리 좀 더 적극적인 형태로 쿤의 영향을 수용한 경우로는 라카토슈(Imre Lakatos), 라우든(Larry Laudan), 키처(Philip Kitcher) 등에서 그 사례들을 찾을 수 있다. 다만 그들은 쿤의 패러다임이나 정상과학 같은 용어들을 사용하는 대신 각자 나름의 독자적인 용어들을 개발하여 사용하였다. 예를 들면, '과학 연구 프로그램(scientific research programme)',[12] '연구 전통(research tradition)',[13] '합의적 실천(consensus practice)'[14] 등이 그것이다. 쿤의 과학철학이 해당 사례들에 공통된 학문적 유산으로 잘 부각되지 않는 이유는 아마도 그것들이 전자에 대한 비판을 토대로 하여 대안으로 제시되었기 때문일 것이다. 특히 라카토슈, 라우든 그리고 키처는 쿤의 공약불가능성 논제가 산출하는 것으로 흔히 간주된 비합리주의를 비판하고 과학의 합리성을 복원시킬 수 있는 나름의 대안적 과학철학을 제시하고자 한 점에서 공통된다. 그 과정에서 그들이 세부적으로 쿤과 상당히 다른 견해들을 채택하게 된 것은 사실이나 그의 패러다임에 대응하는 과학적 탐구의 틀을 과학자 공동체가 공유하고 그것을 근간으로 하여 과학 활동이 전개되는 것으로 보는 관점을 채택한 것은 쿤적 유산의 계승에 해당한다. 물론 그 유산은 해당 학자들이 학파를 형성한 것은 아니기 때문에 버드가 말하는 강한 형태의 유산은 아니며 앞서 두 번째 형태의 학문적 유산으로 언급된 것에 포함될 수 있을 것이다.

이제 『토머스 쿤의 과학철학 ― 쟁점과 전망』이라는 제목의 책에서 내가 시도할 작업은 그 제목이 시사하듯 상당한 제약 속에서 이루어질 것이다. 우선 이 책에서 논의의 주된 대상은 나의 과학철학이 아니라 쿤의 과학철학이다. 특히 쿤의 과학철학을 둘러싸고 제기된 쟁점들을 대체로 우호적 비판자(friendly critic)의 입장에서 다루어 보고자 하는 것이 내가 스스로에게 부과한 과제이다. 즉 주요 쟁점과 관련하여 쿤의

---

12 참조: Lakatos (1970).
13 참조: Laudan (1977).
14 참조: Kitcher (1993).

입장이 무엇이며, 그것이 공정하게 이해되고 평가되었는지, 제기된 문제가 쿤의 기존 입장에서 해결될 여지는 없는지, 해결이 어려운 상황이라면 기존 견해에 대한 어떤 수정을 통해 해결이 가능한지 등이 나의 주된 관심사가 될 것이다. 따라서 쟁점들을 다루는 과정에서 논의를 위해 내가 채택하거나 제안하게 되는 입장들은 경우에 따라 조건부적인 성격을 띨 것이다.

　쿤의 『과학혁명의 구조』 및 후속 논의들은 많은 논쟁들을 야기했지만, 중심되고 지속적인 논란거리가 된 쟁점들은 그 수가 어느 정도 제한적이다. 나는 그러한 쟁점들을 선별하여 쟁점별로 검토하는 방식으로 논의를 전개할 것이다. 그러나 쟁점별 논의를 시작하기 전에 쿤의 과학철학이 등장하는 지적 맥락에 대한 일별이 불가피하다. 따라서 나는 1장에서 쿤이 극복 대상으로 삼은 당시 주류 과학철학을 그것이 해결하고자 한 주된 과제들과 해법을 중심으로 하여 살펴볼 것이다. 뒤이어 2장에서 나는 쿤이 가장 당혹스러워했던 쟁점을 우선적으로 검토할 것이다. 그것은 쿤의 학문적 상표가 되다시피 한 용어 '패러다임'의 다의성과 설명력을 둘러싼 논란이다. 사실상 이러한 논란의 여파로 쿤은 1970년대 이후로는 그 용어를 거의 사용하지 않게 된다. 그러나 '패러다임'이라는 용어의 사용을 포기한 것이 그러한 용어를 도입할 동기를 제공한 아이디어를 포기했음을 의미하지는 않는다. 후자의 포기는 쿤의 과학철학이 이론적 정체성을 포기하는 것과 마찬가지이기 때문이다. 나는 현대 심리학에서의 연구 성과를 배경으로 하여 쿤이 용어 '패러다임'을 사용하게 된 원래의 이유, 특히 범례들(exemplars)과 그 역할에 대한 그의 착안이 가지는 부분적 의의를 인정하되 좀 더 큰 그림 속에서 그것을 포괄하는 방안을 제시할 것이다. 3장에서는 쿤의 과학철학을 특징짓는 정상과학과 과학혁명의 구분을 둘러싼 논란을 다룰 것이다. 이 구분의 기본 취지는 성숙한 단계에 접어든 과학 분야의 경우 과학 변동이 시기를 달리하여 두 가지 형태, 즉 연속적인 형태와 불연속적인 형태로 일어난다는 것인데, 이러한 견해는 좌우로부터 협공을 받았다. 즉 과학의 연속적(또는 축적적) 변동을 믿었던 주류 과학철학자들은 과학혁명의 존재를 의심했고 과학적 탐구에서 비판적 태도를 강조했던 포퍼(Karl Popper)나 그로부터 영향을 받았던 파이어아벤트(Paul Feyerabend)는 정상과학의 정당성을 의문시했다. 그러나 쿤은 자신의 학문적 활동을 마감할 때까지 일관되게 두 유형의 과학활동, 즉 정상과학과 과학혁명을 구분하는 입장을 견지한 것으로 보이는데, 나 역시 해당 구분의 의의를 제한적인 방식으로나마 인정하는 관점에서 논의를 전개할 것이다. 4장에서는 쿤의 과학철학에서 핵심적인 아이디어일 뿐만 아니라 아마도 가장 많은 논란의 대상이 되어온 공약불가능성의 논제를 다룰 것이다. 기본적인 아이디어는 과학혁명의 과정에서 경쟁하는 패러다임들 사이에 공통된 척도(common measure)가 없다는 것인데, 유감스럽게도 그것의 정체가 정확히 무엇이며 어떤 함축들을 가지는가에 대해 꽤 복잡한 갑론을박이 있어왔다. 나는 우선적으로 공약불가능성 논제의 정확한 정체와 함축들이 무엇이며 남는 과제가 무엇인가라는 물음에 답하는 과정을 통해 실상을 규명하는데 주력할 것이다. 5장에서 다루어질 주제는 과학적 합리성이다. 이 주제와 관련된 문제의 발단은, 쿤의 관점에서 보면, 과학적 합리성이 성립하는 방식에 대한 당시 주류 과학철학의 견해가 과학 활동의 실상과 부합하지 않는다는 데 있다. 그러한 괴리를 산출하는 두 가지 주된 원천 중 하나는 정상과학을 퍼즐 풀이 활동으로 보는 쿤의 시각이요, 다른 하나는 경쟁 이론들이 공약불가능하다는 그의 주장이다. 주류 과학철학이 직면하는 이러한 문제 상황의 타개를 쿤은, 기존의 연산 규칙에 의한 이론 평가 대신, 과학적 가치들에 기반한 이론 평가에서 찾는다. 나는 이론 평가 또는 선택을 위한 쿤의 대안적 접근이 지닌 이점과 문제점을 아울러 살펴보고, 그것이 드러내는 한계를 극복할 수 있는 방안을 모색한다. 나아가서, 6장에서 나는 과학에 대한 철학적 논의에서 빼놓을 수 없는 주제들 중 하나인 과학적 진보를 다룬다. 쿤의 과학철학에서 과학적 진보의 문제는 기존의 주류 과학철학에서와는 상당히 다른 양상을 띤다. 과학적 진보에 대한 기존의 논의에서는 과학의 진보가 당연한 것으로 간주되는 상황에서 진보의 형태를 규명하는 것이 주된 과제이다. 그런데 쿤의 공약불가능성 논제는 과학의 진보에 대한 기존의 논의 구도에 지각 변동을 야기한다. 왜냐하면 공약불가능한 관계에 있는 선행 이론으로부터 후행 이론으로의 이행 과정에서 일어나는 변화는 축적적이지 않은 것으로 흔히 간주되고, 그런 상황에서는 '과연 진보가 일어나는가?'라는 의문이 제기될 수 있기 때문이다. 쿤의 답은 혁명적 변동의 과정을 통해서도 진보는 일어난다는 것이다. 과제는 쿤의 답이 정당화될 수 있는 방식으로 진보의 그럴듯한 형태를 제시하는 것이다. 나는 쿤의 과학 변동론에 대한 라우든의 대안을 비판적으로 검토하는 과정을 통해 이 과제에 대한 개선된 해결을 모색할 것이다. 끝으로, 7장에서 나는 '쿤의 학문적 유산이 과연 존재하는가?'라는 다소 도전적인 물음에 대해 우호적 비판자로서 어떤 답을 하는 것이 적절한가라는 과제를 염두에 두고 앞 장들에서의 논의를 되돌아보는 기회를 갖는 것으로 이 책을 마무리한다.

　현재의 책은 오래전부터 기획된 것은 아니다. 존스 홉킨스 대학으로 옮기면서 멀어진 쿤에 대한 관심이 복원되는 계기는 유학 생활을 마감

하고 귀국하여 카이스트(KAIST)에 자리를 잡으면서 과학철학뿐만 아니라 개론 수준의 과학사까지 강의를 해야 하는 상황이 되어 부득이 과학사를 공부하게 된 데 있다. 그후 과학사적 내용을 활용하여 과학철학적 논의를 하는 연구 논문들도 쓰게 되면서 쿤의 과학철학에 대한 관심과 자연스러운 접목이 이루어졌기 때문이다. 연구 활동에서의 이러한 관심은 쿤의 과학철학에 대한 학부 강의 및 대학원 세미나와 병행되었다. 그러다가 수년 전 이미 발표된 쿤 관련 연구의 성과들을 활용하여 저술로 발전시키는 생각을 하던 차 서울대 인문학연구원의 HK사업과 연계하여 저술 지원을 받게 된 것이 이 책을 쓰게 된 결정적인 계기이다. 다만 저술을 위해 허용된 시간의 제약 때문에 이미 방대해진 쿤 관련 연구 문헌들 중 참조하지 못한 것들이 적지 않은 데다 상당히 긴 기간에 걸쳐 발표된 나의 쿤 관련 논문들을 활용하는 과정에서 충분히 갱신되지 못한 부분들도 적지 않은 점은 아쉬우나 추가 보완 작업은 다음 기회로 미룰 수밖에 없게 되었다.

우선 저술 지원을 해준 서울대 인문학연구원 HK문명연구사업단에 감사드린다. 그리고 이 책은 내가 여러 학술지에 발표한 쿤 관련 논문들을 토대로 하였고 일부 논문들의 내용을 사용하였다. 그러한 사용을 허락해준 한국철학회, 한국과학철학회, 서울대 철학사상연구소에 감사드린다.[15] 아울러 해당 논문들이 쓰여지는 과정에서 그리고 심사 과정

---

15 이 책을 쓰는 과정에서 내용을 가져와 사용한 나의 쿤 관련 연구 논문들은 아래와 같다.
조인래 (1996), "공약불가능성 논제의 방법론적 도전", 『철학』 47, pp. 155-187.
조인래 (2006), "과학적 합리성에 대한 재고", 『철학사상』 22, pp. 75-106.
조인래 (2015), "도전받는 과학방법론", 『철학사상』 56, pp. 255-290.
Cho, In-Rae (2017a), "Kuhnian Turn in Scientific Rationality", *The Korean Journal for the Philosophy of Science* 20-2: 97-137.

에서 유익한 논평을 해주신 실명의 그리고 익명의 동료 학자들에게도 감사드린다. 앞서 언급한 학부 강의 및 대학원 세미나들은 내가 쿤의 과학철학에 대한 관심을 꾸준히 유지하는 데 큰 도움이 되었다. 특히 학생들의 도전적인 질문 및 의견 제시는 나에게 적지 않은 지적 자극이 되었다. 다음으로 이 책의 출간을 선뜻 결정해주신 소화출판사의 고화숙 사장과 옥명희 주간께 깊이 감사드린다. 그리고 편집 담당자들의 노고에도 감사드린다. 마지막으로 이 책의 출간으로 고인이 된 토머스 쿤에게 내가 진 지적인 빚을 일부 갚는 결과가 되기를 바란다.

2018년 2월
조인래

Cho, In-Rae (2017b), "Kuhnian Paradigms Revisited", *The Journal of Philosophical Ideas*, Special Issue: 121-152.

1장

지적 맥락

Thomas
S. Kuhn

1.1 쿤 이전의 주류 과학철학 ─ 주된 과제들

토머스 쿤(Thomas Kuhn)은 20세기의 가장 영향력 있는 과학철학자로 자주 언급된다. 하버드 대학의 학부와 대학원에서 정예 물리학자들을 양성하는 과정을 밟아 물리학 박사 학위까지 받은 과학도였던 쿤이 어떻게 그러한 위치를 점하게 되었는가? 이 물음에 제대로 답하려면 여러 가지 요인들이 언급될 필요가 있겠지만 쿤이 1962년에 출간한 『과학혁명의 구조』가 학계에 불러일으킨 커다란 반향과 그것의 지속적인 영향이 논의의 중심에 놓일 것은 자못 분명하다. 왜냐하면 30~40년에 걸쳐 진행된 쿤의 과학철학적 작업은 『과학혁명의 구조』에 담긴 주요 아이디어들을 개발하는 작업들과, 출간 이후에는, 이 아이디어들을 해명하거나 개선하고 발전시키려는 작업들로 이루어진다고 해도 과언이 아니기 때문이다. 따라서 쿤의 과학철학을 이해하려는 시도는 크게 두 부분으로 이루어질 것이다. 하나는 『과학혁명의 구조』에 담긴 쿤의 과학철학적 견해는 무엇인가에 답하는 것이며, 다른 하나는 그 견해가 이후의 작업을 통해 어떻게 해명되고 수정 및 보완되었는가를 규명하는 것이다.

쿤이 『과학혁명의 구조』를 통해 제시한 주요 과학철학적 견해들은 무엇인가? 『과학혁명의 구조』는 인문학 서적으로는 이례적으로 백만 권 이상이 팔린 베스트셀러이다. 이는 『과학혁명의 구조』가 전문 학자들뿐만 아니라 일반 지식인들에 의해서도 쉽게 읽힐 수 있는 책이라는 인상을 불러일으킨다. 그러나 그러한 기대와는 달리 『과학혁명의 구조』는 상당히 복잡하거나 통념을 벗어나는 내용들을 담고 있다. 따라서 『과학혁명의 구조』를 제대로 이해하기 위해서는 그 책이 등장하게 된 맥락에 대한 이해가 필수적이다.

왜 『과학혁명의 구조』를 쓰게 되었는가라는 물음과 관련해서 쿤 스스로 여러 시사를 하고 있다. 쿤은 『과학혁명의 구조』 서문에서 우연한 계기로 과학사를 접하면서 아주 놀라운 지적 경험을 하게 되었다고 다음과 같이 술회한다.

아주 놀랍게도 유효 기간이 지난 과학 이론 및 실행을 접하게 되면서 과학의 본성과 그 특별한 성공의 이유들에 대한 나의 기본적인 신념들 중 일부는 심각하게 훼손되었다.[1]

뒤이어 쿤은 과학사적 경험에 의해 훼손된 자신의 과학관, 즉 과학의 본성이라든가 그것이 특별한 성공을 거둔 이유들에 대해 자신이 지니고 있던 견해가 두 가지의 원천에서 비롯했다고 말한다. 그중 하나는 물리학을 전공하면서 자신이 받은 과학적 훈련이고 다른 하나는 학부 시절부터 가져온 과학철학에 대한 지적 관심이라는 것이다. 이러한 언급으

---

1 Kuhn (1962/2012), vii.

로부터 우리는 적어도 다음과 같은 두 가지 추정을 할 수 있다. 한 가지 추정은 1940년대에 미국 철학계를 접수하다시피 한 논리경험주의자들의 과학철학을 쿤이 접하고 받아들였을 개연성이 많다는 것이다. 다른 흥미로운 추정은 쿤이 현대의 과학이나 그 활동 방식에 대해 학부와 대학원에서의 정규 훈련을 통하여 얻게 된 이해는 그 당시 논리경험주의자들이 주도한 주류 과학철학이 과학의 성격이나 그 성공의 이유에 대해 말하는 것과 대체로 부합하는 것처럼 보였다는 것이다. 왜냐하면 만약 쿤이 겪었던 과학적 탐구 활동의 현장 경험과 그가 접했던 주류 과학철학의 주장이 부합하지 않는 것처럼 보였다면, 쿤이 주류 과학철학에 대해 문제를 제기하는 과정에서 과학사적 경험을 구태여 기다릴 필요가 없었을 것이기 때문이다.

그러면 쿤이 과학사를 연구하기 전까지 받아들였지만 과학사를 접하면서 심각한 문제가 있다고 생각하게 된 주류 과학철학의 주된 내용은 무엇인가? 당시 주류 과학철학에서 논리경험주의가 가장 큰 비중을 차지했다는 상황 판단에 대해서는 별 이론의 여지가 없을 것이다. 그런데 논리경험주의의 형성 또는 전개 과정에 참여했던 적지 않은 수의 학자들 사이에 견해들의 차이가 있었을 뿐만 아니라 그중 지도적인 역할을 한 몇몇 학자들의 경우에도 시간의 경과와 더불어 견해들의 변화가 있었다는 것은 부인하기 어렵다.[2] 물론 논리경험주의자들의 견해들에서 포착될 수 있는 다양성과 변화의 과정은 그 자체 흥미롭기도 하려니와

---

[2] 논리경험주의는 학설들의 집합이라기보다 철학적 운동에 해당하며 모든 논리경험주의자들이 공유하는 중요한 입장은 아마도 존재하지 않는다라고까지 말하면서 견해들의 다양성을 부각시키는 논의를 위해서는, 『스탠포드 철학 전문 사전(*The Stanford Encyclopeida of Philosophy*)』에 실린 크리스(Richard Creath)의 "Logical Empiricism"(2017)을 참조.

1990년대에 들어와 제기된 '과연 쿤이 논리경험주의를 죽였는가?'라는 물음을 둘러싼 논쟁을 감안하면 더욱 그러하다.[3] 그러나 논리경험주의 운동에 참여했던 학자들의 다양한 견해와 그 변화 과정을 세부적으로 규명하는 것이 이 글의 목표는 아니다. 이 글의 목표는 일차적으로 쿤의 관점에서 포착된, 따라서 쿤의 과학철학이 형성되는 과정에서 영향을 미친 주류 과학철학의 내용을 논구의 주된 대상으로 삼고자 한다는 점에서 훨씬 제한적이다. 어떤 학자에 의해 제안된 견해(proposed view)와 다수 학자들에 의해 인정된 견해, 즉 공인된 견해(received view) 사이에는 괴리가 있게 마련이다. 그런 일반적 상황을 감안하면 논리경험주의자들에 의해 제안된 과학철학적 견해들과 그것들이 다수 학자들에 의해 이해되고 공인되는 과정을 거치면서 형성되는 견해들 사이에 차이가 생기는 것은 하등 이상한 일이 아니다.[4] 공인된 견해는 기껏해야 제안된 견해의 불완전하고 부분적인 수용에 그칠 개연성이 크다. 그렇다고 해서 그러한 상황이 반드시 부정적인 것으로 간주될 필요는 없다. 왜냐하면 제안된 견해는 이해와 공인의 과정을 거치면서 선별적으로 정착되거나 통용되는 경우가 잦을 것인데, 이는 어떤 견해의 전개

---

3 쿤의 역사적 과학철학과 논리경험주의의 과학철학이 전자가 후자의 몰락을 초래할 정도로 대립적인 관계에 있었는가라는 논란을 촉발한 논의를 위해서는 Reisch (1991)를, 그리고 관련된 후속 논의를 위해서는 Irzik & Grünberg (1995), Pinto de Oliveira (2007), Uebel (2011), Pinto de Oliveira (2015) 등을 참조.

4 이 점과 관련된 탁월한 역사적 해설을 위해서는 Friedman (1999)(특히, pp. XIII-XIV)을 참조. 다만 논리실증주의가 영어사용권으로 옮겨가 흡수되는 과정에서 그것의 철학적 연원에 해당하는 독일의 지적 전통으로부터 추출되고 급기야 다소 단순하고(simpleminded) 과격한 경험론과 동일시되는 상황이 되었다고 프리드먼이 말할 때, 그는 변용된 논리실증주의를 폄하하는 관점을 은연중 드러낸다. 그러나 어떤 철학적 견해가 원래의 맥락을 벗어나 전개되는 과정에서 일어나는 변용을 원래의 모습과 다르다고 해서 폄하할 일은 아니다.

과정에서 현실적으로 긴요한 맥락적 변용일 수 있기 때문이다.

　1980년대에 들어오면서 논리경험주의와 쿤의 과학철학 사이의 관계를 재조명하는 학문적 시도들이 있어 왔다. 프리드먼(Michael Friedman)을 비롯하여 이러한 시도들에 참여한 학자들은 논리실증주의를 흄(David Hume)과 밀(John Mill)로 대변되는 영국 경험론 그리고 마흐(Ernst Mach)의 실증주의와의 밀접한 연계 속에서 이해하는 편향된 시각에서 벗어나 그것이 유럽 대륙의 철학적 전통들, 특히 칸트(Immanuel Kant) 및 신칸트주의(Neo-Kantianism)로부터 받은 영향과 그 결과에 주목할 필요가 있다는 수정적 접근을 역설하였다. 이 수정적 접근에서 특히 집중적인 조명을 받은 것은 카르납(Rudolf Carnap)이었는데, 프리드먼에 따르면, 그가 신칸트주의로부터 받은 영향과 그 결과는 그의 초기 문헌[5]으로부터 그의 후기 문헌[6]에 이르기까지 유지되었다는 것이다.[7] 이러한 역사적 재해석과 병행하여 프리드먼은 쿤의 과학철학에 대한 칸트적 해석을 제안한다. 그에 따르면, 쿤의 과학철학은 패러다임(특히, 일부 이론적 원리들)이 세계에 대한 과학자들의 경험을 구성하는 역할을 수행하는 것으로 보는 점에서 상당히 칸트적인데 그러한 구성적 역할을 하는 패러다임이 간헐적으로 바뀐다는 점에서 다르다는 것이다. 그런 차이를 감안해 프리드먼은 쿤의 과학철학을 역동적 칸트주의로 묘사한다. 이러한 칸트적 해석에 대해서는 쿤 본인도 대체로 동의할 것 같다.[8]

5　예를 들면, Carnap (1928/1961).
6　예를 들면, Carnap (1950).
7　여기에서 프리드먼이 특별히 주목하는 것은 형식 언어 또는 언어적 틀(linguistic frameworks)의 지위와 역할에 대한 카르납의 견해이다.
8　참조: Kuhn (1991); Kuhn (1993), p. 245; Kuhn (1997), p. 264. 특히 1991년의 논문

그리고 이러한 두 가지 해석적 제안의 예측가능한 귀결은, 논리경험주의(특히, 카르납의 과학철학)와 쿤의 과학철학은 중요한 면에서 유사하다는 주장이다.[9]

프리드먼의 이러한 해석적 관점에서 보면, 문제는 신칸트주의의 영향과 결과가 1980년대 이전까지 널리 유통된 논리경험주의에 대한 이해에서 간과되었다는 것이다.[10] 그리고 그런 방식으로 이해되고 공인된 논리경험주의와 쿤의 과학철학 사이의 관계는 철저하게 적대적인 것으로 서술되어왔다는 것이다. 실제로 그러한 현실은 여러 철학자들의 관련된 진술을 통해 확인될 수 있다. 예를 들면, 기어리(Ronald Giere)(1988, 32)는 다음과 같이 말한다. "쿤의 『과학혁명의 구조』는 … 1960년대에 시작된 논리경험주의의 쇠퇴를 야기한 주된 원인 제공자였다. … [특히] 쿤은 그 당시에 과학의 본성을 탐구하는 데 필요한 전반적인 대안 체계를 제공했던 유일한 이론가였다."[11]

그렇다면, 논리경험주의에 대한 기존의 해석과 수정적 해석 중 하나는 옳고 다른 하나는 틀리다는 양자택일적 방식으로 결론을 내릴 것인가? 우선 논리경험주의자들이 실제로 제안했던 견해들, 즉 제안된 논리경험주의는 무엇이었는가라는 철학사적 질문에 답하는 관점에서 보면, 프리드먼을 비롯하여 수정적 해석을 시도한 학자들이 그동안 거둔 견실

(p. 104)에서 쿤은 자신의 입장을 일종의 다윈적 칸트주의(post-Darwinian Kantianism)로 간주한다.

9   참조: Friedman (2002), p. 181.

10 이 사안에 대한 프리드먼의 비판적 견해를 위해서는, Friedman (2003)을 참조.

11 수피(Frederick Suppe)(1974)도 유사하게 논리경험주의와 쿤의 과학철학 사이에 대적적인 관계를 설정한다.

한 연구 성과들에 비추어볼 때, "수정적 해석이 역사적 현실에 더 가까우며 논리경험주의자들이 원래 제안한 견해들에 대한 시각의 조정 또는 보정이 필요하다"는 결론을 피하기 어려운 것처럼 보인다. 그러나 논리경험주의의 주창자들이 비엔나 또는 베를린 밖의 철학자들, 특히 영국이나 미국의 철학적 토양에 뿌리를 두고 활동을 한 철학자들과 교류하고 상호작용하는 과정을 통해 선별적으로 채택되거나 변용된 형태로 공인된 논리경험주의는 무엇이었는가라는 실천적 질문에 답하는 관점에서 보면, "제안된 견해와 공인된 견해 사이에 차이가 생기는 것은 불가피하며, 그런 경우에도 후자의 견해는 전자의 견해와는 별도로 그 나름의 독자적 입지와 역할을 인정받을 수 있다"는 대답이 가능해 보인다. 따라서 "논리경험주의에 대한 기존의 해석과 수정적 해석 중 어느 것이 옳은가?"라는 질문에 대한 답은, 어떤 관점에서 그 질문을 하는가에 따라 달라질 것이다. 즉 그 질문이 철학사적 관심에서 나온 경우에는 수정적 해석이 그리고 그것이 실천적 관심에서 나온 경우에는 기존의 해석이 더 나은 답이 될 것이다. 특히 현재 진행되고 있는 논의의 출발점에서 내가 던진 질문, 즉 쿤이 과학사를 접하면서 심각한 문제가 있다는 생각을 하게 된 주류 과학철학의 주된 내용은 무엇인가라는 질문과 관련해서, 수정적 해석이 철학사적 관점에서 아무리 옳다 하더라도, 더 적절한 답은 기존의 해석에 따른 논리경험주의, 즉 공인된 논리경험주의를 구성하는 내용이 될 것이다. 이러한 상황은 『과학혁명의 구조』가 『통일과학 국제 총서』 시리즈 중의 한 권으로 발간되는 과정에서 쿤이 카르납으로부터 받은 두 편의 편지에 담긴 호의적인 논평이 산출한 퍼즐에 대한 쿤 자신의 해명에 의해 더 분명해진다. 방금 언급된 퍼즐이란 쿤의 과학철학이 논리경험주의에 대해 이왕 적대적이라면 카르납이

『과학혁명의 구조』의 주된 내용, 즉 과학혁명론에 대해 긍정적인 논평
을 할 수 있었을까라는 의문에서 비롯한다. 이러한 퍼즐은 프리드먼 식
의 수정적 해석을 채택하면, 즉 카르납이 쿤의 과학혁명론과 유사한 견
해를 가진 것으로 인정하면 쉽사리 해결된다. 그러나 카르납의 호의적
논평에 대해 쿤은 수정적 해석과 부합하는 추정을 하지 않았다. 쿤의
술회에 따르면, 그는 카르납이 자신의 과학혁명론과 유사한 견해를 가
지고 있었다는 것을 알지도 못했으며, 따라서 그의 호의적 논평을 단순
한 정중함의 표현으로 해석했다.[12] 여기에서 쿤의 해명이 시사하는 바
는, 비록 카르납이 쿤의 과학혁명론과 유사한 신칸트주의적 견해를 견
지했을지라도 그것은 통상적으로 이해된 논리경험주의, 즉 앞서 내가
공인된 논리경험주의라고 부른 것에 미처 편입되지 않았다는 것이다.
이러한 상황은 그렇게 이상하지는 않다. 공인된 논리경험주의는 논리경
험주의자들이 제안한 다양한 견해들의 합집합이라기보다 교집합에 가
까울 개연성이 많을 것이다. 그뿐만 아니라 논리경험주의의 제안된 견
해들이 그것들의 공인 여부가 고려되는 지역의 철학적 토양에 부합하는
지도 실질적인 제약으로 작용할 것이다. 따라서 주요 논리경험주의자가
제안한 견해는 공인된 논리경험주의의 일부로 당연히 편입된다는 생각
은 지나치게 소박할 뿐만 아니라 현실적이지도 않다.

　이제 원래의 질문, 즉 쿤이 과학사를 접하면서 심각한 문제가 있다는
생각을 하게 된 주류 과학철학의 내용은 무엇인가라는 질문으로 돌아가
자. 그 당시 주류 과학철학의 작업 영역과 과제를 파악하고 적시하는
데 유용한 구분은 라이헨바흐가 제시한 발견의 맥락과 정당화의 맥락

12　참조: Kuhn (1997), p. 227.

구분이다.[13] 이 구분과 더불어 그는 과학철학의 작업 영역을 후자에 국한하는데, 이러한 견해는 주류 과학철학자들 사이에 폭넓게 공유된 것으로 보인다. 예를 들어, 비엔나 서클의 수장 역할을 했던 슐리크(Moritz Schlick)의 학생으로서 활동적인 구성원이던 파이글(Herbert Feigl)은 1970년에 발표한 글에서 라이헨바흐의 구분이 과학철학의 작업 영역과 목표를 규정하는 데 중요한 역할을 수행해왔을 뿐만 아니라 계속 그러해야 한다고 주장했다.[14] 베를린 학파를 이끌었던 라이헨바흐의 학생이었던 헴펠(Carl Hempel) 역시 유사한 견해를 견지하였다.[15] 그에 따르면, 가설이나 이론을 경험 자료(empirical data)로부터 기계적으로 도출하는 데 일반적으로 적용가능한 귀납의 규칙들은 존재하지 않지만 경험 자료를 토대로 하여 가설을 평가하는 데 사용될 수 있는 귀납의 규칙들은 존재하며 이 규칙들은 발견의 규칙이 아니라 정당화의 규칙으로 간주되어야 한다. 포퍼(Karl Popper) 또한 이 사안과 관련해서는 논리경험주의자들과 구분되기 어려운 입장을 채택하였다.[16] 그에 따르면, 이론을 착안 내지 창안하는 과정은 심리학의 흥미로운 탐구 대상일지언정 논리적 분석이 필요하지도 그리고 가능하지도 않은 반면, 이론으로부터 연역적 추론을 통해 도출한 결론들이 경험 자료와 부합하는지를 시험하고 평가하는 과정은 논리적 분석을 필요로 할 뿐만 아니라 그러한 분석이 가능하다.

이처럼 과학철학의 작업 영역에 대해 폭넓은 합의를 확보한 주류 과

---

13 참조: Reichenbach (1938), Chapter 1, § 1.
14 참조: Feigl (1970), 특히, p. 4.
15 참조: Hempel (1966), Chapter 2.
16 참조: Popper (1959 / 1972), pp. 31-33.

학철학자들은 경험 자료를 토대로 하여 과학 이론(또는 그것을 구성하는 과학적 가설들)을 평가하는 과정에 대한 인식적 및 논리적 분석을 과학철학의 주된 과제로 삼게 되었다. 그리고 이러한 과제를 수행하는 과정에서 주류 과학철학자들은 세 가지 세부 과제들을 해결하는 데 주력하였다. 그중 하나는 이론 평가의 경험적 토대를 적시하고 확보하는 것이었다. 다른 과제는 이론이 경험 자료에 의해 평가될 수 있는 경험적 주장을 산출하는 방식을 규명하는 것이었다. 또 다른 과제는 경험 자료를 토대로 하여 이론을 평가할 때 사용될 수 있는 논리적 추론과 그 정당성을 확보하는 것이었다. 이제 이 세 가지 주된 과제와 해결 방식에 대한 주류 과학철학자들의 견해를 순서대로 살펴볼 것이다. 그리고 뒤이어 우리는 과학의 통합 및 변동의 양식을 규명하는 과제에 대한 주류 과학철학자들의 견해를 일별할 것이다.

1.2 과제 1: 과학 이론 평가의 경험적 토대

주류 과학철학자들이 해결해야 했던 주된 과제 중 하나는 이론 평가의 경험적 토대를 적시하고 확보하는 문제였다. 경험 자료를 토대로 하여 이론을 평가하는 방법론적 기획이 소기의 성과를 거두기 위해서는 경험 자료가 평가 토대로서의 역할을 수행하기에 합당한 인식적 지위를 가질 필요가 있는 상황이다. 논리경험주의의 본원지 중 하나인 비엔나 서클에서 이 사안에 대한 관심은 프로토콜 문장들(protocol sentences)을 둘러싼 논의로 나타났다. 이러한 상황은 카르납(Rudolf Carnap)의 다음과 같은 서술에서 잘 드러난다.

[프로토콜 문장들에 대한 물음은] 과학의 논리, 즉 지식 이론에서는 핵심적인 문제에 해당한다. 왜냐하면 그것은 "경험적 토대", "시험" 및 "검증" 같은 용어들과 관련하여 다루어지는 물음들을 포함하기 때문이다.[17]

비엔나 서클 내에서도 프로토콜 문장들이 무엇이며 어떤 언어에 의해 어떤 형태로 서술되는 문장들인가에 대해 논란이 있은 것은 잘 알려져 있다. 특히 프로토콜 문장들이 현상주의적 언어로 인식 주체의 사적 경험을 서술하는 문장들인가 아니면 시공간 속에 성립하는 공적인 사물 또는 사건을 물리주의적 언어로 서술하는 문장들인가를 둘러싸고 혼선이 있었으나 이 문제는 물리주의적 언어의 채택으로 가닥을 잡는 데 그렇게 오래 걸리지 않았다. 프로토콜 문장들을 어떤 언어로 서술할 것인가의 문제는 경험적 토대를 구성하는 문장들의 인식적 지위에 대한 견해와 밀접하게 연계되어 있었다. 세계 구성의 토대로서 프로토콜 문장들이 오류불가능한 참일 것으로 기대한 상황에서는 현상주의적 언어에 의한 서술이 우선적인 선택이었을 것이다. 실제로 카르납은 그의 초기 저작인 『세계의 논리적 구조(*Der Logische Aufbau der Welt*)』에서 그러한 선택을 한 바 있다.[18] 그러나 카르납 역시 비엔나 서클의 동료인 노이라트(Otto Neurath)와 이 문제에 대해 논쟁하는 과정을 거치면서 오직 개연적으로만 참인, 물리주의적 언어로 서술되는 관찰 문장들을 프

---

17 Carnap (1932b), p. 457.

18 참조: Carnap (1963), p. 18. 『구조(Aufbau)』를 통해 카르납이 현상주의적 언어를 기반으로 하는 토대론적 기획을 수행하고자 했는지에 대해서는 해석적 논란이 있지만, 이왕 그러했던 것으로 읽힌다면 성공적이지 않은 시도였다는 점에 대해서는 별 논란이 없는 것으로 보인다. 이러한 상황에 대한 간결하면서도 잘 정리된 서술을 위해서는, Friedman (1987)(특히, pp. 89-90)을 참조.

로토콜 문장들로 채택하게 되었다.[19] 개연적으로만 참인 관찰 문장들이 어떻게 과학적 가설이나 이론을 평가하기 위한 경험적 토대의 역할을 수행할 수 있는가? 이론 평가의 경험적 토대를 위해 오류가능하지 않은 방식으로 참인 프로토콜 문장들이 반드시 필요한 것은 아니다. 현실적으로 필요한 것은 오류가능하더라도 평가 대상인 가설이나 이론보다 더 신뢰할 만한 관찰 보고들일 것이다. 결국 카르납과 같은 논리경험주의자들의 입장에서 볼 때, 경험 자료를 토대로 한 가설의 평가를 위해 필요한 것은 경험 자료를 기술하는 진술들이 오류의 여지 없이 확실한 인식적 지위를 가지는 것이라기보다 평가의 토대를 구성하는 후자의 진술들이 평가 대상에 해당하는 전자의 진술, 즉 가설보다 인식적으로 더 신뢰할 만하다는 것, 다시 말해 두 부류의 진술들 사이에 성립하는 인식적 비대칭성이었다.

반증주의의 챔피언인 포퍼(Karl Popper) 역시 가설 평가, 즉 가설 반증의 토대를 제공하는 경험 자료에 대해 지대한 관심을 가졌다.[20] 포퍼는 가설 평가의 토대 역할을 하는 진술들을 기초 진술(basic statements)이라고 불렀는데, 이 기초 진술들은 "어떤 영역(region) k에서 이러이러한 것이 존재한다" 또는 "어떤 영역 k에서 이러이러한 사건이 발생하고 있다"와 같은 단칭 존재 진술(singular existential statement)의 형태를 지닌다. 예를 들면, "어떤 특정 시공간에 검은 까마귀가 있다"와 같은 진술은 포퍼의 기초 진술에 해당한다. 포퍼는 반증의 토대가 될 수 있으려면 기초 진술들도 과학적이어야 하며 따라서 가설들과 마찬가지

---

19 참조: Carnap (1934); Carnap (1936), p. 467; Carnap (1963), pp. 863-864.
20 참조: Popper (1959/1972), Chapter V.

로 반증가능해야 한다고 요구했다. 이는 포퍼의 기초 진술들이 원칙적으로 오류가능함을 의미한다. 이 점에서 포퍼의 기초 진술들이 가지는 인식적 지위는 물리주의적 언어로 서술되는 카르납의 관찰 문장들과 크게 다르지 않다.

그런데 어떤 기초 진술의 신뢰성이 의문시되는 경우 그 자신 시험의 대상으로 전락할 뿐만 아니라, 기초 진술에 대한 시험을 위해서는 또 다른 기초 진술에 의존할 수밖에 없는데 이 후자의 기초 진술에 대해서도 원칙적으로 의문이 제기될 수 있다. 문제는, 모든 과학적 진술이 반증가능해야 한다는 포퍼의 요구에 따를 경우, 기초 진술의 신뢰성에 대한 문제 제기와 시험 과정이 무한 소급해서 일어나는 것을 막아줄 오류 불가능한 기초 진술들의 특별한 집합이 존재할 수 없다는 것이다. 결국 포퍼는 기초 진술의 인식적 신뢰성에 대한 문제 제기가 무한히 소급해서 일어날 수 있는 원칙적 가능성에 제동을 걸기 위해서는 과학자들의 합의에 의한 결정에 의존할 수밖에 없다고 말한다.[21] '과학자들의 합의에 의한 결정'에 대한 언급은 기초 진술들의 신뢰성이 임의적 성격을 가지게 될 것이라는 우려를 불러일으킬 수도 있겠으나, 포퍼의 기초 진술들이 처하게 될 인식적 상황은 카르납의 관찰 보고들이 처하는 상황과 크게 다를 바 없는 것처럼 보인다.

이처럼 평가 대상인 가설들보다 인식적으로 더 신뢰할 만한 경험 자료의 실상에 대해 이런저런 논란이 없지 않았으나 가설들의 평가를 위한 경험적 토대를 구성하는 진술들이 확보될 수 있다는 점에 대해서는 주류 과학철학자들 사이에 대체로 합의가 형성되어 있었다고 해도 별

---

21 참조: Popper (1959 / 1972), pp. 108-109.

무리가 없을 것이다. 가설 평가를 위한 경험적 토대를 구성하는 진술들의 형태와 그 인식적 지위 및 역할에 대한 카르납의 견해와 포퍼의 견해 사이에는 차이점보다 공통점이 훨씬 많고 현저하다. 앞서 살펴본 바대로, 경험적 토대를 구성하는 진술들이 오류가능하지만 평가 대상인 가설에 비해 인식적 차원에서 훨씬 더 신뢰할 만하고 따라서 가설 평가의 토대로 사용되는 데 별문제가 없을 정도로 양자 사이에 인식적 비대칭성이 성립한다는 점에 대해서는 두 학자가 입장을 함께한 것으로 보인다.

평가 대상인 과학적 가설(또는 이론)과 평가의 토대를 구성하는 관찰 보고(또는 기초 진술)들 사이의 인식적 비대칭성이 왜 성립하며 그것이 카르납이나 포퍼가 기대하는 방법론적 의의를 과연 가지는가에 대해서는 논란의 여지가 없지 않다. 경험 자료를 토대로 하여 이론을 평가하는 주류 과학철학의 방법론적 기획이 순조롭게 진행될 수 있는 이상적인 구도는 경험 자료가 평가 토대로서의 역할을 수행하기 위해 요구되는 인식적 지위를 이론독립적인 방식으로 확보하는 것이다. 카르납은 "관찰가능한 술어"에 대한 논의에서 다음과 같이 말한다.

> 언어 L의 술어 'P'는 어떤 유기체(예를 들어, 어떤 인간) N에게[22] 관찰가능하다고 불리는 것은 다음과 같은 조건, 즉 적절한 개체, 예를 들어 'b'에 대하여 N이 적절한 상황 하에서 수 차례의 관찰만으로 완전한 문장, 말하자면 'P(b)'의 참 또는 거짓에 대한 결정, 즉 그가 'P(b)'를 수용하거나 거부할 정도로 'P(b)' 또는 '~P(b)'에 대해 높은 수준의 입증에 도달

---

22 여기에서 "어떤 유기체(예를 들어, 어떤 인간) N에게"는 "언어 L을 사용하는 사람들에게"로 일반화될 수 있다. 참조: Carnap(1936), p.456.

할 수 있다는 조건이 충족될 때이다.[23]

뒤이어 그는 이러한 설명이 불가피하게 애매모호하고 임의적인 성격을 띠지만 어떤 술어(예를 들어, '붉다')를 포함하는 문장이 입증가능한지 또는 시험가능한지와 같은 물음들에 답하는 데는 별문제를 야기하지 않는다고 말한다. 이 논의에서 이론에 대한 언급은 전혀 없다. 그러한 상황은 경험 사료를 구성하는 관찰 문장들의 인식적 신뢰성에 대한 판단이 이론에 의존하지 않는 방식으로 이루어질 수 있다는 입장을 시사한다. 카르납의 입장에서 보면, 관찰가능한 술어는 동일한 과정을 거쳐 경험적 의미를 획득하게 되고, 관찰불가능한 술어는 독자적으로 경험적 의미를 획득하는 관찰가능한 술어들과의 연계를 통해 경험적 의미를 획득하게 된다.

　이처럼 경험적 토대를 구성하는 관찰적 진술에서 사용되는 관찰적 용어들은 이론적 용어들에 앞서 경험을 통해 의미를 획득하고 관찰적 진술들은 이론독립적인 방식으로 평가의 토대 역할을 할 수 있는 인식적 지위를 확보한다는[24] 견해는 쿤이 『과학혁명의 구조』를 발간한 1960년대 초반까지만 하더라도 논리경험주의자들 사이에 폭넓게 받아들여진 것으로 보인다.

23　Carnap (1936), pp. 454-455.
24　이 사안과 관련해서 포퍼는 다소 예외적인 주류 과학철학자이다. 왜냐하면 그는 관찰에 이론이 적재된다는 견해를 다소 일찍이 채택한 경우이기 때문이다.

1.3 과제 2: 과학 이론의 경험적 내용

경험 자료를 토대로 하여 가설들(또는 그것들로 구성되는 이론)을 평
가하는 방법론적 프로그램에서 가설에 대한 평가가 이루어지려면 해당
가설이 경험가능한 영역에서 세계에 대해 하는 주장들, 즉 가설의 경험
적 내용이 규명될 필요가 있다. 이는 가설이 경험 자료에 의해 평가될
수 있는 경험적 주장을 산출하는 방식을 규명하는 과제이다. 이 과제를
해결하는 과정에서 주류 과학철학자들, 특히 논리경험주의자들이 주목
하게 된 문제는 과학 이론의 구성과 구조를 규명하는 문제였다.[25] 평가
대상인 가설이 경험적 일반화[26]에 해당하는 경우, 그 가설이 평가의 토
대에 해당하는 경험 자료와 맺는 관계는 논리적으로 단순하고 분명한
것처럼 보일 수 있다. 그러나 경험적 일반화가 아닌 가설의 경우, 그것
이 경험 자료와 맺는 관계는 상당히 막연하다. 이 관계를 규명하는 문
제를 해결하는 과정에서 해당 가설이 속해 있는 이론의 구성과 구조를
밝히는 일이 선결 과제로 부각된 것처럼 보인다. 논리경험주의자들이 이
문제를 해결하는 과정에서 채택하게 된 견해는 대략 다음과 같다. 먼저
과학 이론은 진술들로 구성되며, 이 진술들은 크게 두 부분, 즉 해석되지
않은 상태의 이론적 원리들과 그 원리들에 경험적 의미를 부여하는 역할
을 담당하는 대응 규칙들로 구분될 수 있다. 그뿐만 아니라 이 두 부류의
진술들은 연역적 체계를 구성함으로써 연역적 추론을 통해 경험 자료들

---

25 과학 이론의 구성과 구조에 대한 논리경험주의의 공인된 견해와 관련해서는 Suppe
(1974)의 해설이, 비록 출간된 지 오래됐지만, 여전히 유용하다.
26 참조: Carnap (1966/1974), pp. 226-227.

에 대한 경험적 일반화들을 산출하는 구조를 가지거나 가질 필요가 있
다는 것이다.

이러한 견해는 카르납의 책 『과학철학 입문(*An Introduction to the Philosophy of Science*)』, 23장～25장에 잘 정리된 형태로 제시되어 있
다. 이 책은 1966년에 출간되었지만[27] 그 내용은 1940년대 중반에 카르
납이 시카고 대학의 세미나에서 발표한 것들로 그 세미나에 참석했던
가드너(Martin Gardner)가 카르납에게 책으로 출판하자고 제안하여 성
사가 된 경우였다. 그 책이 출판된 시점을 생각하면 쿤이 1962년에 『과
학혁명의 구조』를 발간했을 무렵에도 카르납은 그가 주도한 '과학 이론
에 대한 논리경험주의의 표준적 견해'라고 통칭되는 견해를 유지하고
있었던 것으로 이해된다.

과학 이론에 대한 카르납의 널리 알려진 견해는 그의 주요 논문 중
하나인 "Testability and Meaning"(1936 & 1937)에서 자세하게 제시되고
있는 용어상의 구분, 즉 관찰적 용어와 이론적 용어의 구분[28]에 토대를
두고 있다. 카르납은 관찰적 용어에 대해 대략 다음과 같은 기준, 즉
'적절한 크기의 개체가 용어 P에 의해 지시되는 속성을 가지는가를 적

---

[27] 이 책은 1966년에 *Philosophical Foundations of Physics*라는 제목으로 출간되었는데,
1974년에 나온 페이퍼백에서는 새먼(Wesley Salmon)의 제안에 따라 *An Introduction to the Philosophy of Science*로 제목이 바뀌었다.

[28] 카르납이 논문 "Testability and Meaning"에서 실제로 사용한 용어는 '관찰가능한 술
어(observable predicates)', '관찰불가능한 술어(nonobservable predicates)' 등이었다.
그리고 1966년의 책 *An Introduction to the Philosophy of Science*에서는 '관찰가능한
용어'라는 표현을 계속 쓰는 한편, '관찰불가능한 용어'와 '이론적 용어(theoretical terms)'
를 병용한다. 그러나 '관찰가능한' 또는 '관찰불가능한' 같은 용어는 술어보다 그것에 의해
지칭되는 대상이나 그 속성에 대해 사용하는 것이 적절해 보인다. 따라서 우리는 용어나
술어에 대해 '관찰적(observational)' 또는 '이론적(theoretical)' 같은 수식어를 사용할 것
이다.

절한 상황 하에서 수 차례의 관찰만으로 결정할 수 있으면 그 용어는 관찰적이다라는 기준을 제시하는 것으로 볼 수 있다.[29] 그리고 앞 절에서도 언급된 것처럼, 그 자신 이러한 기준에 의한 관찰적/이론적 용어 구분이 불가피하게 애매하며 다소 임의적인 것임을 인정한다. 그러나 카르납은 자신이 제시하는 관찰적/이론적 용어 구분이 "과도하게 단순" 할지라도 시험가능성과 같은 방법론적 문제 및 그 해법을 왜곡하는 결과를 가져오지는 않는다고 주장한다.

> 그럼에도 불구하고 의미와 시험가능성의 본성에 관한 일반적이고 철학적인, 즉 방법론적인 문제는 우리의 과도한 단순화에 의해 왜곡되지 않을 것이다. 주어진 문장이 입증가능한지 또는 어떤 사람에 의해 시험가능한지와 같은 개별적 물음들조차 관찰가능한 술어들을 위한 경계선의 선택에 의해 거의 영향받지 않을 것이다.[30]

이처럼 관찰적/이론적 용어 구분이 다소 애매하고 임의적인 성격을 가짐에도 불구하고 여전히 인식론적 및 방법론적 의의를 가진다는 판단을 기반으로 하여 카르납을 비롯한 논리경험주의자들은 과학 이론을 구성하는 논리 외적 진술들을 크게 세 부류로 구분하였다. 논리적 용어들을 제외하고는 이론적 용어들만을 포함하는 이론적 진술, 이론적 용어들과 관찰적 용어들을 필수적으로 포함하면서 두 부류의 용어들 사이의 관계를 설정하는 대응 규칙, 그리고 논리 외적 용어들로는 관찰적 용어들만을 포함하는 관찰적 진술이 그것이다.

---

[29] 참조: Carnap (1936), pp. 454-455.
[30] Carnap (1936), p. 455.

이러한 용어 및 진술에서의 구분들을 배경으로 하여 논리경험주의자들이 해결하고자 한 주된 과제는 이론적 진술들의 경험적 내용을 밝히는 것이었다. 먼저 가설 평가를 위한 경험적 토대를 구성하는 관찰적 진술들에 대해서는 앞 절에서 이미 다루어졌다. 일단 관찰적 진술들은, 이론적 진술들로부터 독립해서, 지각 경험을 통해 그것의 경험적 내용들이 결정될 수 있다고 상정하자. 그러면 관찰적 진술들로 구성되는 경험적 토대는 이론적 진술들에 경험적 내용을 제공할 수 있는 저수지와 같은 역할을 담당한다. 남은 과제는 이론적 진술들이 관찰적 진술들의 수준에서 이 세계에 대해 어떤 주장들을 하는 경우인가를 확인하는 것이다.

이 과제를 해결하기 위한 논리경험주의자들의 복안은 크게 두 가지였다. 하나는 이론적 용어들과 관찰적 용어들이 연결되는 방식을 서술하는 진술들, 즉 대응 규칙들이 이론의 일부로서 존재한다는 것이었고, 다른 하나는 이론적 진술들과 대응 규칙들이 연역적 체계를 구성한다는 것이었다. 이 두 가지 조건을 적절히 충족시키는 과학 이론의 경우, 평가 대상인 이론적 진술(들)과 일단의 대응 규칙들로부터 경험적 일반화들을 연역적으로 도출함으로써 해당 이론적 진술(들)의 경험적 내용을 밝히는 과제는 해결된다.

이러한 해법과 관련하여 논리경험주의자들이 많은 에너지를 쏟은 사안은 대응 규칙들이 어떤 형태를 취할 때 그것들에 주어진 역할을 별다른 부작용 없이 수행할 수 있는가 하는 것이었다. 이론적 용어와 관찰적 용어가 관계를 맺는 가장 단순하면서도 명료한 형태는 명시적 정의일 것이다. 명시적 정의로서의 대응 규칙에 해당하는 대표적 사례로 흔히 언급되는 것은 브리지먼(Percy Bridgman)이 제안한 이론적 용어에 대한 조작적 정의(operational definition)이다. 이 제안에 따르면 어떤

이론적 용어의 의미는 그것에 대응하는 조작들의 집합에 의해 결정된다
는 것이다.[31] 예를 들어, '질량'의 의미는 질량을 측정하는 데 필요한 조
작들 외의 다른 것이 아니라는 주장이다. 문제는 명시적 정의로서의 대
응 규칙이 그것의 장점 못지않게 많은 단점들을 가진다는 것이다. 주된
문제점들 중 하나는 그것의 닫힌 구조에서 비롯한다. 즉 질량의 의미가
그것을 측정하는 특정 조작들에 의해 명시적으로 정의될 경우, 그 용어
는 그로써 의미가 확정되고 고정된다. 따라서 질량을 측정하는 새로운
방식(들)이 개발될 경우 그 새로운 측정 방식에 의해 정의되는 질량 개
념은 옛 측정 방식(들)에 의해 정의된 질량 개념과 달라지고, 질량 개념
의 이러한 분화 내지 다변화는 과학적 실천에서 그 개념이 사용되는 방
식과는 상당히 다르다.[32] 명시적 정의로서의 대응 규칙이 직면하는 이
곤혹스러운 문제 상황은 이론적 용어의 의미 결정이 보다 개방된 방식
으로 이루어질 필요가 있다는 것을 시사한다. 이러한 문제점과는 별도
로, 카르납은 성향(disposition)을 나타내는 이론적 용어들에 대해서는
명시적 정의가 가능하지 않다는 논변을 상당히 설득력 있게 제시하였
다.[33] 카르납(1936 & 1937)은 대안으로 환원 문장(reduction sentence)으
로서의 대응 규칙을 제안하였는데, 이는 명시적 정의와는 달리 이론적
용어를 부분적으로 정의하는 형태를 가진다.[34] 예를 들어, 이론적 용어
T에 대한 명시적 정의에 해당하는 대응 규칙이 'Tx $\equiv$ (O$_1$x $\rightarrow$ O$_2$x)'의

---

31 참조: Bridgman (1927), p. 5. "일반적으로, 우리가 어떤 개념에 의해 의미하는 바는
일단의 조작들에 지나지 않는다. 전자의 개념은 후자의 조작들과 의미가 같다."
32 참조: Bridgman (1927), p. 23; Suppe (1977), p. 19.
33 참조: Carnap (1936), pp. 439-441.
34 참조: Carnap (1936), Section 8.

형식을 가진 반면, 환원 문장으로서의 대응 규칙은 '$O_1x \rightarrow (O_2x \equiv Tx)$' 의 형식을 가진다.[35] 따라서 카르납의 환원 문장은 동일한 이론적 용어가 복수의 환원 문장들을 통해 관찰적 용어들과 관계를 맺는 것을 허용할 뿐만 아니라 그러한 환원 문장들의 수에도 일정한 제한이 없는 열린 구조를 가진다. 그 결과, 환원 문장으로서의 대응 규칙은 명시적 정의가 직면하는 여러 가지 문제들을 피할 수 있는 것으로 드러난다.

그러나 이론적 용어와 관찰적 용어 사이의 관계를 규정하는 대응 규칙을 통해 과학 이론의 경험적 내용을 규명하려는 논리경험주의의 기획을 위해 카르납의 환원 문장이 완전한 해결책을 제공하지는 못한다. 왜냐하면 캠벨(Norman Campbell)의 논의를 통해 확인될 수 있는 것처럼, 환원 문장에서 제시되는 것보다 더 간접적인 방식으로 이론적 용어가 관찰적 용어와 관계를 맺기도 하기 때문이다.[36] 예를 들어, 기체 운동론(kinetic theory of gas)에서 기체의 절대 온도 T는 기체를 구성하는 분자들의 평균 운동에너지, 즉 $mv^2/3k$와 같다는 대응 규칙이 등장하는데, 이것은 명시적 정의나 환원 문장에서처럼 개별 이론적 용어가 하나 또는 복수의 관찰적 용어에 대응하는 형태가 아니라 하나의 관찰적 용어 T에 복수의 이론적 용어들(즉, m과 v)이 대응하는 형태를 취한다.[37] 헴펠이 과학 이론에 경험적 의미가 부여되는 방식을 대응 규칙 대신 해석적 체계(interpretative system)에 의해 규명하고자 한 것은 이론적 용어

---

35 여기에서 O_1은 이론적 용어 T가 지칭하는 속성을 측정 또는 시험하는 조건인 반면, O_2는 그러한 측정 또는 시험의 결과에 해당한다.

36 참조: Campbell (1920), Chapter VI.

37 참조: Campbell (1920), pp. 126-129. 여기에서 평균 운동에너지를 위한 식에 포함된 k는 볼츠만 상수이다.

들이 다양한 형태로 관찰적 용어들과 관계를 맺는 상황을 고려한 결과라고 할 수 있을 것이다.[38]

대응 규칙에 대한 논의가 논리경험주의의 전통 내부에서 이론적 용어들이 관찰적 용어들과 관계를 맺는 방식의 다양성을 인정하는 형태로 전개된 것과는 별도로, 1960년대에 들어오면서 이론적/관찰적 용어 구분 자체의 정당성을 의문시하는 보다 더 근본적인 문제 제기가 나오게 되었다. 예를 들어, 퍼트남(Hilary Putnam 1962)은 (i) 원칙적으로 관찰가능한 것만을 지시하는 데 사용되는 것이 관찰적 용어라면 어떤 관찰적 용어도 존재하지 않으며, (ii) 때때로 관찰가능한 것을 지시하는 데 사용되는 것이 관찰적 용어라면 많은 이론적 용어들 (예를 들면, '중력', '전하', '질량')은 관찰적 용어로 간주되어야 할 것이므로 관찰적 용어와 이론적 용어의 구분을 위한 어떤 자연스러운 경계도 없다고 비판하였다.[39] 헴펠이 "과학 이론의 '표준적 개념'에 대하여"(1970)라는 제목의 논문에서 선이론적(pre-theoretical)/이론적 용어 구분을 도입한 것은 관찰적/이론적 용어 구분에 대한 앞서 언급된 비판의 정당성을 인정하고 대안을 제시한 것으로 이해될 수 있다. 관찰적/이론적 용어 구분과 선이론적/이론적 용어 구분의 주된 차이는, 전자의 구분에서 관찰적 용어들이 이론독립적인 방식으로 선별되는 데 반해 후자의 구분에서 선이론적 용어들은 이론상대적인 방식으로 결정된다는 점이다.[40]

과학 이론의 구성과 구조에 대한 논리경험주의의 공인된 견해는 과

---

[38] 참조: Hempel (1958), Section 8.

[39] 애친슈타인(Peter Achinstein 1968) 역시 비슷한 형태의 비판을 제시하였다.

[40] 참조: Hempel (1970), 특히, pp. 143-144.

학 이론이 어떤 경험적 내용을 가지는가를, 즉 세계에 대해 어떤 경험
적 주장들을 하는 경우인가를 보다 분명히 하는 장점을 가진다. 이러한
장점이 경험적 토대의 인식적 우선성과 결합될 때 우리는 이론 평가의
과제를 해결하는 데 한걸음 더 다가서게 되는 것처럼 보인다. 그러나
해결이 완료된 것은 아니다. 관찰적 진술, 기초 진술 또는 선이론적 진
술들로 구성된 경험적 토대의 인식적 우선성이 주류 과학철학자들의
기대대로 확보된다고 하자. 나아가서 평가 대상인 과학적 가설 또는 이
론의 경험적 내용이, 과학 이론에 대한 논리경험주의의 공인된 견해에
의거해, 분명하게 규정되는 상황이라고 하자. 남은 과제는, 경험적 내용
이 밝혀진 가설 또는 이론이 수중에 있는 경험 자료에 의해 지지되는지
그리고 지지된다면 어느 정도 지지되는지와 같은 물음들에 답하는 것
이다.

1.4 과제 3: 과학 이론 평가의 논리적 정당성

먼저 경험 자료를 토대로 하여 이론이나 가설을 평가할 때 사용될
수 있는 논리적 추론과 그 정당성을 확보할 필요가 있다는 주장은, 앞서
이미 언급된 것처럼, 라이헨바흐가 제안한 발견의 맥락과 정당화의 맥
락 구분과 밀접한 관련이 있다.[41] 왜냐하면 이 구분은 과학적 가설이
발견되는 과정에서는 논리적 추론이 별다른 역할을 하지 못하는 반면
과학적 가설이 평가되고 정당화되는 과정에서는 논리적 추론이 필수적

---

41 참조: Reichenbach (1938), pp. 6-8.

인 역할을 하며 그러해야 한다는 견해와 연계되어 있었고 그러한 견해
는 과학 활동의 성격을 이해하는 기본적인 관점으로서 논리경험주의자
들뿐만 아니라 독자적인 노선을 추구한 포퍼 같은 철학자에 의해 폭넓
게 공유된 것으로 보이기 때문이다.

　이론 평가의 논리에 대한 주류 과학철학자들의 관심은 크게 두 갈래
로 나뉘어졌다. 한 갈래는 과학적 가설 또는 이론이 관련된 경험 자료
에 의해 지지되는 방식이나 정도에 대한 이론적 탐구이고, 다른 한 갈래
는 과학적 가설이나 이론을 토대로 하여 산출된 관찰 또는 실험 결과에
대한 주장이 실제로 일어나는 결과와 부합하지 않을 경우 해당 가설이
나 이론이 거부되거나 그 인식적 지위가 격하되는 방식이나 정도에 대
한 이론적 탐구이다. 비엔나 서클의 핵심 인물이면서 논리경험주의의
대표적 학자인 카르납은 1940년대부터 지속적으로 경험 자료가 과학적
가설을 지지하는 방식과 정도에 대한 이론적 탐구를 수행하였다. 그리
고 이러한 연구를 통해 그는, 그 자신과 비엔나 서클의 동료들이 선호했
던 빈도 해석과는 별도로, 확률에 대한 논리적 해석이야말로 귀납 논리
의 토대를 제공한다는 결론에 도달하였다. 반면에 귀납 논리의 정당성
을 인정하지 않은 포퍼는 경험 자료가 관련된 가설이나 이론을 반박하
는 방식, 즉 반증의 논리와 그 방법론적 역할을 규명하고 옹호하는 데
주력하였다. 카르납이나 헴펠 같은 논리경험주의자들과 포퍼와 같은 반
증주의자들은, 귀납적 추론의 논리적 정당성이나 입증의 방법론적 정당
성에 대해 의견을 달리하였으나, 논리적으로 정당한 추론에 의해 경험
자료가 관련된 가설을 지지하거나 반박하는 방식과 정도를 규명함으로
써 과학적 가설 또는 이론을 평가하는 것이 과학적 탐구의 객관성과 합
리성, 나아가서 과학의 성공을 확보하는 데 필수적이라는 점에 대해서

는 의견을 같이하였다.

과학적 가설과 관련된 경험 자료 사이에 입증 관계가 성립하려면 어떤 조건들이 충족되어야 하는지 그리고 입증의 정도가 무엇인지 같은 문제들을 둘러싸고 논리경험주의의 전통 내에서도 다양한 견해들이 제시되었고 서로 경쟁하는 관계에 놓이기도 하였다. 실제로 입증에 대한 이론적 논의에서 논리경험주의자들은 합의된 견해를 산출하는 데 그렇게 성공적이지 못했다고 할 수밖에 없다. 그럼에도 불구하고 논리경험주의자들은 가설 평가의 정당성이 가설과 경험 자료 사이에 성립하는 특정한 논리적 또는 확률론적 관계(들)에서 비롯한다는 견해를 공유하였다. 반증 또한 논리경험주의자들에게 중요한 방법론적 절차이다. 그러나 그들의 작업은 입증 문제를 규명하는 데 더 많은 노력을 기울인 것으로 나타난다. 오히려 반증에 대한 이론적 논의는 입증의 방법론적 정당성을 인정하지 않은 포퍼에 의해 집중적으로 다루어졌다. 포퍼는 반증이, 입증과는 달리, 연역적 추론에 의해 이루어질 수 있기 때문에 방법론적으로 정당하다고 주장했다. 따라서 반증에 대한 판단은 신뢰할 만한 경험 자료와 연역적 추론의 타당성만 확보되면 별문제 없이 수행될 수 있을 것으로 기대된다. 그러나 반증의 문제에는 의외의 복병이 숨어 있다. 많은 경우 평가 대상인 가설만으로부터 경험 자료와 비교될 수 있는 예측이 산출되지는 않는다. 즉 경험 자료와 비교될 수 있는 예측을 산출하기 위해 과학자는 평가 대상인 가설뿐만 아니라 다른 주변 가설들을 연역적 추론의 과정에서 사용해야 하는 것이 일반적 현실이다. 이런 상황에서는 예측이 수중의 경험 자료와 일치하지 않는다고 해서 평가 대상인 가설에 대한 반증이 성립한다는 결론을 내릴 수 없다. 평가 대상인 가설이 아니라 함께 사용된 주변 가설이 경험 자료와의 불일치라는 문제를 야기한 범인일 수 있기 때문이다. 일부 주변 가설(들)을 수정하거나 다른 가설(들)로 대체하는 방식으로 경험 자료와 부합하는 예측을 산출함으로써 불일치의 문제를 해소할 수 있는 가능성은 통상 열려 있다. 물론 그러한 가능성을 무한정으로 인정한다면, 반증은 애당초 성립할 수 없을 것이다. 그렇다면 실질적인 물음은 그러한 가능성을 어느 정도 허용하고 어떤 방식으로 제한할 것인가 하는 것이다. 포퍼는 이 물음과 관련하여 두 가지 대비되는 태도를 제시한다.

> 과학자가 어떤 대가를 치르면서도 반증을 피한다면, 이는 내가 의미하는 바의 경험 과학을 포기하는 것이다. 동시에 표면상의 반증에 직면하여 자신의 이론을 너무 쉽게 포기하는 과학자는 그의 이론에 내재한 가능성들을 결코 발견하지 못할 것이다. 과학자는 언제 자신이 선호하는 이론의 방어를 멈추고 새로운 이론을 시도할 것인지에 대해 추측해야 한다.[42]

말하자면, 과학자는 기존의 이론이 수중에 있는 경험 자료와 상반되는 예측을 산출할 경우에도 그 이론을 너무 쉽게 포기해서도 안 되지만, 그렇다고 해서 어떤 대가를 치르더라도 기존의 이론을 고수하려는 맹목적인 태도를 취해서도 안 된다는 것이다. 이 다소 애매모호한 제안은 적법한 보조 가설과 미봉 가설(ad hoc hypothesis)을 구분하는 문제로 귀착된다. 즉 적법한 보조 가설을 대안으로 사용하여 경험 자료와의 불일치 문제를 해결할 수 있다면 평가 대상인 가설이나 이론을 유지하는

---

42 Miller (1985), p. 126.

것이 정당화될 수 있지만, 미봉 가설을 사용해서만 불일치 문제를 해소할 수 있는 상황에서 평가 대상 가설이나 이론에 집착하는 것은 정당화될 수 없다는 것이다. 결국 간단명료한 것처럼 보이던 반증의 절차가 미봉 가설을 규정하는 까다롭고 해결하기 힘든 문제를 안고 있는 것으로 드러난다. 그리고 이 문제가 반증주의를 주장하는 포퍼만의 문제라기보다 반증을 이론 평가의 주된 방법론적 절차로 간주하는 주류 과학철학의 공통된 문제인 것은 자못 분명하다.

근본적인 물음은 이와 같은 문제가 주류 과학철학의 방법론적 틀을 벗어나지 않고 온전하게 해결될 수 있는가 하는 것인데, 이 사안의 성격과 해결의 전망에 대해 쿤은 과학사적 경험을 통해 주류 과학철학자들과 상당히 다른 시각을 가지게 된 것처럼 보인다.

1.5 과제 4: 과학 통합 및 변동의 양식

과학 변동의 양식에 대한 물음은 쿤 이전의 주류 과학철학에서 주된 관심사에 속한다고 말하기 어렵다. 비엔나 서클의 "과학적 세계관"(1929)에서도 잘 드러나는 것처럼 다수 논리경험주의자들의 주된 관심사는 과학의 논리를 규명하는 것이었다. 이러한 지적 관심은 앞서 이미 언급된 것처럼 과학 이론의 구성과 구조를 규명한다거나 경험 자료가 가설(또는 이론)을 지지 또는 거부하는 방식 및 정도를 규명하는 작업들로 구체화되었다.[43] 그런데 지금까지의 논의에서 제대로 부각되지

---

43 과학의 논리 규명에 대한 논리경험주의자들의 이러한 관심은 이후 과학적 설명의 논

않은 것은 이러한 논리적 분석 작업의 목표에 해당하는 것이다. 한 (Hans Hahn), 노이라트 그리고 카르납은 그들이 공동 집필한 『과학적 세계관』(1929)에서 "우리 앞에 놓인 목표는 통일과학이다"라고 선언했다. 이러한 천명은 일시적인 구호로 끝나지 않고 노이라트, 카르납 및 모리스(Charles Morris)가 주도했던 "통일과학 국제총서(International Encyclopedia of Unified Science)"의 기획을 통해 구체화되었다. 1938년부터 1969년까지 약 30년에 걸쳐 진행된 이 기획을 통해 19권의 총서가 발간되었다. 이러한 총서 발간과 더불어 통일과학에 대한 개념적 논구도 진행되었는데 '환원(reduction)'에 대한 논의는 그러한 작업의 대표적 형태라고 할 수 있다.

돌이켜보면 쿤 이전의 주류 과학철학이 해결하고자 한 주요 과제들에 대한 앞의 논의에서 경험 자료와 이론이 과학 활동의 주된 요소로 다루어졌다. 따라서 통일과학의 기획과 연계된 '환원'에 대한 논의에서도 과학 이론들이 초점에 놓인 것은 별로 이상스럽지 않을 것이다. 논리경험주의의 전통에서 제안된 환원 개념은 주로 과학 이론들 사이에 성립하는 관계로서의 환원이었다. 1930년대 중반부터 등장한 이론 간 환원에 대한 논의는 크게 두 가지 형태로 구분될 수 있다. 한 가지 형태는 네이글(Ernest Nagel)이 제시한 과학 이론들 사이의 직접적 환원이고, 다른 하나는 네이글의 환원 개념에 대한 비판적 검토를 거쳐 대안으로 제시된 케미니(John Kemeny)와 오펜하임(Paul Oppenheim)의 간접적 환원 개념이다.

리에 대한 헴펠의 작업, 이 절에서 논의될 이론 간 환원에 대한 네이글(Ernest Nagel)의 작업 등으로 확장되었다.

네이글의 환원은 두 과학 이론 중 하나가 다른 하나를 설명할 때, 즉 한 이론의 법칙들이 다른 이론의 법칙들로부터 연역적으로 도출될 때 두 이론 사이에 성립하는 관계라는 점에서 직접적이다.[44] 반면 케미니와 오펜하임의 환원은 두 과학 이론 중 하나가 설명하는 경험 자료들을 다른 하나도 모두 설명하나 그 역은 아닐 때, 즉 경험 자료들에 대한 설명력을 매개로 하여 두 이론 사이에 성립하는 관계라는 점에서 간접적이다.[45] 두 과학 이론 사이에 네이글의 환원이 성립할 때 그 두 이론 사이에 케미니와 오펜하임의 환원도 당연히 성립하나 그 역은 아니라는 점에서 전자는 후자의 특수한 경우라고 할 수 있다. 이러한 차이에도 불구하고 두 환원 개념은 과학 이론들이 통합될 수 있는 방식들을 제시한다는 점에서 공통된다. 즉 네이글의 환원 개념은 한 과학 이론의 법칙들이 다른 과학 이론의 법칙들에 의해 포섭되는 방식으로 두 이론이 직접적으로 통합되는 것을, 그리고 케미니와 오펜하임의 환원 개념은 한 과학 이론이 설명할 수 있는 관찰 자료가 다른 과학 이론이 설명할 수 있는 관찰 자료에 의해 포괄되는 방식으로 두 이론이 간접적으로 통합되는 것을 포착하고자 한다.

지금까지 우리는 통합 과학의 관점에서, 보다 구체적으로 과학 이론들의 통합과 관련하여 환원 개념이 가지는 의의를 살펴보았다. 그런데 환원 개념의 의의는 공존하는 과학 이론들이 통합되는 방식들을 포착하는 데 국한되지 않는다. 왜냐하면 환원 개념이 제시하는 과학 이론들 사이의 관계는 선행 이론과 후행 이론 사이에도 마찬가지로 적용될

44 참조: Nagel (1961), Chapter 11.
45 참조: Kemeny & Oppenheim (1956).

수 있을 것이기 때문이다. 그리고 역사 속에서 등장하는 선행 이론과
후행 이론 사이에 네이글의 환원이나 케미니와 오펜하임의 환원이 성
립한다면, 이는 과학의 변동이 일어나는 양식에 대해, 보다 구체적으로
과학이 진보하는 양식에 대해 매우 분명한 이해를 산출한다.[46][47] 환
원 개념에 의해 포착되고 이해되는 과학의 진보는 법칙의 차원에서 또
는 경험 자료의 차원에서 아주 분명한 방식으로 연속적이다. 이처럼 환
원 개념은 계몽 철학 이래로 널리 유포되어온 과학적 진보의 이념을 논
리경험주의의 틀 속에서 해명하는 역할을 수행했다.

---

46 실제로 이후 과학철학적 사안들에 대해 논리적 접근보다 역사적 접근을 선호했던 파
이어아벤트(Paul Feyerabend)나 쿤은 환원 개념을 과학 통합의 양식으로보다 과학 변동
의 양식에 대한 제안으로 보는 관점에서 비판적 논의를 전개하였다.
47 이 두 부류의 환원 개념, 그 의의 및 문제점들은 이 책의 6장에서 과학적 진보에 대한
쿤의 대안적 입장과 그 의의를 규명하기 위한 배경으로서 좀 더 자세하게 다루어질 것이다.

2장

패러다임

Thomas
S. Kuhn

2.1 패러다임이란 무엇인가?

쿤 이전의 주류 과학철학을 주도한 논리경험주의자들은, 1장에서 논의된 것처럼, 과학의 논리를 규명하는 데 주력하였다. 특히 그 과정에서 그들은 과학 이론과 경험 자료를 과학 활동의 주된 요소들로 간주하면서 두 요소 사이의 논리적 관계를 밝히는 데 많은 노력을 기울였다. 이러한 이해가 논리경험주의의 철학적 입장에 대한 기존의 해석에 해당하는데, 쿤 역시 그러한 이해를 공유한 것처럼 보인다.

[기존의 과학관은] 이전에는, 과학자 자신들에 의해서도, 주로 고전들에 그리고 보다 최근에는 각 세대의 과학도들이 과학적 탐구를 하는 방식을 배우는 교과서들에 기록된 바대로의 완성된 과학적 업적들로부터 도출되었다. … 예를 들어, [과학] 교과서들은 과학의 내용이 그것들 속에서 서술되는 관찰들, 법칙들 그리고 이론들에 의해 고유하게 예시된다고 흔히 시사하는 것처럼 보였다. 그 교과서들은, 거의 예외없이, 과학적

---

* 2장은 Cho (2017b)의 내용을 이 책의 취지 및 구성에 맞게 확장하여 논의한 것이다.

방법들이란 단순히 교과서에 등장하는 자료를 수집하는 데 사용된 조작적 기법들과 더불어 그 자료를 교과서의 이론적 일반화들에 연계시킬 때 사용되는 논리적 작업들에 의해 예시되는 것들이라고 말하는 것으로 읽혔다. 과학의 본성과 발달에 대해 심오한 함축을 지닌 과학관이 그렇게 생겨났다.[1]

그러나 논리경험주의의 과학관은 쿤 자신이 과학도로서의 훈련을 받는 과정에서 얻게 된 과학관과 잘 부합할지라도 그가 뒤늦게 과학사 공부를 통해 접하게 된 과학의 '실상'과 현저하게 불일치하므로 대안적 과학관이 요구되는 상황이며, 따라서 그러한 대안을 제시하는 것이 『과학혁명의 구조』의 목표라고 쿤은 말한다.[2]

쿤이 제시한 대안적 과학관의 핵심어는 '패러다임'이다. '패러다임'의 핵심적 위치는 여러 가지 정황을 통해 추정 및 확인될 수 있다. 먼저, '패러다임'의 핵심적 위치는 그것이 『과학혁명의 구조』에서 사용되는 학술적 용어들 중에서 가장 빈번하게 등장한다는 사실에 의해 추정될 수 있다. 또한 쿤은 패러다임들이 과학 연구에서 하는 역할을 인식하게 되면서 오래전에 시작된 『과학혁명의 구조』의 집필이 아주 빠른 속도로 진행될 수 있었다고 다음과 같이 술회한다.

오늘날 심리학자들이나 사회학자들 사이에서 고질적인 것처럼 보이는 근본에 대한 논란을 천문학, 물리학, 화학 또는 생물학 분야의 연구 활동에

---

[1] Kuhn (1962 / 2012), p. 1.
[2] 참조: Kuhn (1962 / 2012), p. 1. "[이 책의] 목표는 [과학적] 연구 활동 그 자체에 대한 역사적 기록으로부터 드러나는 아주 상이한 과학관의 개요를 제공하는 것이다."

서는 통상 찾아보기 어렵다. 그러한 차이의 원천을 밝혀내려고 시도하는 과정에서 나는 이후 '패러다임들'이라고 부르게 된 것이 과학적 연구에서 하는 역할을 인식하게 되었다. 패러다임들은 과학자들의 공동체에게 모범적인 문제 및 풀이를 제공하는 보편적으로 인정되는 과학적 업적들에 해당한다. 나의 퍼즐에서 이 조각이 제자리를 잡게 되면서 이 책의 초고는 신속히 완성되었다.[3]

이러한 술회를 통해 우리는 패러다임 개념이 쿤의『과학혁명의 구조』를 전체적으로 관통하면서 구심점 역할을 하는 경우임을 알 수 있다. 나아가 이후의 논의들에서 구체적으로 확인될 수 있겠지만,『과학혁명의 구조』에 제시되는 쿤의 대안적 과학관을 구성하는 주된 주장들은 패러다임 개념을 빼놓고는 제대로 서술조차 여의치 않은 것이 실상이다.

그런데 쿤을 난처하게 만든 것은 이 핵심적인 개념 자체가 많은 논란의 대상이 된 상황이다. 특히 그를 당혹스럽게 만든 것은『과학혁명의 구조』에서 '패러다임'이 애매모호하다거나 다양한 의미로 사용되고 있다는 지적이었다. 쿤에 대해 우호적인 학자이던 매스터먼(Margaret Masterman)조차 '패러다임'이『과학혁명의 구조』에서 20가지 이상의 의미로 사용되고 있다고 지적했다.[4] 쿤은 자신이『과학혁명의 구조』초판에서 '패러다임'이라는 용어를 사용한 방식에 문제가 있었음을 인정하는 한편, 그것이 크게 두 가지 다른 의미로 사용되었다고 2판의 "후기"에서 해명하는 방식으로 사태의 수습을 시도하였다. 따라서 용어의 사용법과 관련해서는 쿤이『과학혁명의 구조』2판의 후기에서 다시 정리

---

[3] Kuhn (1962/2012), p. x.
[4] 참조: Masterman (1970), p. 61.

하여 제시한 내용이 그가 숙고를 거쳐 갱신한 입장에 해당한다고 생각
해야 할 것이다.

2판의 후기에서 쿤이 정리해 제시한 '패러다임'의 두 가지 용법은 대
략 다음과 같다.[5] 하나는 쿤이 '전문분야 행렬(disciplinary matrix)'이
라 부른 것인데 이는 광의의 패러다임으로서 주로 4가지 요소, 즉 기호
적 일반화(symbolic generalizations), 모형(models), 가치(values), 범례
(exemplars) 등으로 구성된다.

먼저 기호적 일반화들은 $(x)(y)(z)\varphi(x, y, z)$와 같은 보편양화문의 형
태로 정식화될 수 있으면서 동일 공동체에 속하는 과학자들에 의해 의
심 없이 받아들여지는 표현들이다.[6] $f=ma$, $I=V/R$, "작용과 반작용은
같다" 등이 그 예이다. 기호적 일반화들은 논리와 수학이 과학적 탐구
속에 들어올 수 있는 도입부를 제공한다. 또한 이들 일반화는, 부분적으
로는 법칙의 역할을 하지만, 더 자주 그 속에 포함되어 있는 부호들에
대한 정의의 역할을 한다.[7]

모형들은 전문분야 행렬의 형이상학적 부분에 해당하는데, 두 부류로
구분된다. "모든 지각 가능한 현상은 진공 속의 원자들—또는 물질과
힘 또는 장(場)들—의 상호 작용에 의한다"와 같은 존재론적 모형이
그 하나이고, "기체의 분자들은 조그마한 당구공들처럼 행동한다" 또
는 "전기 회로는 유체역학적 체계로 간주될 수 있다"와 같은 발견적

---

5 참조: Kuhn (1970a), pp. 181-191; Kuhn (1974), pp. 297-301.
6 나중에 쿤은 예외를 인정하지 않는 엄격한 일반화(nomic generalizations)와 예외를 인
정하는 느슨한 일반화(normic generalizations)를 구분하는 입장을 채택한다. 참조: Kuhn
(1993), p. 230.
7 참조: Kuhn (1970a), pp. 182-184.

(heuristic) 모형이 다른 하나이다. 과학적 탐구에서 모형들은 (i) 선호되는 또는 허용되는 유추나 은유를 공급하거나, (ii) 무엇이 설명 또는 퍼즐의 해답으로 간주되어야 할지를 결정하거나, (iii) 해결되지 않은 퍼즐들의 명단을 작성하고 어느 퍼즐이 더 중요한가를 결정하는 역할을 담당한다.[8]

가치들은 기호적 일반화나 모형보다는 상이한 공동체에 속하는 과학자들에 의해 보다 폭넓게 공유된다. 정확성(accuracy), 정합성(consistency), 적용 범위(scope), 단순성(simplicity), 다산성(fruitfulness) 등이 대표적인 가치들이다. 정확성의 가치에 따르면, "이론으로부터 연역적으로 도출가능한 귀결들은, 그 이론의 영역 내에서, 기존의 실험 및 관찰 결과들과 일치하는 것으로 입증되어야 한다." 정합성의 가치는 이론이 내적으로 정합적일 뿐만 아니라 현재 받아들여지고 있는 다른 이론들과도 정합적이어야 한다는 것이다. 적용 범위의 가치에 따르면, 이론은 넓은 적용 범위를 가져야 한다. 즉 이론은 그것이 본래 설명하고자 고안된 관찰들, 법칙들, 하부 이론들을 넘어서서 적용되어야 한다. 단순성의 가치에 따르면, 이론은 그것 없이는 고립되어 있을 현상들에 질서를 부여하는 것이어야 한다. 다산성의 가치가 요구하는 것은, "이론은 새로운 현상들을 드러내거나 이미 알려진 현상들 사이에 성립하지만 이전에는 알려지지 않은 관계들을 드러내야 한다"는 것이다. 이러한 가치들은 이론의 적합성을 평가함에 있어 표준적인 기준들이다. 특히, 그것들은 과학자들이 기존의 이론과 새로운 경쟁이론 사이에서 선택을 할 때 결정

---

8 참조: Kuhn (1970a), p. 184.

적인 역할을 담당한다.[9]

  마지막으로 범례들은 학생들이 과학 교육을 받으면서 부딪히는 구체적인 문제 및 해답들 또는 연구 경력을 쌓은 과학자들이 전문분야의 학술지에서 부딪히는 보다 기술적인 문제 및 해답들 중의 일부로 구성되며, 이는 '협의의 패러다임'에 해당한다. 그리고 어떤 범례들을 공유하는가는 과학자 공동체의 세부 구조를 결정하는 데 기여한다. 즉 과학자로서 훈련을 받는 과정에서 과학자들이 공유하는 기호적 일반화들은 분야가 세분화됨에 따라 점점 상이한 범례들에 의해 예증된다. 또한 기호적 일반화는 그 자체가 법칙이라기보다는 법칙의 개요(law-sketch or law-schema)에 해당한다. 주어진 상황에서 어떤 특수화가 요구되는지는 기계적으로 결정되지 않는다. 다른 비슷한 상황에서 이루어진 특수화들을 본보기로 삼아 주어진 상황에서 요구되는 특수화를 개발해 내어야 한다. 그리고 과학자들은 범례들을 익히는 과정을 통해 새로운 특수화들을 만들어 낼 수 있는 능력을 개발한다.[10]

  이제 '패러다임'을 둘러싼 논란, 특히 『과학혁명의 구조』 초판에서 '패러다임'의 의미가 애매모호하다는 비판으로 다시 돌아가 보자. '패러다임'의 의미가 애매모호하다는 비판은 일단 두 가지 문제를 제기하는 것으로 이해될 수 있다. 한 가지 문제는 패러다임의 구성 요소(들)이 무엇인지가 분명치 않다는 것이고, 다른 한 가지는 그 구성 요소(들)의 역할이나 작동 방식이 무엇인지를 분명하게 밝히지 않았다는 것이다. 특히 전자의 문제에 대한 지적은 대표적 비판자인 셰피어(Dudley

---

9 참조: Kuhn (1970a), pp. 184-186; Kuhn (1977b), pp. 321-322.
10 참조: Kuhn (1970a), pp. 187-191.

Shapere)의 글(1971) 속에서 잘 드러난다.

쿤의 책은, 과학의 본성에 대한 논의를 과학에 대한 보다 정밀한 조사에
비추어 하고 과학사에 대한 최근의 연구와 더 부합되게 만듦으로써, 건전
한 영향을 끼쳤다는 것은 부인할 수 없다. 그러나 이런 유익한 결과들에
도 불구하고, 『과학혁명의 구조』 초판에 나타난 쿤의 견해는 심각한 비판
에 직면했다. 주로 두 가지 유형의 이의들이 제기되었다. 첫 번째 유형의
이의는 '패러다임'이라는 개념이 지닌 애매성에 관한 것들이다. 왜냐하면
그 용어는, 처음에는 "교과서, 강의, 실험실에서의 실습 등에서 등장하
는, 다양한 이론들의 반복적이고 거의 표준적인 예시들의 집합"에 적용
될지라도, 독자들이 위에서 인용된 구절들로부터 추측하게 되었을 것처
럼, 궁극적으로는 과학자가 행하는 모든 것을 포함하는 것처럼 보인다.
그 결과, 과학적 전통이 패러다임의 지배를 받는다는 주장은 토톨로지
(tautology)처럼 되고, 쿤의 풍부한 역사적 분석은 무관하게 된다. 다른
한편, 그 용어는 너무 애매해서, 개별적인 경우들에서 패러다임을 확인하
는 것이 어렵다.[11]

『과학혁명의 구조』 초판에서 용어 '패러다임'이 사용된 방식은, 셰피어
의 냉정한 지적처럼, 혼선을 빚은 것이 분명하다. '패러다임'은 어떤 대
목에서는 쿤 자신이 후에 범례라고 부르는 것들을 지칭하는 것처럼 보
이다가 다른 대목에서는 범례뿐만 아니라 과학적 탐구에서 등장하는 다
양한 요소들을 포괄적으로 통칭하는 데 사용된다. 특히 후자의 용법에
서는 패러다임에 포함될 수 있는 요소들을 적절하게 제어하는 데 실패

---

11 Shapere (1971), p. 706. 참조: 조인래 (편역)(1997), p. 106.

함으로써 패러다임에 의해 과학 활동이 제약되고 결정된다는 주장은 셰피어의 말대로 거의 토톨로지에 불과하다는 우려를 낳게 되었다. 쿤은 애당초 '패러다임'에 의해 범례들을 지칭하는 데 국한하고자 했는데 논의가 진행되는 과정에서 원래의 의도와는 달리 그 외의 다양한 요소들을 패러다임에 포함시킴으로써 혼란이 야기되었음을 뒤늦게나마 인정하고, 앞서 살펴본 것처럼 범례들을 지칭하는 협의의 패러다임과 그 외의 요소들을 아울러 지칭하는 광의의 패러다임을 구분하는 한편 광의의 패러다임을 구성하는 요소들의 목록을 제시함으로써 혼선을 해소하고자 한 것이다. 물론『과학혁명의 구조』에서 '패러다임'이 사용될 때마다 두 가지 용법 중 어느 것에 해당하는지를 가려내는 일은 독자의 부담으로 남게 되는 상황이라는 점에서 만족스러운 해결은 아니지만 해석상의 선택지가 둘로 좁혀진 것은 그나마 다행이다. 그리고 광의의 패러다임을 구성하는 요소들의 목록을 제시하고 요소별로 설명을 부연한 것 또한 패러다임의 정체와 경계를 분명히 하는 긍정적인 효과를 거둔 것은 확실하다. 그뿐만 아니라 셰피어(1971, 172)가 제기한 또 다른 문제, 즉 '패러다임'이라는 용어가 "너무 애매해서 개별적인 경우들에 있어 패러다임을 확인하는 것이 어렵다"는 문제를 해소하는 데도 어느 정도 도움이 될 것으로 생각된다.

그러나 셰피어(1971)는 '패러다임'의 의미 및 용법에 대해 쿤이 2판의 "후기"에서 제공한 숙고된 해명에 대해 새로운 문제를 제기하였다.

문제점은, '패러다임'에 의해 망라되는 다른 요소들이 범례들과 도대체 어떤 관계를 가짐으로써 보다 넓은 의미의 패러다임이 범례들을 통해 학생들에게 전수되는가를 쿤이 적절하게 해명하지 못했다는 데 있다. 그는 범례들을 통해 보다 넓은 의미의 패러다임이 과학적 연구와 판단을 결정하는 방식들을 해명하지도 않았다.[12]

여기에서 셰피어가 하고 있는 지적이 '범례들과 패러다임의 다른 요소들 사이의 관계에 대해 쿤이 충분한 해명을 하지 못했다'는 것이라면 우리는 동의하지 않을 수 없다. 그러나 셰피어가 '범례들과 패러다임의 다른 요소늘 사이의 관계에 대해 쿤이 전혀 해명을 하지 못했다'는 지적을 하는 경우라면 우리는 동의하기 어려울 것이다. 실상은 그 두 가지 형태의 지적 사이 어딘가에 위치해 있을 것이다. 그러므로 2장의 나머지에서 나는, 패러다임에 대한 쿤의 확장된 논의를 토대로 하여, 그가 왜 패러다임 개념을 도입하게 되었으며 그것의 의의와 한계가 무엇인가를 살펴본 다음, 그 한계를 극복할 수 있는 방안을 모색하는 작업을 하고자 한다.

2.2 왜 패러다임인가?[13]

쿤의 『과학혁명의 구조』는 기존의 주류 과학철학을 배경으로 해서 보면 획기적이라 할 만한 새로운 견해들을 포함하고 있다. 그중 하나는 무엇을 과학 활동의 주된 요소들로 볼 것인가라는 물음에 답하는 관점의 변화이다. 쿤 이전의 주류 과학철학에서는, 1장에서 논의된 것처럼,

---

12 Shapere (1971), p. 707. 참조: 조인래 (편역)(1997), pp. 109-110.
13 참조: Hoyningen-Huene (1993), §4.1.

과학 이론과 경험 자료가 과학 활동의 주역으로 간주되었다. 특히 과학 이론의 구성과 구조, 경험 자료의 인식적 지위 그리고 이론과 자료 사이의 논리적 또는 방법론적 관계가 논의의 주된 대상이 되었다. 적어도 표면적으로 보면 쿤은 패러다임(들)을 논의의 주된 대상으로 삼는 접근 방식을 취한다. 그리고 앞 절에서 살펴본 바대로, 광의의 패러다임은 여러 가지 요소들, 즉 기호적 일반화, 모형, 가치, 범례 등으로 구성된다. 그러면 과학 활동의 주된 요소들에 대한 두 관점의 실질적인 차이와 그 의의는 무엇인가?

먼저 기존의 주류 과학철학에서 논의의 주된 대상으로 삼은 이론에 가장 가까운 것은 쿤의 경우 기호적 일반화이다. 쿤이 기호적 일반화의 예들로 언급하고 있는 것을 보면, 이론을 구성하는 법칙적 진술들과 기호적 일반화들 사이에는 명칭의 변화가 있을 뿐 내용상의 변화는 없는 것처럼 보인다. 그러나 우리는 쿤이 기호적 일반화들을 보는 시각과 기존의 주류 과학철학자들이 법칙적 진술들을 보는 시각 사이에 의미심장한 차이가 있을 수 있다는 시사를 그가 기호적 일반화들은 일반화라기보다 실상 일반화의 개요(generalization-sketches)에 해당한다[14]고 말하는 데서 찾을 수 있다. 그 이유는 기호적 일반화가 사용될 때 적용 사례에 따라 그 형태가 달라진다는 데 있다. 예를 들어, 자유 낙하 문제의 경우에 $f = ma$는 $mg = md^2s/dt^2$의 모습을 취하는 반면 단진자의 경우에 그것은 $mgsin\theta = -md^2s/dt^2$의 모습을 가진다. 이러한 상황은 이론 또는 법칙적 진술이 사용되는 방식과 관련하여 기존의 주류 과학철학에서 기대된 상황과는 다르다. $f = ma$를 사용하여 주어진 상황에서 구체적

---

14 Kuhn (1974), p. 299.

인 예측을 산출하려면 $f=ma$를 출발점으로 삼아 논리적 및 수학적 추론을 진행하기 전에 $f=ma$가 먼저 그 상황에 맞는 방식으로 특수화되어야 한다는 것이 쿤의 지적이다. 그런데 일반화 개요를 적용사례에 맞는 방식으로 특수화하는 과정은 단순한 연역적 추론의 과정이 아니다. 따라서 이론으로부터 관찰가능한 예측들을 도출하는 과정은 순전히 논리적 및 수학적 추론만으로 설명될 수 없다. 그렇다면 이론으로부터 예측들을 도출하는 과정에서 논리적 및 수학적 추론 외에 필요한 작업은 무엇인가? 나는 이러한 물음이 쿤으로 하여금 과학 이론 그리고 그것이 경험 자료와 가지는 논리적 및 방법론적 관계에 대한 탐구에 치중한 기존의 접근 방식을 벗어나 패러다임 개념이 과학적 탐구의 본성을 이해하는 데 중심적 역할을 하는 접근 방식을 채택하게 만든 주된 계기 중 하나가 되었을 것으로 생각한다.

기호적 일반화가 사례들에서 적용되는 방식에 대한 앞에서의 논의는 패러다임의 요소 중 하나인 범례에 대한 논의와 밀접하게 연관된다. 범례들이란 해당 분야의 과학자들에 의해 공인된 모범적인 문제 풀이들인데 그 분야의 교과서에 등장하는 예제들이 대표적이다. 범례들은 쿤 이전의 주류 과학철학자들에게도 낯설지 않다. 다만 그들에게 범례들은 어떤 경험 자료가 특정 이론적 가설들로부터 연역적 추론을 통해 도출될 수 있음을 확인하는 문제 풀이들이었고 범례들 사이의 수평적인 상호 관계는 별다른 주목의 대상이 아니었다. 즉 그들에게 전자의 문제 풀이는 후자의 관계에 의존할 필요 없이 이루어질 수 있는 작업이었다. 그런데 쿤의 입장에서 보면 기호적 일반화와 범례 사이의 관계에 대한 이러한 인식은 과학에서의 실제 상황에 대한 그릇된 이해에서 비롯한 것이다. 쿤에 따르면, 앞서 언급된 바대로, 기호적 일반화를 구체적 사례에 적용할 때 통상 특수화의 과정을 거칠 뿐만 아니라 사례에 따라 특수화의 결과가 다르다. 그리고 이 특수화는 연역적 추론의 과정이 아닌 까닭에 어떻게 특수화가 이루어져야 하는가에 대해 위로부터의 추론에 의한 도움을 기대하기 힘들다. 이러한 상황에서 특수화의 문제를 해결하기 위한 단서는 각 기호적 일반화가 그 나름의 적절한 특수화들을 통해 성공적으로 사용되는 기존의 문제 풀이들에서 그 문제가 해결되어 온 방식으로부터 찾을 수밖에 없다.

그런데 기호적 일반화를 특수화하는 문제에 직면하기 전에 과학자들이 다루어야 하는 과제가 있다. 그것은 주어진 문제를 해결하기 위해 어떤 기호적 일반화가 특수화될 필요가 있는가를 판단하는 일이다. 이 선행 과제를 해결하는 과정은 새로운 기호적 일반화들을 발견하거나 고안하는 과정을 포함할 수 있지만, 반드시 그런 것은 아니다. 따라서 편의상 새로운 문제의 해결을 위해 필요한 기호적 일반화를 기존의 기호적 일반화들 중에서 선별하는 과정에 우리의 논의를 국한하도록 하자. 사실상 이 사안을 다루는 것은 쿤 이전의 주류 과학철학에서는 문제거리가 아니었다. 왜냐하면 논리경험주의자들이나 포퍼의 관점에서 보면, 해당 사안은 발견의 맥락에 속하는 것으로 간주되었을 것이기 때문이다. 반면, 쿤의 관점에서 보면, 새로운 문제들의 해결을 위해 적합한 기호적 일반화를 생각해 내는 과정을 이해하는 것은 과학적 탐구의 본성을 이해하는 데 긴요한 사안이었다. 왜냐하면 쿤에게 이 과정은 새로운 문제와 그 문제의 해결을 위해 필요한 기호적 일반화가 이미 적용되던 기존의 문제들 사이의 유관한 유사성들을 인지하는 과정을 통해 이루어질 것이고 통상적인 과학적 문제 풀이는 후자의 과정을 통해 이루어지기 때문이다. 실제로 쿤에 따르면, 과학 교육의 기본적 목표는 학생들이 기존의 모범적 문제 풀이들, 즉 범례들 사이의 유관한 유사성들을 인지할 수 있는 능력을 획득하고 그러한 능력을 활용하여 새로운 문제들을 해결할 수 있도록 훈련시키는 것이다. 문제 풀이 활동의 이러한 메커니즘은 전문적 과학자들에 대해서도 마찬가지로 유효하다. 그런 까닭에, 쿤에게 있어, 범례들로서의 패러다임들을 활용하는 것은 과학적 탐구에 필수적이고 따라서 그러한 과정의 정체와 역할을 규명하는 것은 과학 활동의 본성을 이해하고자 하는 과학철학의 핵심적 과제일 수밖에 없다.

아마도 이러한 관점의 차이 또한 쿤이 과학 이론의 논리적 구조나 과학적 가설을 경험 자료와의 논리적 관계를 토대로 하여 평가하는 절차의 규명에 중점을 두는 그 당시 주류 과학철학의 접근 방식에 동조하지 못하고 과학적 탐구의 수행에서 패러다임의 성격과 그 역할을 규명하는 데 중점을 두는 대안적 접근을 시도하게 된 주요 계기로 작용했을 것이다.

이제 광의의 패러다임을 구성하는 또 다른 요소인 모형에 대한 논의로 넘어가자. 쿤 이전의 주류 과학철학에 대한 1장의 논의에서 모형은 거의 언급조차 되지 않았다. 그러한 상황은 기존의 주류 과학철학에서 모형이 별로 관심의 대상이 되지 못했음을 시사하는 것으로 보일 수 있다. 실제로 그런 면이 없지 않다. 그 이유는 기존의 주류 과학철학을 주도한 논리경험주의가 현대 분석철학의 언어적 전환(linguistic turn)을 공유했다는 데 있다. 논리경험주의자들은 철학적 탐구의 대상을 언어적 차원에서 주로 다루었으며, 이러한 접근 방식은 철학적 작업에서 현대 논리학을 최대한 활용하는 전략과는 잘 부합하는 경우였다. 따라서 언어적 전환에 따른 철학적 작업 방식을 채택한 논리경험주의자들이 과학을 작업의 대상으로 삼았을 때 과학 이론을 진술들의 집합으로 간주하

고 그것의 논리적 구조 또는 이론과 자료 사이의 논리적 관계를 규명하
는 데 주력한 것은 매우 자연스러운 일이었다. 그런 상황에서 비언어적
대상이고 따라서 논리적 분석도 여의치 않은 모형이 관심의 주변으로
밀려난 것도 충분히 이해될 수 있는 결과였다. 그러나 모형들이 과학자
들에 의해 사용되는 현실은 부인할 수 없었고, 모형들의 역할과 그 의의
에 대한 논리경험주의자들의 판단에서도 변화를 드러낸다. 논리경험주
의가 언어적 전환에 따른 강한 추진력을 유지하고 있던 시기에는 모형
을 과학 활동의 부차적 요소로 폄하하고 필수적이지 않은 것으로 본 반
면, 언어적 및 논리적 접근이 여러 문제들에 부딪혀 한계를 드러내면서
모형의 역할과 위상에 대해서도 상당히 유화적인 입장을 취하게 된 것
으로 보인다.

이러한 변화는 카르납(1939)과 헴펠(1970)의 논의에서 잘 드러난다.
먼저 카르납(1939)은 모형이 과학 이론의 성공적인 적용을 위해 필수적
이지 않다고 말한다.

> 전자기에 대한 맥스웰의 방정식들과 같은 추상적이고 비직관적인 공식들
> 이 새로운 공리들로 제안되었을 때, 물리학자들은 "모형"을 구성함으로
> 써, 즉 전자기의 미시적 과정들이 알려진 거시적 과정들, 예를 들면, 가시
> 적인 사물들의 운동과 비슷한 것으로 나타냄으로써 그 공식들을 "직관적
> 이게" 만들려고 시도했다. 그런 방식의 시도가 다수 이루어졌지만, 결과
> 는 만족스럽지 못했다. 모형의 발견이 단지 미적, 교훈적 또는 발견적 가
> 치를 가질 뿐이며 물리 이론의 성공적 적용을 위해 결코 필수적이지 않
> 다는 점을 깨닫는 것이 중요하다.[15]

---

15 Carnap (1939), pp. 67-68.

그러나 논리경험주의가 전성기를 넘기면서 변화한 견해를 헴펠(1970)은
다음과 같이 진술한다.

> 네이글이 기체운동론, 빛에 대한 고전적인 파동론이나 입자론, 수소 원자
> 에 대한 보어의 이론, 결정 구조에 대한 분자 격자 이론 또는 유전자의
> 분자 구조와 유전 암호의 토대에 대한 최근 이론 등에 암묵적인 모형들
> 이라고 부르는 것은 모두 유추가 아니라 연구 중인 대상이나 과정의 실
> 재하는 미시적 구조들에 대한 잠정적 서술을 제공한다고 주장한다. 기
> 체는 실제로 다양하게 빠른 속도로 이리저리 움직이면서 서로 충돌하는
> 분자들로 구성되어 있다고 주장되며, 원자는 어떤 아원자적 요소들을 가
> 진다고 주장된다는 것 등이다. 이 주장들은 다른 과학적 가설들의 주장
> 처럼 나중에 수정되거나 폐기될 수 있지만, 이론의 필수적인 부분을 형성
> 한다.[16]

과학 이론에서 모형의 역할과 위상을 보다 적극적으로 인정하는 견해가
뒤늦게나마 논리경험주의의 전통 속에서 등장한 것은 흥미로울 뿐만 아
니라, 이러한 견해는 패러다임의 한 요소로서 모형에 대해 쿤이 제시하
는 견해와 크게 달라 보이지 않을 수도 있다. 그러나 두 견해 사이에는
의미 있는 차이가 있다. 주된 차이는 쿤이 존재론적 모형이라고 부르는
것에서 드러난다. 헴펠이 이론에 필수적인 것으로 인정하는 모형은 기
체운동론과 같은 과학 이론에 내재된 모형들인데, 기체운동론의 경우
그것은 기체가 눈에 보이지 않게 미시적이면서 다양한 속도들로 운동하
는 분자들로 구성되어 있다는 주장에 해당한다. 반면에 쿤이 말하는 존

---

16 Hempel (1970), p. 157.

재론적 모형은 방금 언급된 기체운동론의 모형과 상당히 성격이 다르다. 후자와 달리 전자는 쿤 스스로 언급하는 것처럼 형이상학적 성격을 띤다. 예를 들어, 패러다임으로서의 뉴턴 자연철학에 포함된 존재론적 모형은 "모든 지각 가능한 현상은 진공 속의 물질과 힘의 상호 작용에 의한다"는 것이다. 이러한 존재론적 모형은 형이상학의 거부를 출발점으로 삼은 논리경험주의의 전통에서는 용인되기 어려운 부류의 모형일 것이다. 그뿐만 아니라 패러다임의 요소로서 존재론적 모형은 논리경험주의의 이론관에서 모형에 대해 기대되지 않는 역할들을 수행한다. 즉 그것은, (i) 선호되는 또는 허용되는 유추나 은유를 공급하는 역할 외에, (ii) 무엇이 설명 또는 문제의 해답으로 간주되어야 할지를 결정하거나 (iii) 해결되지 않은 문제들의 명단을 작성하고 어느 문제가 더 중요한가를 결정하는 역할을 담당한다. 여기에서 (ii)와 (iii)의 역할은 모형이 이론의 적용을 보조하는 소극적 역할을 넘어서서 이론이 어떤 문제들에 어떻게 적용되어야 할지를 결정하는 적극적 역할에 해당한다. 이처럼 모형을 과학 활동의 필수적인 요소로서 인정할 뿐만 아니라 그것에게 이론의 적용 여부 또는 적용 방식을 결정하는 적극적인 역할을 부여하는 입장은 진술들의 집합체에 해당하는 이론을 대상으로 하여 언어 · 논리적 분석 작업을 주로 하는 논리경험주의의 틀 속에서 개진되기 어려웠을 것이고, 따라서 이러한 상황은 쿤으로 하여금 논리경험주의가 주도하는 주류 과학철학의 대안을 모색하게 만드는 또 다른 계기가 되었을 것이다.

패러다임을 구성하는 요소들 중 하나로 제시되는 가치는, 쿤에 따르면, 다른 요소들과 구분되는 면모를 가진다. 기호적 일반화, 모형 및 범례들은 패러다임에 따라 달라지는 양상을 드러내는 반면, 가치는 상이한 패러다임을 받아들이는 과학자들에 의해 공유될 뿐만 아니라 이론 평가가 이루어지는 과정에서는 표준적인 기준들로서 결정적인 역할을 수행하는 것으로 간주된다. 그런데 쿤이 가치로서 제시하는 것들은, 그 스스로 인정하는 것처럼,[17] 기존의 주류 과학철학에서 이론 선택의 기준들로 제시되던 것과 적어도 명목상 별반 다르지 않은 것처럼 보인다. 그렇다면 쿤은 왜 "가치"라는 명칭을 사용하는가? 쿤 이전의 주류 과학철학에서 이론 선택의 기준들이 과학의 객관성을 담보하는 역할을 수행하는 것으로 간주되는 상황에서 명목상 별반 차이가 없는 선택의 기준들을 구태여 "가치"라고 부르는 것은 과학의 객관성을 폄하하거나 왜곡하려는 의도가 있는 것으로 의심받을 수 있다. 특히 가치들은 사실들과 대비되면서 그 객관성을 인정받지 못하는 경우였거나 적어도 그 객관성을 둘러싸고 논란이 있어온 경우라는 점을 고려하면 더욱 그렇다. 따라서 명목상 차이가 없는 기준들을 가치라고 부를 경우 그렇게 할 타당한 이유가 제시될 필요가 있을 뿐만 아니라 그 점에서 증명의 부담은 쿤에게 더 많다고 할 수밖에 없는 상황이다.

쿤이 제시하고 있는 가치들은 대체로 과학자들이 이론 평가의 과정에서 실제로 고려하는 항목들이다. 그런 까닭에 그 가치들이 기존의 주류 과학철학에서 이론 선택의 기준들로 언급된 것들과 거의 동일한 것은 우연이 아니다. 그런데 이 선택 기준들과 관련하여 우선 주목할 점은 기준이 하나가 아니고 다수라는 것이다. 이런 상황에서 일차적인 과제는, 기존의 주류 과학철학의 관점에서 본다면, 각 기준에 대해 연산

---

17 참조: Kuhn (1977b), p. 333. "과학적 선택을 안내하는 가치들에 대한 나의 목록이 그러한 선택을 좌우하는 전통적 규칙들의 목록과 거의 같은 것은 우연이 아니다."

규칙의 형태로 논리적 정식화를 수행하는 것이다. 그러나 이 과제를 수행하려는 주류 과학철학자들, 특히 논리경험주의자들의 꾸준한 시도에도 불구하고 그 결과는 부분적 성공에 그쳤다고 말해야 할 것이다. 그 다음 단계의 과제는 평가 대상인 이론에 여러 기준들을 적용한 결과들을 결합하여 종합적 평가를 하는 것인데, 이 과제의 수행은 거의 시도조차 되지 못한 것으로 보인다.

이렇게 실망스러운 상황에 대한 한 가지 대응은 주어진 과제들의 난이도에 비해 충분한 작업 시간이 아직 주어지지 않았다고 변명하는 것이다. 동일한 상황에 대한 다른 가능한 대응은 과제 설정 자체가 잘못되었다고 지적하는 것이다. 대립되는 관점들이 부딪힐 때 나올 수 있는 이 상반된 대응들 중 어느 것이 정당한지를 중립적인 입장에서 가리기는 쉽지 않다. 쿤이 이러한 대치 국면에서 던지는 물음은, 어느 관점이 과학의 역사적 현실과 더 잘 부합하는가이다. 물론 과학의 역사적 실상에 보다 부합하는 과학철학이 더 낫다는 주장은 어폐가 있다. 단순히 과학의 역사적 실상에 더 잘 부합하는 서술이나 주장이 과학에 대한 더 나은 견해라면, 그것은 과학의 철학이라기보다 과학의 과학일 것이다. 왜냐하면 과학철학은 과학 활동이 실제로 어떻게 이루어지는가에 대한 서술이나 주장에 머물기보다 과학 활동이 어떻게 이루어져야 하는가에 대한 제안이나 주장을 할 것으로 기대되기 때문이다. 그러나 과학철학의 학문적 특성에 기반을 둔 반론에도 불구하고 과학의 역사적 실상과 얼마나 잘 부합하는가 하는 물음은 과학철학에 대한 중요한 제약으로 작용할 것이다. 왜냐하면 쿤 이전의 주류 과학철학을 포함하여 현대 과학철학의 주요 과제 중 하나는 과학의 성공을 설명하는 것이고, 그 과제를 수행하기 위해서는 과학의 역사적 실상 중 성공적인 부분들에 대해 현실과 부합하는 설명을 할 필요가 있는 상황이기 때문이다. 예를 들어, 역사적으로 보면, 코페르니쿠스와 초기 코페르니쿠스주의자들은 현저한 문제 상황, 즉 연주시차의 부재에도 불구하고 태양중심설을 제안하거나 수용하였다. 뉴턴이 자신의 역학 이론을 제시하는 과정에서도 유사한 일이 일어난 것은 잘 알려진 역사적 사실이다. 그런데 기존의 주류 과학철학은 방금 언급된 것과 같은 사례들에서 과학의 성공을 위해 결정적 기여를 한 과학자들의 판단이나 행위들을 부정적으로 평가하게 되는 처지에 놓이는 것처럼 보이고, 이러한 결과는 원래 과제의 수행에 역행하므로 심각한 부담이 될 수밖에 없는 상황이다.

과학적 성공의 역사적 사례들을 제대로 설명하지 못하는 난점 외에도 쿤은 이론 선택의 상황에서 과학자들이 과학의 합리성을 훼손하지 않으면서 의견을 달리할 수 있는 가능성을 허용하지 않는 것 또한 기존의 과학철학, 특히 논리경험주의의 한계로 간주하였다. 이 후자의 문제점은 논리경험주의에서 연산 규칙의 형태로 제시되는 이론 평가의 기준에 의거할 경우 경쟁 이론들의 상대적 우열이 일의적인 방식으로 결정되는 데서 발생한다. 쿤은 이론 평가의 기준들을 논리경험주의자들이 제안하는 연산 규칙들이 아니라 가치들로 간주함으로써 앞서 언급된 문제들을 해결하고자 하였다.[18] 그리고 이러한 해법의 추구는 쿤으로 하여금 논리경험주의가 주도하는 기존의 과학철학을 벗어나 대안을 모색하게 만드는 중요한 계기가 되었을 것이다.

---

18 쿤이 제안하는 가치들에 의한 이론 선택이 해당 문제들을 어떻게 해결하는가에 대한 보다 구체적인 논의는 이 책의 5장에서 이루어진다.

2.3 패러다임론의 의의와 한계

지금까지 우리는 쿤이 광의의 패러다임이라고 부르는 것을 구성하는 요소들, 즉 기호적 일반화, 모형, 가치 및 범례가 기존의 주류 과학철학에서 그것들에 대응하는 요소들과 어떻게 유사하며 어떻게 다른가를 검토하는 한편, 전자의 요소들은 기존 주류 과학철학의 틀을 벗어나는 방식으로 그것이 부딪히는 문제점들을 해결할 수밖에 없다는 판단에서 비롯하는 대안을 구성한다는 관점에서 논의를 전개하였다. 그러나 기존의 주류 과학철학이 부딪히는 것으로 상정되는 문제들을 쿤의 패러다임론이 만족스럽게 해결했는가 하는 것은 별개의 사안이다.

쿤의 과학철학이 갖는 매력의 상당 부분이 그것의 핵심 용어인 '패러다임'에서 비롯한다는 것은 부인하기 힘들 것이다. '패러다임'이라는 용어가 『과학혁명의 구조』의 매 페이지에 반복적으로 등장하면서 거의 주술적인 매력을 산출하게 된 것처럼 보인다. 이미 언급된 대로, 쿤은 원래 이 용어를 해당 분야의 모범적 문제 풀이들, 즉 범례들을 지칭하는 데 사용하고자 했는데, 『과학혁명의 구조』를 쓰는 과정에서 원래 의도와는 달리 과학 활동의 여러 가지 요소들을 포괄적으로 지칭하는 용도로도 사용하게 되면서 상황이 복잡해졌다. 쿤은 2판의 "후기"에서 '패러다임'이 두 가지 다른 의미로, 즉 광의의 패러다임과 협의의 패러다임을 지칭하는 데 쓰였다고 해명하지만, 독자들은 본문에서 '패러다임'이라는 용어가 등장할 때마다 적어도 두 가지 의미 중 어느 의미로 쓰이고 있는지를 맥락에 의해 식별해야 하는 불편을 감수해야 하는 처지에 놓이게 될 뿐만 아니라 각자가 한 식별이 저자의 의도에 부합하는지에 대해 확신하기 어려운 경우들도 감내해야 한다. 특히 '패러다임'이 포괄적인 용도로 쓰일 경우 그것에 의해 지칭되는 대상의 구성이 쿤의 해명대로 일관되게 유지되는지 여부가 불확실한 상황이 될 것이다.

더구나 '패러다임'이라는 용어의 용법과 관련된 이러한 애매모호함과 불확실성은 다음의 두 가지 사태에 의해 더 증폭될 수밖에 없을 것 같다. 먼저, 쿤은 『과학혁명의 구조』(1962)에서만 하더라도 과학의 발전 과정을 패러다임 이전 시기와 패러다임 이후 시기로 구분하고 후자의 시기에 비로소 해당 분야가 정상과학의 단계에 진입하는 것으로 서술하였다. 그러나 이후의 논의(1977)에서 그는 그러한 구분이 패러다임을 지나치게 신비로운 것으로 만드는 결과를 낳았다고 후회하면서 정상과학 이전 단계에 등장하는 여러 학파들도 패러다임을 가지는 것으로 간주하는 수정된 용법을 채택하였다. 그런데 '패러다임'의 적용을 이렇게 확장하는 것은 그 나름의 대가를 지불해야 할 것이다. 왜냐하면 패러다임 이전/이후 시기를 구분하고 패러다임의 등장과 더불어 해당 분야가 정상과학의 단계에 진입한다는 입장을 취할 경우 패러다임의 성립에 의해 "어떤 분야가 어떻게 정상과학의 단계에 진입하는가?"에 답할 수 있는 반면, 패러다임 이전/이후 시기의 구분을 포기할 경우 "어떤 분야가 어떻게 정상과학의 단계에 진입하는가?"라는 물음에 어떻게 답할 것인가 하는 부담이 새로 생길 것이기 때문이다. 물론 패러다임 이전/이후 시기의 구분을 포기하더라도 쿤의 입장에서 방금 언급된 물음에 답할 방도가 없지는 않다. 그는 경쟁 학파의 패러다임들 중 하나가 독점적인 지위를 구축하게 될 때 정상과학이 성립한다고 답할 수 있을 것이다. 그러나 복수의 경쟁 패러다임 중 하나가 독점적인 지위를 가지게 되는 일은 어떻게 일어나는가? 한 가지 가능한 답은, 패러다임 내의 특별한 변화에 의해서가 아니라, 패러다임 밖의 즉 과학 외적인 요인들에 의해 특정 패러다임이 독점적 지위를 가지게 되는 변화가 일어난다는 것이다. 이 경우 우리는 정상과학의 성립에 대해 심리적 또는 사회적 인자들에 의한 설명을 제공하는 상황에 놓일 것이다. 다른 가능한 답은, 패러다임 내의 특별한 변화에 의해 특정 패러다임이 독점적 지위를 가지게 되는 변화가 일어난다고 말하는 것이다. "특별한 변화"의 유력한 후보는 특정 패러다임이 다른 패러다임을 압도할 만큼 성공적인 성과, 즉 문제 풀이들을 산출하는 것이다. 이 경우 그 특정 패러다임과 다른 경쟁 패러다임들 사이의 차이는 문제 풀이들이 성공하는 정도에서의 차이일 것이다. 그렇다면 문제 풀이에서 성공하는 정도의 차이는 패러다임의 성립 여부를 결정하는 인자가 아니라 정상 과학의 성립 여부를 결정하는 인자가 된다. 다시 말해 문제 풀이에서의 성공도는 패러다임의 성립을 위한 관건이 되지 않는다. 결과적으로 패러다임의 성립 요건은 더욱 약화되고, 따라서 '패러다임'의 외연은 많이 확장되겠으나 그것의 경계는 불가피하게 더욱 희미해질 것이다.

다음으로 상황을 더욱 악화시키는 것은 '패러다임'이라는 용어의 학문적 또는 대중적 인기이다. 쿤이 『과학혁명의 구조』에서 원래 의도한 것은 패러다임을 자연과학 분야에 국한해서 적용하는 것이었다. 그런데, 앞서 언급한 것처럼, 이후 정상과학의 성립 이전의 학파적 학문 활동에도 패러다임이 성립한다는 것을 인정하는 수정된 용법이 채택됨으로써 '패러다임'이 사회과학 분야에서도 널리 쓰일 수 있게 되었다. 따라서 '패러다임'의 경계는 더욱 애매하고 희미해지는 상황이 된 것이다. 그러나 용어 '패러다임'이 대중적 인기로 인해 사회 일반에서 폭넓게 사용되면서 그것의 경계는 제어하기 어려운 방식으로 애매하고 불확실해졌다. 이런 상황에서 '패러다임'이 학술 용어로서 제 역할을 수행할 수 있을까? 긍정적인 답을 하기 어려운 상황이 되었다는 것을 인정해야 할 것 같다. 그리고 쿤 본인도 그러한 상황 판단을 한 것처럼 보인다. 실제로 쿤은 1970년대 중반 이후에는 '패러다임'이라는 용어를 거의 사용하지 않는다. 이러한 상황은 그 용어가 예외적으로 몇 차례 사용되는 1991년 논문에서 그가 한 진술을 통해서도 확인된다.

> [용어 '패리다임']의 사용이 완전히 통제불가능한 상황이기 때문에 오늘날 나는 그 용어를 좀처럼 사용하지 않지만 [이 글에서는 논의를] 간결하게 하기 위해 몇 차례 사용할 것이다.[19]

이제 용어 '패러다임'의 사용이 드러내는 학술적 해이의 문제는 차치하더라도, 더 실질적인 물음은 쿤의 패러다임론이 그것에 기대되는 이론적 역할을 만족스럽게 수행할 수 있는가 하는 것이다. 보다 구체적으로, 과학에 대한 철학적 논의가 쿤 이전 주류 과학철학에서처럼 이론을 중심으로 하여 과학의 논리를 규명하는 방식에 머물기 어렵게 만드는 문제 중의 하나로 지목된 것은 앞서 "이론 적용에서의 특수화 문제"라고 부른 것이다. 이 문제는, 쿤의 논의에 따르면, 기호적 일반화를 적용하여 경험 자료 수준의 결과를 도출하는 작업이 기호적 일반화로부터 출발하여 바로 연역적 추론 내지 계산을 하는 방식으로 진행될 수 없으며 해당 기호적 일반화를 특정 문제 상황에 맞게 특수화한 후에 주어진 문제 풀이에서 사용하여야 한다는 데서 비롯하는 문제이다. 이 문제의 해결을 위한 쿤의 제안은, 기호적 일반화의 특수화를 일반적 규칙에 따

---

19 Kuhn (1991), p. 221.

라 할 수 있는 상황이 아닌 까닭에 수중의 범례들 사이에 성립하는 유사 관계를 토대로 하여 새로운 문제 풀이를 위해 필요한 특수화를 고안해내어야 한다는 것이었다.

쿤의 제안이 특수화의 문제를 해결하는 과정에서 고려될 필요가 있는 접근 방식을 제시했다는 점 자체는 별 의문의 여지가 없다고 생각된다. 그러나 쿤의 패러다임론이 특수화의 문제에 대해 만족스러운 해법을 제시했는가는 별개의 문제이다. 그의 제안은, 앞서 언급한 대로, 범례들을 학습하는 과정을 통해 그것들 사이의 유사성을 인지하는 능력을 획득하고 이 능력을 새로운 문제들을 해결하는 데 사용하면 된다는 것이다. 그런데 이러한 제안의 유효성은 범례들 사이의 유사성을 인지하는 능력의 획득 과정에 대한 규명을 전제로 한다. 그렇다면 패러다임에 대한 쿤의 확장된 논의는 이러한 전제를 충족시키고 있는가?

쿤 자신 그러한 요구에 부응할 필요를 인식하고 있었던 것은 분명하다. 어린 조니(Johnny)가 동물원에서 여러 동물들을 구별하여 인지하는 능력을 획득하는 과정에 대한 쿤의 논의는 그러한 인식의 산물로 볼 수 있다. 과학적 문제 풀이 활동의 본성에 대한 자신의 견해를 제시하는 과정에서 쿤은 조니의 일화를 소개하고 분석한다. 그에 따르면, 어린 조니가 아빠와 함께 동물원을 방문하여 여러 동물들(즉, 거위, 백조, 오리 등)을 구별하여 인지할 수 있게 되는 과정은 해당 동물들에 대한 정의에 의해서가 아니라 그 범례들 사이의 유사와 차이를 인지하고 이를 활용하는 방식으로 이루어진다. 이러한 논의 방식은, 쿤이 인간의 언어 사용에 대한 비트겐슈타인의 견해와 그의 가족 유사성 개념으로부터 많은 영향을 받았다는 점을 감안하면, 쉽게 납득될 수 있는 것이다. 그러나 우리가 일상적 맥락에서 거위, 백조 및 오리의 범례들 사이에 성립하는 유사 관계들을 학습하고 이를 토대로 해당 동물들의 새로운 사례들을 식별할 수 있게 된다고 말하는 것과 우리가 과학적 탐구의 맥락에서 기존의 모범적 문제 풀이들 사이에 성립하는 유사 관계들을 학습하고 이를 토대로 새로운 문제들을 해결할 수 있게 된다고 말하는 것은 별개의 주장이다. 왜냐하면 전자의 주장이 후자의 주장을 반드시 보장하지 않기 때문이다. 따라서 일상적 맥락에서의 인지 활동들이 과학적 탐구 과정에서의 인지 활동들과 연속적인가라는 물음이 제기될 수밖에 없다. 그렇다면, 패러다임에 대한 쿤의 확장된 논의, 특히 과학적 문제 풀이 활동의 본성을 규명하는 과정에서 조니의 일화를 활용하는 쿤의 전략은 일상적 인지 활동들과 과학적 맥락의 인지 활동들이 연속적이라고 가정할 때에만 납득될 수 있다. 사실상 다음과 같은 진술에서 쿤은 이 사안과 관련하여 연속성 가설을 채택하고 있는 것처럼 보인다.

이전에는 보지 못한 활동에 직면하여 우리는 '게임'이라는 용어를 적용하는데, 그 이유는 우리가 보고 있는 활동이 그 용어를 적용하도록 지금까지 배워온 다수의 활동들과 "가족 유사성"을 가지기 때문이다. 요약하면, 비트겐슈타인에게 게임들, 의자들 그리고 나뭇잎들은 자연족으로서 각기 중첩되고 교차되는 유사성들의 네트워크에 의해 구성된다. 그러한 네트워크의 존재는 우리가 대응하는 대상이나 활동을 식별하는 데 어떻게 성공하는가를 설명한다. … **동일한 부류의 과정이 하나의 정상과학적 전통 속에서 일어나는 다양한 연구 문제들과 기법들에 대해서도 성립할 수 있다.**[20] 이 활동들[즉, 과학적 문제 풀이 활동들]의 공통점은 그것들이 해당 전통으로 하여금 그 나름의 개성을 가지게 하고 과학자들의

---

[20] 여기에서 볼드체는 강조를 위해 내가 사용한 것이다.

마음을 장악하게 하는 어떤 명시적이거나 심지어 완전히 발견될 수 있는 규칙들 또는 가정들의 집합을 만족시킨다는 데 있지 않다. 대신, 그 활동들은 유사성에 의해 관계를 맺거나 해당 [과학자] 공동체가 이미 그것의 확립된 성취들에 속하는 것으로 인정하는 과학적 문제 풀이의 이런 부분 또는 저런 부분을 모범으로 삼는 방식으로 관계를 맺는다.[21]

여기에서 나는 연속성 가설 자체를 옹호하거나 논박하지는 않을 것이다. 일단 논의를 위해 그것을 가정하고, 쿤의 패러다임론이 만족스럽지 않은 상태에 있는 이유가 무엇이며 어떻게 보완 내지 수정될 필요가 있는지와 같은 물음들에 답하는 데 주력할 것이다.

조니 일화와 관련된 쿤의 논의를 통해 분명히 드러나는 점은, 그가 범주화와 같은 인간의 인지 활동에 대해 유사성에 기반을 둔 견해를 채택하고 있다는 것이다. 이러한 견해를 채택하는 과정에서, 이미 언급된 것처럼, 쿤이 비트겐슈타인의 영향을 많이 받았다는 것은 자못 분명한데 문제는 그의 논의가 과학적 이해의 관점에서 보면 소박한 수준에 머물러 있다는 것이다. 굳이 이 대목에서 쿤이 기여한 바를 따진다면 그것은, 정의 대신 사례들 사이의 유사성에 의해 범주화와 같은 인간의 언어적 또는 개념적 활동을 이해하는 방안을 제시한 데 있다기보다, 그러한 방안이 일상적 맥락뿐만 아니라 과학적 탐구의 본성을 이해하는 맥락에서도 채택될 필요가 있다는 착안과 더불어 그러한 착안을 그의 패러다임론을 통해 전개했다는 데 있다. 그런데 1970년대에 들어오면서 범주화와 같은 인간의 개념적 인지 활동에 대한 과학적 탐구가 심리

---

21 Kuhn (1962 / 2012), pp. 45-46.

학 분야에서 본격적으로 이루어지게 된 것은 비교적 잘 알려진 사실이다. 이러한 역사적 조망과 더불어 자연스럽게 제기되는 물음 중 하나는 과학적 탐구, 특히 과학적 문제 풀이 활동에 대해 쿤이 제시하고자 한 범례들에 기반한 견해가 개념들에 대한 현대의 심리학적 견해들에 비추어볼 때 어떻게 이해되고 평가될 수 있는가 하는 것이다.

　1970년대 이후 심리학에서 개념들에 대해 세 가지 주된 견해들이 등장했다. 원형 이론(prototype theory), 범례 이론(exemplar theory) 그리고 이론 이론(theory theory)이 그것이다. 먼저 원형 이론의 대표적 학자인 로쉬(Eleanor Rosch)는 이론을 착안하는 과정에서 비트겐슈타인으로부터 많은 영향을 받았음을 인정한다. 이런 점에서 그녀는 쿤과 매우 유사하다. 그렇다면 쿤의 견해는 로쉬의 원형 이론과 흡사할 것이라는 추론이 자연스럽게 성립한다. 그러나 쿤의 논의에서 원형 개념이나 그 유사 개념의 역할을 찾아보기 힘들다. 이러한 상황은 관련된 비트겐슈타인 자신의 논의에서도 마찬가지인 것으로 보인다. 오히려 범주화와 같은 개념적 활동과 관련하여 조니 일화라든가 여타의 논의들에서 부각되는 쿤의 견해는, 그 주요 원천에 해당하는 비트겐슈타인의 견해와 더불어, 원형 이론보다는 그것에 대한 대안 이론으로 뒤늦게 등장한 범례 이론과 내용면에서 훨씬 가깝다고 할 수 있다. 이러한 회고적 관찰에 비추어 보면, 과학적 문제 풀이를 범례들에 기반을 둔 활동으로 보는 쿤의 견해가 그 후 개념적 인지 활동들에 대한 심리학적 탐구, 특히 범례 이론에 의해 정당화되는 것으로 보일 수도 있다. 그러나 상황은 그렇게 단순하지 않다. 왜냐하면 해당 분야에서 범례 이론과 경쟁하는 이론들이 있어온 것은 주지의 사실이기 때문이다.

　그렇다면 실질적인 물음은 문제의 경쟁 이론들 중 어느 하나가 다른 이론들을 제치고 승리했는지 또는 적어도 다른 이론들에 비해 상대적으로 우월한 위치를 점하게 되었는가 하는 것이다. 유감스럽게도 현재의 상황에서는 이 물음에 바로 긍정적인 답을 하기는 어렵다. 개념에 대한 세 가지 주요 이론들, 즉 원형 이론, 범례 이론 및 이론 이론이 오랜 경쟁의 과정에서 공유한 방법론적 전술은, 선호되는 이론이 잘 다룰 수 있는 실험 결과들 중 다른 경쟁 이론들은 해결할 수 없는 문제들이 존재하는 반면 전자는 후자를 지지하는 것으로 제시되는 실험 결과들을 해결할 수 있다고 주장하는 것이었다. 그런데 실제 상황에서는 각 주요 개념 이론을 배타적으로 지지하는 실험 결과들이 여전히 존재하는 것처럼 보인다. 그리고 이러한 상황이 지속되면서 다수의 심리학자들은 경쟁 이론들의 관점이나 요소를 혼합하는 형태의 이론, 즉 혼합형 이론(hybrid theory)을 모색하게 되었다.

갖가지 혼합형 이론들은, 그 다양성에도 불구하고, 마셔리(Edouard Machery 2009, 64)의 제안처럼 다음과 같은 네 가지 특성을 공유하는 것으로 보인다.

1. 개념 C는 몇 개의 부분들(P1, P2 …)로 나뉜다.
2. 각 부분은 특정한 유형의 지식(예를 들어, C의 사례들이 가지는 전형적 속성들에 대한 지식, C의 사례들에 관한 인과적 지식 등)을 저장한다.
3. 개념 C의 부분들은 필수적으로 서로 연결되어 있다. 즉, 그 부분들 중의 하나가 범주화를 하는 데 사용될 때, 그러한 사실 때문에 다른 부분들은 다른 개념적 활동들(예를 들어, 연역적 추론, 귀납적 추론 등)을 위해 사용될 수 있다.

4. 개념 C의 부분들은 조직화된다. 즉, 그것의 부분들은 비정합적 결과
   들, 예를 들어 비정합적인 범주화들을 산출하지 않는다.

이와 같이, 개념에 대한 혼합형 접근의 경우, 뚜렷이 구별되는 유형의
개념적 지식들이 개념의 부분들을 형성할 뿐만 아니라 필연적으로 서로
연결되고 조직화된다.

그와 달리, 마셔리(2009)는 별도의 타개책을 모색한다. 즉, 그는 개념
을 구성하는 상이한 유형의 지식들 사이에 필연적 연결과 조직화가 성
립한다는 관점을 거부한다. 나아가서 그는 이 상이한 유형의 지식들이
서로 공유하는 속성들도 별로 없는 경우이기 때문에 그것들은 한 개념
의 부분들이라기보다 상이한 개념들을 구성하는 것으로 볼 필요가 있다
는 입장을 제시한다. 그리고 혼합형 이론들에 대한 이와 같은 비판적
검토를 토대로 그는 소위 이질성 가설(Heterogeneity Hypothesis)을 제
안하는데, 그것은 다음과 같은 다섯 가지 주장들로 구성된다.[22]

1. 현재 가용한 최선의 증거에 따르면, 개인은 각 범주(또는 실체, 사건
   등)에 대해 전형적으로 여러 개의 개념을 가진다.
2. 개념들이 동일한 범주(실체, 사건 등)를 지칭하는 경우에도 그것들이
   공유하는 속성들의 수는 매우 적으며, 따라서 그 개념들은 매우 이
   질적인 종류의 개념들에 해당한다.
3. 현재의 증거가 강력히 시사하는 바에 따르면, 원형, 범례 및 이론은
   이러한 이질적인 종류의 개념들에 해당한다.

---

[22] 참조: Machery (2009), pp. 74~75.

4. 원형, 범례 및 이론은 상이한 인지 과정들에서 사용된다.
5. '개념'이라는 용어는 심리학의 이론적 어휘에서 제거되어야 한다.

이처럼 개념 및 개념적 인지 활동에 대해 혼합형 이론들과 마셔리의 이질성 가설 사이에 논란이 진행되고 있는 상황에서 나는, 두 입장 중 어느 하나를 편드는 대신, 두 입장이 모두 별 저항 없이 수용할 것으로 예상되는 주장들로 구성되는 견해를 잠정적으로 채택하고자 한다.[23] 그 러한 견해는 다음과 같은 세 가지 주장들로 구성된다.

1. 범주화와 같은 개념적 인지 활동들은 상이한 유형들의 지식을 토대 로 하여 이루어진다.
2. 원형, 범례 및 이론은 이 상이한 유형들의 지식에 속한다.
3. 원형, 범례 및 이론은 상이한 인지 과정들에서 사용될 수 있다.

나는 이 견해를 최소한의 이질성 가설(Minimal Heterogeneity Hypothesis, 이하 MHH)이라고 부를 것이다. 이처럼 나의 MHH는 인간의 개념적 인 지 활동들이 상이한 유형들의 지식, 주로 원형, 범례 및 이론을 기반으 로 하여 이루어진다는 주장에는 동의하고 받아들이지만, 그 상이한 유 형들의 지식이 필연적으로 연결되거나 조직화되는지 그리고 그러한 지 식이 한 개념의 부분들인지 아니면 상이한 개념들을 구성하는지에 대해 서는 판단을 유보하는 경우이다.

---

23 마셔리의 이질성 가설을 제한적으로 수용하는 입장에서 과학적 개념들에 대해 논구 하는 전략을 취하는 또 다른 작업으로는 천현득(2014)을 참조.

이제 MHH를 받아들이는 관점에서 보면 과학적 문제 풀이 활동을 범례들에 기반을 둔 인지 활동으로 이해하고자 한 쿤의 견해가 지닌 의의와 한계가 자못 분명하게 드러난다. MHH에 따르면 인간의 개념적 인지 활동은 원형, 범례 및 이론과 같은 상이한 유형들의 지식을 토대로 하여 이루어진다. 그렇다면, 범례들에 기반을 두고 과학적 문제 풀이 활동을 이해하고자 한 쿤의 견해는 부분적으로 옳지만 원형이나 이론의 역할을 제대로 고려하지 못했다는 점에서 한계를 지닌다고 볼 수 있다. 그리고 그 한계는 원형 이론 또는 이론 이론 특유의 장점들을 살펴볼 때 구체적으로 그 모습을 드러낼 것이다.

먼저 원형 이론 특유의 장점에 해당하는 것은 무엇인가? 원형 이론은 개념의 계층적 구조를 설명하는 데 경쟁 이론들에 비해 상대적 강점을 지니는 것처럼 보인다. 실제로 원형 이론은 애당초 개념의 구조적 특성들을 설명하려는 시도를 통해 등장했다. 즉, 로쉬는 개념이 차등화된 구조(graded structure)를 가지는 실험 결과를 설명하는 과정에서 원형 개념을 도입하였다. 그런데 개념은 동일한 수준에서의 차등화된 구조뿐만 아니라 수준들 사이의 수직적 구조를 가지는 것으로 나타났다. 즉 기본 수준의 개념을 중심으로 상위 수준의 개념과 하위 수준의 개념이 포함 관계를 맺는 구조를 갖는 것으로 나타났다. 그렇다면 다른 경쟁 이론들, 특히 범례 이론은 개념의 그러한 구조적 특성을 설명할 수 없는가? 긍정적 답을 하기 어려운 상황인 것으로 보인다.

[개념에 대한] 세 가지 견해 중에서 원형 견해는 범주화 수준들의 [구조적] 현상을 가장 잘 설명하는 것처럼 보인다. 왜냐하면 요약 표상(summary representations)은 범주 계층 개념을 가장 자연스럽게 설명하는 한편,

기본 수준 구조를 설명하도록 제안된 분화 설명(differentiation explanation)
은 개념적 원형들에 의해 가장 쉽게 이해될 수 있기 때문이다. [이와 달
리] 현 단계에서 범례 모형들이 계층적 구조들을 산출하거나 개념적 처
리에서 기본 수준의 이점들을 예측할 수 있는가는 전혀 분명치 않다.[24]

다음으로 이론 이론 특유의 장점에 해당하는 것은 무엇인가? 이론 이론
을 주장하는 학자들은 범주화와 같은 인지적 활동들이 유사성 대신 이
론적 지식에 의존한다는 견해를 제시한다. 예를 들어, 립스(Lance Rips,
1989)는 피실험자들에게 25센트 미화 동전의 지름과 그들이 본 적 있는
피자들 중 가장 작은 피자의 지름 사이에 정확히 중간인 지름을 가지는
둥근 물체를 상상하도록 요구한 다음, (Q1) 그 물체가 25센트 동전과
피자 둘 중 어느 것과 더 유사한지 그리고 (Q2) 그 물체가 동전 또는
피자 중 어느 것일 가망성이 더 많은지를 묻는다. 흥미롭게도 (Q1)에
대한 답은 그 분포가 반반이었던 반면, (Q2)에 대해서는 피자일 가망성
이 더 많다는 답이 훨씬 더 많았다. 즉 유사성에 대해서는 중립적인 입
장을 견지한 피실험자들이 범주화를 하는 과정에서는 한쪽으로 쏠린
것이다. 이러한 결과에 대한 그럴 듯한 설명은 해당 실험에서 요구되는
범주화를 수행하는 과정에서 피실험자들이 유사한 정도에 의존하기보
다 동전의 지름은 고정되어 있다는 일반적 지식에 의존했다고 말하는 것
이다.

비슷한 현상이 과학적 문제 풀이 활동에서도 나타난다. 즉 초보자들
은 물리학의 문제들을 피상적 속성들에 의존해 범주화하는 반면, 전문

---

24 Murphy (2002), pp. 241-242.

가들은 물리적 원리들에 따라 문제들을 범주화한다.[25] 그리고 개념에 대한 이론 이론은 과학적 문제 풀이의 과정에서 나타나는 전문가적 지식의 효과를 설명하는 데 가장 적합한 것처럼 보인다. 특히 과학적 탐구의 경우 전문가의 역할이 차지하는 비중은 거의 절대적이다. 이런 상황에서 과학적 탐구 활동의 인지적 성격을 제대로 이해하기 위해서는 전문가적 인지 활동의 특성, 특히 전문가적 지식이 활용되는 방식에 유의하고 이를 포섭하는 이론적 작업이 요구된다. 그런 점에서 범례들의 우선성을 내세우는 쿤의 입장은, 이론적 원리들에 과도하게 의존한 기존의 주류 과학철학으로부터의 차별화에는 성공적이었을지라도, 과학적 탐구 활동에서 전문가의 원리적 지식이 수행하는 긴요한 역할을 소홀히 하는 과오를 범하게 된 것처럼 보인다.

그런데 범주화와 같은 인지적 활동에서 유사성 대신 이론적 지식의 역할을 강조하는 설명 방식이 얼마나 일반적으로 채택될 수 있는가에 대해서는 별도의 논의가 필요하다. 실제로 스미스와 슬로먼(Smith and Sloman, 1994)의 후속 실험에 따르면, 그러한 설명은 다소 제한적인 조건에서만 성립한다. 즉 그들의 변형된 피자 실험 — 특히 립스의 실험에서처럼 피실험자들이 큰 소리로 말하게 하면서 일부 피실험자들에게는 물체의 지름에 대한 정보만 주고 나머지 피실험자들에게는 물체의 지름과 그 색깔(즉 은색)에 대한 정보를 제공하는 방식으로 진행된 실험 — 에서, 전자의 피실험자들로부터는 립스의 경우와 같은 실험 결과 (즉 유사성에 대한 판단과 범주에 대한 판단이 어긋나는 결과)를 얻은 반면 후자의 피실험자들부터는 립스의 경우와 다른 실험 결과(즉 유사

---

[25] 참조: Chi, Feltovich & Glaser (1981).

성에 대한 판단과 범주에 대한 판단이 일치하는 결과)가 나왔다. 이러한 결과는 범주화가 주어진 조건에 따라 때로는 유사성 판단에 의존하는 방식으로 때로는 유사성이 아니라 관련된 일반적 (또는 이론적) 지식에 의존하는 방식으로 이루어진다는 함의를 가진다고 해석하는 것이 합당해 보인다.

그렇다면, 범주화와 같은 개념적 인지 활동들이 어떤 상황에서는 유사성에 의존하는 방식으로 이루어지며 어떤 다른 상황에서는 이론적 지식에 의존하는 방식으로 이루어지는가라는 물음이 제기될 수 있다. 이 물음에 제대로 답하기 위해서는 추후 많은 심리학적 연구가 필요하다. 따라서 여기에서 가능한 것은 예비적 또는 단편적 논의에 불과할 것이다.

앞서 원형 이론과 관련된 논의에서 개념들이 계층적 구조를 가지는 상황이 언급된 바 있다. 개념들의 계층적 구조에서 기본적인 변수는 '수준(level)' 또는 '등급(rank)'이다. 개념들의 계층적 구조를 잘 드러내는 사례는 생물학적 분류법일 것이다. 실제로 원형 이론의 대표적 주창자인 로쉬(1978)는 원형 이론의 관점에서 범주화의 원리들을 제시하는 과정에서 분류학을 주된 매체로 사용할 뿐만 아니라 린네(Carolus Linnaeus)의 동물 분류학 체계를 친숙한 사례로 언급한다. 이러한 상황은 생물학적 분류법이야말로 원형 이론을 잘 구현하는 사례일 것이라는 기대를 불러일으킨다. 그러나 실제 상황은 그러한 기대와는 상당한 차이가 있다.

대표적인 생물학적 분류법인 린네의 분류법은 원래 횡으로는 3개의 계(kingdom) 그리고 종으로는 5개의 등급, 즉 강(class), 목(order), 속(genus), 종(species) 및 변종(variety)으로 구성되어 있었는데, 그 나름 변화의 과정을 밟으면서 등급의 수는 꾸준히 늘어났다. 이와 관련하여

등장하는 물음은, 그러한 등급의 구분은 어떤 근거 내지 기반에 의해
이루어졌는가 하는 것이다. 이 물음과 관련하여 린네에 의해서도 채택
된 것처럼 보이는 고전적 기반은 일종의 본질주의적 세계관이다. 본질
주의에 따르면, 어떤 종류(kind)의 구성원들은 그 구성원들로 하여금 그
종류이게 만드는 특성들, 즉 본질적 특성들을 공유한다. 이런 관점에서
세계를 구성하는 존재자들이, 식물이건 동물이건, 어떤 자연종에 속한
다는 것은 그 존재자들이 그 자연종 특유의 본질적 특성들을 가지기 때
문이라는 입장을 린네는 채택하였다.[26] 특히 속과 종에 해당하는 분류
군(taxon)들을 자연종으로 간주하는 린네의 입장은 분류에 대한 그의
본질주의적 접근에서 비롯한 주요한 결과 중 하나이다. 이처럼 생물학
적 분류에서 등장한 본질주의적 접근과 그 결과는 개념에 대한 고전적
이론, 즉 개념이란 그것이 적용되는 대상들이 가져야 할 필요하고 충분
한 속성들에 대한 지식에 해당한다는 이론과 짝이 잘 맞는다. 이러한
점은 린네가 자연종에 속하는 구성원들의 본질을 규정하는 데 정의를
사용하였다는 것을 통해서도 확인될 수 있다.[27]

　그러나 다윈의 진화론이 등장하면서 생물학적 분류에 대한 본질주의
적 접근의 정당성은 심각한 도전을 받게 되었다.[28] 본질주의적 접근에
서는 생물학적 분류가 유기체들이 가지는 것으로 상정되는 본질적 속
성들에 의해 결정되는 분류군들과 그것들 사이의 관계를 규명하는 작

26　참조: Linnaeus (1751), pp. 141, 148.
27　"종에 대한 정의는 종을 [그것과] 동일한 속에 속하는 다른 종들로부터 구분 짓는 특
질들을 포함한다. 그러나 종의 명칭은 정의의 본질적 특질들을 포함한다. … 그러므로 종
의 명칭은 본질적 정의이다."(Linnaeus 1751, pp. 219-220)
28　참조: Hull (1965), pp. 314-315.

업인 데 반해, 다윈의 진화론적 관점에서는 생물학적 분류가 진화의
과정을 통해 유기체들 사이에 성립하는 것으로 상정되는 계통적 관계
들에 의해 결정되는 분류군들과 그것들 사이의 관계를 규명하는 작업
이다. 19세기 중반에 등장한 다윈의 진화론도 그 나름의 이론적 장애
가 없지 않았다. 다윈의 점진적 진화론은 20세기에 들어오면서 재발견
된 멘델의 유전학과 충돌하는 것처럼 보였기 때문이다. 이 이론적 문
제는 1930년대 중반부터 40년대 중반에 걸쳐 진행된 진화론적 종합
(evolutionary synthesis)에 의해 해결되었다. 그 다음 주요 과제는 이러
한 이론적 종합의 성과를 생물학적 분류학에 적용하는 것이었고 그 결
과에 해당하는 것이 진화론적 분류학이다.[29] 진화에 대한 종합적 이론
에 따르면, 새로운 분류군은 두 부류의 진화 과정, 즉 분기진화(clado-
genesis)와 향상진화(anagenesis)에 의해 산출된다. 전자에 의해서는 하
나의 분류군으로부터 두 개의 분류군이 분기되어 생겨나고 후자에 의
해서는 원래의 분류군이 변환되어 새로운 분류군이 생겨난다. 여기에
서 하나의 분류군과 그것으로부터 분기진화를 통해 생겨나는 두 개의
분류군은 분류군들의 단원적 집단(monophyletic group)을 형성하는 반
면, 향상진화의 과정은 일부 후손 분류군을 배제하는 측계통적 집단
(paraphyletic group)을 산출한다.[30] 특히 파충류와 같은 측계통적 분류
군들을 포함하는 분류 체계를 채택한다는 것은 공통된 조상을 가지는
것이 동일한 분류군에 속하기 위한 필요 조건이기는 하나 충분 조건으

---

[29] 참조: Ereshefsky (2004), p. 52.
[30] "측계통적 분류군의 고전적 예는 파충류이다. 그 분류군은 도마뱀, 뱀 및 악어를 포
함하지만 새를 포함하지는 않는다."(Ereshefsky 2004, p. 53)

로 간주되지 않음을 의미한다. 그렇다면 어떤 다른 조건이 충족될 필요가 있는가? 이 물음에 대한 진화론적 분류학의 답은, 동일한 분류군에 소속되기 위해서는 공통 조상을 가지는 것 외에 공통 조상으로부터 물려받은 생물 기관의 위치나 구조에서의 상동들(homologies)을 공유할 필요가 있다는 것이다.

진화론적 분류학과 관련된 앞에서의 논의를 통해 현저하게 부각되는 점은, 생물학적 분류에 대한 접근이 진화론이라고 하는 이론에 현저하게 의존하는 방식으로 이루어지는 것처럼 보인다는 것이다. 특히 관련된 분류 작업에서 분류군들 사이의 계통적 관계에 대한 파악이 핵심적 역할을 하는 경우인데 이러한 관계에 대한 탐구는 진화론의 이론적 안내를 따라 경험적 관찰이나 조사를 통해 이루어질 수밖에 없다. 그리고 진화론적 분류학에서 이루어지는 이와 같은 작업 형태는 현대 심리학적 논의와 연계시켜 생각해 보면 개념에 대한 원형 이론보다 이론 이론적 접근, 즉 범주화와 같은 개념적 인지 활동들이 이론적 지식의 적용을 통해 이루어진다는 견해와 잘 들어맞는다.

흥미롭게도 진화론적 분류학은 기존의 본질주의적 접근에 대한 유일한 대안이 아니었다. 1960년대에 들어와 진화론적 분류법에 대한 비판과 더불어 새로운 대안이 모색되었는데 표형적 분류학(phenetic taxonomy)이 그것이다. 주창자 중의 한 사람인 소칼(Robert Sokal)에 의하면, "표형적 분류학은 분류되는 유기체들의 전반적 유사성에 기반한 분류 체계이다."[31] 생물학적 분류와 관련된 이론적 선입견 없이 유기체들을 그것들이 가진 속성들의 유사성에 의해 분류함으로써 생물학의 다른 이론적

---

[31] Sokal (1986), p. 423.

작업들을 위한 중립적 토대를 제공하려는 것이 표형주의적 접근의 주된 취지로 이해된다. 표형주의자들이 진화론적 분류학에 대해 제기한 주된 문제점은 그것이 공통조상으로부터 유래한 상동(homology)과 그렇지 않은 상동(homoplasy)을 구분하고 분류 작업에서 전자에만 의존한다는 것이었다. 이러한 문제 제기의 논거는 우선 두 부류의 상동을 구별하는 것이 실천적으로 가능하지 않다는 것이다. 나아가서 유기체들이 가지는 모든 특성을 동등하게 취급할 좋은 이유가 있다는 것이다.[32]

분류 작업에서 모든 유형의 특성들을 동등하게 취급하는 것이 바람직하다고 표형주의자들이 주장하는 주된 이유는 크게 두 가지이다. 하나는 생물학의 다양한 이론적 작업들을 위해 토대 역할을 하는 분류학이 진화론과 같은 특정 이론에 의존하게 되면 그 이론이 그릇된 것으로 밝혀질 경우 그것에 의존한 분류 또한 그릇되게 된다는 것이고, 다른 하나는 진화론자가 아닌 생물학자들, 예를 들어, 발생학자나 생태학자의 이론적 작업을 감안하면 진화론에 의존하는 분류 방식은 적절하지 않다는 것이다.[33] 그러나 표형주의자들이 이론 의존적 분류와 이론 독립적 분류의 대립 구도를 설정하고 후자를 일방적으로 옹호하는 것은 과도한 논지에 해당한다. 표형주의자들이 표방하는 이론 독립적 분류의 이념은, 20세기 전반의 주류 과학철학을 주도한 논리경험주의자들이 선호하던 이론 독립적인 관찰의 이념을 연상시킨다. 그리고 이론 독립적 관찰의 이념이 1950년대와 1960년대를 거치면서 심각한 도전, 즉 관찰에 이론이 적재된다는 문제 제기에 직면한 것은 잘 알려진 사실이다.

---

32 참조: Ereshefsky (2004), p. 60.
33 참조: Ereshefsky (2004), pp. 60-61.

따라서 표형주의자들이 이론 독립적 분류를 지나치게 강조하는 것은 논리경험주의의 철 지난 이념을 부활시키는 시도에 불과하다는 의혹을 불러일으킬 수 있다. 분류 작업이 이론에 의존할 경우 이론의 오류가 분류의 오류로 전이될 수 있다는 우려는 이론 독립적인 분류가 오류의 위협으로부터 면제되는 상황에서는 유효한 문제 제기일 것이다. 그러나 이론 독립적 분류의 무오류성에 대한 기대는, 감각소여(sense data)의 무오류성에 대한 기대가 신화로 끝난 것을 감안하면, 비현실적이다. 그뿐만 아니라, 무오류성에 대한 기대가 무산된 것과는 별도로, 이론 독립적인 관찰을 토대로 이론을 구성한다는 소박한 귀납주의의 비효율성에 대해서는 이미 결정적인 비판들이 행해진 바 있다.

이러한 상황에서 보다 우호적인 접근은, 르윈스(Tim Lewens 2012, 170)의 제안처럼, 표형주의자들의 주장을 온건하게 해석하는 것이다. 즉 생물학적 분류에서 표형주의자들은 진화론에 의존하는 작업 방식을 거부했을 뿐 모든 이론으로부터의 독립을 요구하지는 않았다고 이해하는 것이다. 이럴 경우 진화론이 아닌 생물학이나 다른 자연과학의 이론들을 사용하는 것이 표형주의의 취지와 타협의 여지없이 충돌한다고 생각할 필요는 없어 보인다. 다만 분류 작업이 진화론은 아닐지라도 여타의 이론들에 대한 의존도가 높을수록 표형주의의 원래 취지가 무색해지는 상황이 될 수 있다. 여기에서 유기체들의 특성들에 대해 모든 이론으로부터 독립된 관찰을 추구하는 표형주의를 강경한 표형주의라 부르고, 탐구의 맥락에 따라 일부 이론들의 사용을 금하지만 여타 이론들의 사용을 허용하는 표형주의를 온건한 표형주의라 부르기로 하자. 먼저 전자의 경우 이론적 중립성이나 객관성의 추구라는 명분에서는 이상적으로 보이지만 극단적 비효율성 및 변동성 때문에 현실적으로는 채택되기 어려워 보인다. 반면 후자의 경우 일부 이론들을 제외한 나머지 이론들의 사용들이 허용된다는 점에서 현실적이고 탐구의 효율성을 증진시키는 긍정적인 효과가 있으나 사용하는 이론들이 늘어날수록 이론적 편향성이 증가하는 부담을 짊어지게 된다. 다시 말해 이론들의 사용에서 비롯하는 탐구의 효율성과 이론적 편향성 사이에 불가피한 교환이 성립하게 될 것으로 보인다. 이와 관련하여 효율성과 편향성 사이에 어떤 수준의 교환이 바람직한가는 획일적으로 결정될 수 있는 사안이 아니다. 왜냐하면 그 교환 수준의 적정성은 주어진 맥락 및 여건에 따라 결정될 문제일 것이기 때문이다.

결과적으로 표형주의적 접근 역시 실천적 차원에서는 이론적 개입 내지 편향으로부터 자유롭지 않은 것으로 드러난다. 그러나 이론의 개입을 허용한다고 해서 표형주의적 접근의 방법론적 취지가 전적으로 무색해지는 것은 아니다. 진화론과 같은 특정 이론의 개입을 거부하면서도 해당 논쟁에서 이론적 편향성을 가지지 않는 여타 이론들의 개입을 허용하는 분류 작업은 표형주의가 표방하는 이론 중립적 관찰을 제한된 방식으로나마 실현하는 효과를 가질 것이다. 다시 말해 이론적 개입이 일어나는 상황에서도 특성들의 유사성을 토대로 하는 분류는 그 나름의 방법론적 의의를 확보할 수 있다는 것이다. 이러한 상황은, 개념에 대한 현대 심리학적 논의를 배경으로 삼아 접근한다면, 원형 이론과 같은 유사성에 기반을 둔 이론이나 이론 이론 중 어느 하나만으로 이해되기 어렵고 두 이론 모두를 필요로 하는 것처럼 보인다.

생물학적 분류와 관련된 지금까지의 논의를 통해 드러나는 상황은, 흥미롭게도, 앞서 논의된 립스의 실험 및 관련된 후속 실험을 통해 부각된 상황과 매우 흡사하다. 두 상황 사이의 주목할 만한 공통점은 범주화에 해당하는 개념적 인지 활동에서 유사성에 기반을 둔 접근과 이론적 지식에 기반을 둔 접근이 공존하면서 주어진 맥락과 여건에 따라 두 접근 중 어느 하나가 더 큰 비중을 차지하기도 하고 그 역이 되기도 한다는 것이다. 물론 이러한 관찰을 통해 범주화와 같은 개념적 인지 활동들이 어떤 상황에서 유사성에 의존하는 방식으로 이루어지며 어떤 다른 상황에서 이론적 지식에 의존하는 방식으로 이루어지는가라는 물음에 대해 어떤 확정적인 답변이 주어질 수 있는 상황은 아니다. 다만 해당 개념적 인지 활동과 관련된 이론적 지식이 희소하거나 특정 이론(들)의 사용을 유보할 타당한 이유가 있는 상황에서는 유사성에 의존하는 작업의 비중이 커질 반면 그렇지 않은 상황에서는 이론적 지식에 의존하는 작업의 비중이 커질 개연성이 많은 것으로 보인다는 예비적 수준의 논의는 가능할 것 같다. 덧붙여 생물학적 분류의 경우처럼 개념들 사이의 수평적 및 수직적 구조를 규명할 것이 요구되는 상황에서 유사성에 의존하는 작업이 이루어진다면, 그러한 작업의 성격은 개념에 대한 범례 이론보다 원형 이론에 의해 더 잘 포착될 수 있을 것으로 생각된다.

이 절(2.3)에서 진행된 논의를 정리해 보면, 인간의 개념적 인지 활동에서 유사성에 의존하는 접근과 이론적 지식에 의존하는 접근이 일반적으로 공존하며 맥락과 여건에 따라 두 접근 방식 사이에 다양한 수준의 교환 및 다양한 형태의 조합이 일어난다. 특히 과학적 탐구의 맥락에서는 이론적 지식에의 의존이 원칙적으로 불가피해 보일 뿐만 아니라 그 의존의 정도도 일상적 인지 활동의 경우에 비해 훨씬 크고 이론적 개입의 방식도 훨씬 정교할 것으로 생각된다. 그리고 유사성에 의존하는 접근의 경우에도 관련된 개념들 사이의 수평적 및 수직적 구조가 중요해질수록 범례들에 의존하는 접근보다 원형들에 의존하는 접근의 비중이 증대할 것으로 보인다.

이러한 상황 판단이 유효하다면, 과학적 문제 풀이 활동을 포함해 개념적 인지 활동을 범례들 사이의 유사성에 의거한 인지과정으로 이해하고자 한 쿤의 접근 방식은 그 나름 의의가 적지 않지만 앞서 이미 시사한 대로 상당한 한계를 가질 수밖에 없다.

2.4 쿤적 한계의 극복

그렇다면 과학적 탐구 활동, 특히 과학적 문제 풀이 활동에서 범례들의 역할을 상당 부분 인정함으로써 쿤의 패러다임론이 지닌 장점을 유지하는 동시에 원형이나 이론과 같은 다른 유형의 지식들이 수행하는 역할을 필요한 만큼 포섭하는 방안은 무엇이 될 것인가? 나의 제안은 과학적 탐구에서 모형들과 그것들의 역할에 주목하자는 것이다. 물론 쿤 역시 모형들을 패러다임의 주요 요소 중 하나로 간주하고 그 역할에 대해 논의를 하고 있다는 점을 감안하면 이러한 제안의 효력은 의문시될 수 있다.

실제로 모형에 대한 쿤의 논의는 앞서 이미 언급한 것처럼 그것의 역할을 과소평가한 기존의 주류 과학철학에 비하면 진일보한 것에 해당한다. 특히 그가 형이상학적 성격을 가지는 존재론적 모형과 그 역할을 긍정적으로 수용한 것은 당시 주류 과학철학의 관점에서 본다면 거의 금기시되던 일탈에 해당한다. 그럼에도 불구하고 쿤의 패러다임론에서 모형의 역할은 여전히 제한적인 것에 머물러 있다. 다시 말해 쿤에 따르면 과학적 탐구는 범례들에 기반한 문제 풀이의 형태로 이루어지고 따라서 광의의 패러다임을 구성하는 다른 요소들, 즉 기호적 일반화, 모형 및 가치는 범례들을 통해 과학 활동에 개입하게 되는데, 이러한 상황에서 모형들이 범례들 속에서 작동하는 방식에 대한 쿤의 논의는 매우 제한적이라는 것이다.

잘 알려진 것처럼 쿤 이전의 주류 과학철학을 주도한 논리경험주의는 현대 분석철학의 언어적 전환을 적극 수용한 경우였고, 이는 과학 이론을 진술들의 집합으로 보는 관점에서 잘 드러난다. 그러나 이론에 대한 진술적 관점이 여러 가지 문제점을 노정하면서 대안을 모색하는 시도들이 있어왔다. 그중 하나가 이른바 의미론적 관점(semantic view)인데, 그것은 과학 이론을 모형들의 집합으로 보는 관점이다. 과학적 탐구 활동, 특히 과학적 문제 풀이 활동을 범례들에 기반한 인지 활동으로 이해하고자 한 쿤의 견해에 대한 동조적 비판(sympathetic criticism)을 토대로 하여 모형들과 그 역할에 주목하는 접근 방식으로 그의 견해가 지닌 한계를 극복하자는 나의 제안은 방금 언급한 과학 이론에 대한 의미론적 관점과 논의의 맥락에서 차이가 있을지라도 내용면에서 상통한다.[34]

'의미론적 관점'과의 지적 연대를 염두에 두고, 나의 제안을 구체화하는 과정에서 부딪히는 첫 번째 물음은 모형들이 과학적 문제 풀이 활동에 대한 논구에서 쿤의 범례들에 기반한 접근이 지닌 장점을 어떻게 허

---

[34] 쿤은 자신의 1979년 논문에서 태양계 모형을 대체하는 '보어의 원자 모형(Bohr's atom model)'이 양자 이론의 발달 과정에서 필요불가결한 역할을 수행했다고 주장하는데, 여기에서 언급되는 '보어의 원자 모형'은 내가 이 글에서 제안하는 모형들과 그 역할에 주목하는 접근이나 과학 이론에 대한 의미론적 접근에서 논의의 주된 대상이 되는 모형, 특히 이론적 모형에 가깝다는 점에서 흥미롭다. 참조: Kuhn (1979), p. 202-203.

용하는가 하는 것이다. 이 물음에 대해서는 아주 자연스러운 대답이 기다리고 있다. 먼저 쿤의 범례들에 기반한 접근은 범례들 사이에 성립하는 유사성들을 학습을 통해 획득하는 것이 과학적 문제 풀이 활동의 비결에 해당한다는 통찰에서 비롯한 것이다. 그런데 과학적 문제 풀이 활동을 범례들 사이의 유사성에 대한 학습과 활용을 통해 이루어지는 활동으로 보자는 쿤의 제안은 과학적 문제 풀이 활동이 유추적 추론(analogical reasoning)에 의해 이루어진다는 시각을 암암리에 채택한 것으로 이해될 수 있다. 왜냐하면 유추는 기본적으로 두 유사체, 즉 원천 유사체(source analog)와 표적 유사체(target analog) 사이의 유사성들을 기반으로 하여 원천 유사체에 속하는 여타의 속성이나 관계가 표적 유사체에서도 성립한다고 주장하는 형태의 추론이다. 따라서 범례들을 원천 유사체로 그리고 새로운 문제를 표적 유사체로 보면, 과학적 문제 풀이 활동은 범례들에서 해결된 문제들과 새로운 문제 사이의 유사성을 기반으로 하여 범례들에서 채택된 해법을 새로운 문제에 적용하는 유추적 추론 활동으로 간주될 수 있기 때문이다. 나아가서, 모형들에 대한 논의에서 폭넓게 공유되고 있는 일반적인 인식에 따르면, 유추적 추론은 모형들을 구성하고 사용하는 데 주된 원천의 역할을 한다.[35] 이러한 상황은 과학 이론에 대한 의미론적 견해 또는 그와 유사한 견해를 채택하는 관점에서 보면 그렇게 이상하지 않다. 이를테면 과학 이론에 대한 논리경험주의의 표준적 견해가 문제 풀이 과정에서 법칙적 진술들이 할 것으로 기대한 역할을 실제로는 모형들이 수행한다고 하자. 그럴 경우,

---

35 "모형에 기반한 추론에서, 유추들은 모형들을 구성하는 데 작용하는 제약들의 원천으로 기능한다."(Nersessian 2003, 198)

범례들을 토대로 하여 새로운 문제를 푸는 과정은 선행 문제 풀이에서 사용된 모형(들) 또는 그것과 유사한 모형(들)을 활용하여 후속 문제를 푸는 과정이 될 것이다. 보다 구체적으로 전자의 과정은 후자의 과정에 의존할 뿐만 아니라 후자의 과정에 의해 가능해지는 긴밀한 관계를 맺고 있는 경우로 이해될 수 있다. 그리고 범례와 모형 사이의 관계에 대한 이러한 이해는 쿤의 패러다임론에서 그 구성 요소들, 특히 범례와 다른 요소들 사이의 관계에 대한 해명이 부족하다는 셰피어의 불만을 완화시키는 데 도움이 될 것이다.

그렇다면 쿤은 패러다임에 대한 그의 확장된 논의에서 범례와 모형 사이의 앞서 언급된 밀접한 관계를 왜 부각시키지 못했는가? 쿤의 조니 일화는 범례들에 기반한 추론의 성격에 대해 직관적인 이해를 제공하는 데 효과적인 반면, 과학적 문제 풀이 활동에서 모형들의 역할을 잘 보이지 않게 만드는 문제점을 안고 있었다. 쿤이 애써 제안한 바대로 과학적 문제 풀이 활동에서 유사성들에 기반을 둔 추론, 특히 유추적 추론이 중요한 역할을 한다. 그런데 쿤이 간과한 것은, 과학적 문제 풀이의 경우 그러한 추론이 조니 일화에서 등장하는 개별적 범례들에 대해서라기보다 통상 추상적 모형들에 대해 이루어진다는 점이다.

모형들과 그 역할에 초점을 맞추는 접근 방식에서 부딪히는 두 번째 물음은, 그러한 접근 방식이 원형들에 기반을 둔 접근이 가지는 장점, 특히 개념(들)의 구조적 특성들을 자연스럽게 설명할 수 있는 장점을 어떻게 수용할 수 있는가 하는 것이다. 흥미롭게도 과학 이론에 대해 의미론적[36] 견해와 병행하여 인지적 접근을 채택한 기어리(Ronald Giere

---

36 기어리는 '의미론적'이라는 표현 대신 '모형 이론적(model-theoretical)'이라는 표현을

1988 & 1994)는, 특히 개념에 대한 원형 이론의 관점을 원용하여, 과학
이론을 구성하는 모형들의 집단이 그것들 사이에 수평적 및 수직적
구조를 가진다는 입장을 개진하였다.[37] 여기에서 모형들 사이의 수평
적 구조라 함은, 동일 수준에 속하는 모형들 중 어떤 것이 다른 것들보
다 더 중심적인 또는 더 주변적인 위치를 점하는가에 따라 결정되는
구조이다. 그런 점에서 이 수평적 구조는 원형 이론에서 각 범주의 적
용 사례들 사이에 성립하는 것으로 간주되는 차등화된 구조와 유사하
다. 비슷하게 기어리가 말하는 모형들 사이의 수직적 구조는 원형 이
론에서 상위 수준의 범주들과 하위 수준의 범주들 사이에 성립하는 구
조와 유사하다. 다시 말해 과학 이론이 모형들로 구성된다는 의미론적
관점을 취할 경우 인지과학적 이론을 채택하여 과학 이론의 구조들을
밝히는 것이 가능해지며 이러한 결과는 의미론적 관점을 선호할 이유를
제공한다는 것이 기어리의 생각이다. 이러한 논의 전략은 모형들에 대
한 강조와 인지과학적 접근을 접목시킨다는 점에서 이 글에서 내가 채

사용한다.

37 기어리에 따르면, 이론적 모형들은 쿤의 기호적 일반화 및 그것의 특수화된 형태들을
만족시키는 이상화된 체계들이다(Giere 1988, 79). 예를 들어, f=ma에서 f=-kx인 특수
화를 만족시키는 이상화된 체계가 역학에서 단순조화진동자(simple harmonic oscillator)
라고 불리는 것이며, 따라서 "-kx=ma"는 단순조화진동자의 방정식에 해당한다. 그런데
단순조화진동자가 선형진동자의 특수한 경우, 즉 선형 복원력 외의 다른 힘은 작용하지
않는 경우인 반면, 감쇠진동자(damped oscillator)도 선형진동자의 특수한 경우, 즉 선형
복원력 외에 감쇠력(damping force)이 작용하는 경우이다. 이처럼 단순조화진동자와 감
쇠진동자는 선형진동자의 상이한 특수화들에 해당하면서 하나의 가족을 형성한다. 그뿐
만 아니라 선형 진동자는 f=ma에서 f가 선형 함수인 경우인데, f는 역제곱 함수일 수도
있으며 이 경우 선형 진동자와는 다른 모형 가족이 형성된다. 그런 까닭에 기어리는 과학
이론이 모형들의 가족들로 구성되는 모형 집단이라고 말한다(Giere 1988, 82). 나아가서
이 모형 가족들을 구성하는 모형들 사이에 계층적 질서가 성립하는 것으로 드러난다
(Giere 1994, 284-288).

택하고 있는 접근 방식과 상당히 유사하다. 주된 차이점은, 기어리의 경우 논의가 원형 이론에 국한되어 있는 반면, 나의 경우 개념에 대해 최소한의 이질성 가설을 잠정적으로나마 받아들이는 것이 현실적이라는 상황 판단을 토대로 하여 모형들과 그 역할을 강조함으로써 과학적 문제 풀이 활동에 대한 세 가지 접근 방식, 즉 범례, 원형 또는 이론에 기반을 둔 접근 방식의 장점들을 포괄적으로 수용할 수 있는 여지를 모색한다는 데 있다. 따라서 인지과학적 접근, 즉 원형 이론의 원용이 모형들의 구조를 밝히는 데 실질적인 도움이 된다는 기어리의 논의는 상당히 그럴 듯할 뿐만 아니라 나의 연구 기획을 적어도 부분적으로나마 지지해주는 효과가 있다. 즉 과학 이론(특히 고전 역학)을 구성하는 모형들 사이의 구조적 관계에 대한 기어리의 논의는 과학적 문제 풀이 활동에서 모형들의 역할에 초점을 맞추는 접근이 원형들에 기반한 접근의 장점, 특히 개념들 사이의 계층적 구조를 자연스럽게 설명할 수 있는 장점을 수용할 수 있는가라는 물음에 긍정적으로 답할 수 있는 좋은 단서를 제공한다.

다음으로 모형들과 그 역할에 초점을 맞추는 접근 방식에 대해 제기되는 세 번째 물음은, 그러한 접근 방식이 이론 이론의 장점, 특히 범주화에 대한 전문가적 지식의 효과를 설명하는 데 이론 이론이 가장 적합해 보인다는 점을 어떻게 수용할 수 있는가 하는 것이다. 과학적 탐구 활동, 특히 과학적 문제 풀이 활동에서 이론적 지식의 적극적 역할을 시사하는 실험 결과는 이론적 원리들을 과학 이론의 주된 요소로 간주하고 문제 풀이 활동에서도 그것들이 중심적인 역할을 하는 것으로 본 논리경험주의의 견해와 잘 부합하는 것으로 여겨질 수 있다. 그와 더불어 해당 실험 결과들이 논리경험주의의 견해에 대해 경쟁적 대안으

로 제시된 의미론적 견해에게는 불리한 문젯거리일 것이라는 생각을
불러일으킬 수 있다. 그러나 그러한 우려는 기우에 불과하다. 먼저 애
당초 모형들이 현대 논리학의 주요 분야인 의미론에서 체계적으로 다
루어졌다는 것은 잘 알려져 있는 사실이다. 즉 현대 의미론(특히 모형
이론)에서 모형이란 어떤 진술(들)을 만족시키는, 즉 어떤 진술(들)이
그것에 대해 참인 구조에 해당한다. 그런 시각에서 보면 과학 이론을
구성하는 모형들이란 단순히 임의의 구조들이 아니라 진술들(특히 이
론적 진술들)을 충족시키는 구조들에 해당하고, 따라서 모형들은 이론
적 지식이 잘 적용될 수 있는 구조들에 해당한다. 그렇다면 모형들에
초점을 맞추는 접근 방식을 채택할 경우 과학적 문제 풀이 활동에서
이론적 지식이 적극적으로 사용되는 상황을 잘 설명할 수 있는 것처럼
보이는 이론 이론의 장점을 수용하는 데 별 어려움이 없을 것으로 예상
된다.

　모형들에 초점을 맞추는 접근 방식의 또 다른 긍정적 효과는, 과학
이론(예를 들어, 고전 역학)을 구성하는 모형들 사이의 수직적 구조를
고려할 경우, 앞서 언급된 특수화의 문제는 자연스럽게 설명되는 것처
럼 보인다는 것이다. 왜냐하면 특수화란 과학 이론을 구성하는 모형들
사이의 수직적 구조에서 특정 수준의 모형이 그 다음 하위 수준의 모형
과 갖는 관계로 이해될 수 있을 것이기 때문이다. 그리고 패러다임에 대
한 쿤의 확장된 논의에서 특수화의 문제와 더불어 부각된 주요 과제는
기존의 범례들 사이의 유사성들을 인지하고 이를 토대로 하여 새로운
문제들을 해결하는 과정의 정체를 규명하는 것인데 이에 대한 쿤의 논
의는 그 사안의 중요성에 비추어볼 때 상당히 미진했고 이러한 상황은
쿤의 과학철학에 대한 부정적 평가의 주된 원천이 된 것으로 보인다.

과학적 탐구에서 모형들과 그 역할의 중요성을 강조하는 접근 방식을 취할 경우, 범례들 사이의 유사성들을 인지하고 이를 새로운 문제의 해결에 사용하는 과정에서 범례들에 포함된 모형들 사이의 유사성들을 인지하고 이를 토대로 하여 새로운 문제의 해결에서 주된 역할을 담당할 모형을 개발하는 과정이 큰 비중을 차지하는 것으로 간주되고, 따라서 전자의 과정을 규명하는 문제는 상당 부분 후자의 과정을 규명함으로써 해결될 것으로 기대된다.

2.5 쿤에 대한 비판은 공정한가?

지금까지 나는 쿤의 패러다임론이, 범례들에 대한 학습을 통해 그것들 사이의 유사성들을 인지하는 능력을 획득하고 이를 바탕으로 새로운 문제를 해결하는 과정으로 정상과학적 문제 풀이 활동을 이해하고자 한 점에서 그 나름의 의의가 적지 않으나, 개념들에 대한 최소한의 이질성 가설(MHH)을 받아들이는 관점에서 보면 원형 이론이나 이론 이론의 이점들을 포괄하지 못하는 한계를 지닌다는 주장을 전개하였다.

여기에서 제기될 수 있는 한 가지 이의는 나의 논의가 쿤의 범례 개념에 대한 그릇된 이해 또는 지나치게 좁은 해석에 근거하고 있다는 것이다. 다시 말해 쿤의 정상과학에서 등장하는 범례는 광의의 패러다임을 구성하는 여러 요소들, 즉 기호적 일반화, 모형 및 가치가 문제 풀이에 적용된 결과물에 해당하며 따라서 개념에 대한 현대 심리학의 범례 이론에서 다루어지는 범례들보다 훨씬 구조적으로 복잡한 까닭에 쿤의 범례들과 범례 이론의 범례들을 동일시하는 것은 적절치 않은 데, 쿤의 패러다임론에 대한 나의 비판이 그의 범례들을 범례 이론의 범례들과 동일시하는 견해에 근거하고 있는 것으로 보여 문제가 있다는 것이다.

이 논란과 관련하여 우리는 두 가지 사안을 구분할 필요가 있다. 하나는 쿤이 자신의 범례들과 심리학적 범례 이론의 범례들을 동일시하는 입장을 취했는가 하는 것이다. 다른 하나는, 쿤의 입장과는 별도로, 그의 범례들과 범례 이론의 범례들을 동일시하는 것, 즉 동일한 부류로 간주하는 것이 합당한가 하는 것이다. 먼저 전자의 사안에 대해서는 긍정적으로 답할 문헌상의 이유가 있다. 즉 앞서 언급된 것처럼 쿤이 조니의 일화를 사용해 과학적 문제 풀이 활동의 본성에 대한 자신의 견해를 해명하는 과정에서 자신의 정상과학적 범례들과 심리학적 범례 이론의 범례들을 동일시하는 관점을 채택하는 정황은 자못 분명하다. 조니의 일화에서 등장하는 범례들이야말로 현대 심리학의 범례 이론에서 다루어지는 범례들과 전혀 다르지 않은데, 이 범례들의 학습을 통해 그것들 사이의 유사성을 지각하는 능력을 획득하고 이를 활용하여 새로운 사례들을 포착하는 조니의 일상적 인지 활동은 과학자들의 정상과학적 문제 풀이 활동과 다르지 않으며 전자에 대한 이해를 통해 후자를 이해할 수 있다고 쿤이 제안하는 것으로 보이기 때문이다. 그러나 방금 언급된 이유가 전자의 사안에 대해 긍정적으로 답할 이유가 됨을 인정한다 하더라도, 현재의 문제를 제기한 입장에서 보면 여전히 문제는 남는다. 쿤의 정상과학에서 등장하는 범례가 패러다임을 구성하는 요소들, 즉 기호적 일반화, 모형, 가치 등이 문제 풀이에 적용된 결과물에 해당함을 인정하는 한, 그러한 범례를 현대 심리학적 범례 이론의 범례와 동일시하기는 여전히 쉽지 않아 보이기 때문이다. 결국 각각 그 나름의 이유 때문에 전자의 사안에 대해서는 긍정적으로 답하면서도 후자의 사안에 대해서는 부정적으로 답하도록 요구되는 난처한 상황이 전개되는 것처럼 보인다.

그런데 앞서 제안한 대로 최소한의 이질성 가설을 잠정적으로 받아들이고 과학적 문제 풀이 활동에서 모형들의 역할을 강조하는 접근은 방금 논의된 문제 상황을 해소하는 데 도움이 될 것으로 생각된다. 그 이유는 다음과 같다. 일상적 맥락에서의 개념적 인지 활동을 범례 이론의 관점에서만 바라볼 경우 일상적 범례들과 이론적 지식이나 모형 같은 다양한 요소들이 개입하여 산출되는 것으로 간주되는 쿤의 범례들 사이에는 상당한 괴리가 있어 보일 수 있다. 그러나 최소한의 이질성 가설을 받아들이는 관점에서 접근하면 일상적 맥락의 개념적 인지 활동에서도 범례들 사이의 유사성뿐만 아니라 이론적 지식이나 원형들의 역할이 인정되고, 이에 더해 과학적 문제 풀이 활동의 맥락에서 모형들이 최소한의 이질성 가설에서 언급되는 다양한 형태의 정보들(즉 범례들, 원형들, 이론적 지식 등)을 담지하거나 구현하는 방식으로 쿤이 생각한 것보다 훨씬 더 긴요한 역할을 한다는 점을 인정하게 되면,[38] 범례 이론의 일상적 범례들과 쿤의 정상과학적 범례들 사이에 성립하는 것처럼 보였던 부류상의 차이는 사라지는 상황이 될 것으로 기대된다.

---

[38] 쿤 자신도 과학적 탐구에서 모형들이 수행하는 역할을 『과학혁명의 구조』에서보다 좀 더 적극적으로 인정할 필요가 있다는 생각을 하게 된 것으로 보이는 언급을 간간이 한다. 예를 들면, 그는 논문 「과학에서의 비유」에서 "모형들은 단순히 교육적이거나 발견적인 역할만 하는 것이 아니다. 그것들은 최근의 과학철학에서 너무 소홀하게 다루어져 왔다"(Kuhn 1979, 202-203)고 지적한다.

2.6 덧붙이는 말

쿤은 자신의 과학철학에서 핵심어에 해당하는 '패러다임'에 대해 비판들이 속출하는 곤혹스러운 상황에 직면하여 그 용어의 용법을 정리하고 해명하는 작업을 통해 충분하지는 않을지라도 상황을 완화시키려는 시도를 하였다.

이 과정에서 그는 원래 '패러다임'을 통해 범례들을 지칭하고자 하였는데 본의 아니게 과학적 탐구의 다른 주요 요소들을 포괄하는 방식으로도 사용되었고 이것이 용법상의 혼선을 초래했다고 술회한다. 그런데 이러한 상황은 양면성을 지닌다. 우선 쿤의 다소 후회스러운 술회에도 불구하고 그의 주저 『과학혁명의 구조』가 큰 반향을 불러일으킨 데에는 '패러다임'의 의도되지 않은 용법, 즉 포괄적 용법에 크게 힘입었다는 점은 부인하기 어렵다. 반면 '패러다임'의 포괄적 용법이 거둔 획기적 성공은 '패러다임'의 의도된 용법 및 그것과 연계된 독창적 제안들을 가리는 부작용을 낳은 것 또한 사실이다. 결국 쿤의 입장에서는 득실이 있은 셈이다. 이런 상황에서 패러다임에 대한 쿤의 추가 논의는 그것의 의도된 용법을 재조명하는 방식으로 이루어졌는데, 과학적 문제 풀이 활동에서 범례들의 역할에 대한 강조가 그것이다. 그러나 범례들이 작동하는 방식에 대한 그의 해명은 앞서 논의된 것처럼 조니의 일화 등을 통해 이루어지면서 현대 심리학의 범례 이론과 궤를 같이하는 모습을 보이게 되는데, 이는 장단점이 있다. 먼저 장점은 과학적 탐구의 맥락에서 진행된 범례들에 대한 쿤의 논의가 시기적으로 뒤늦게 전개된 현대 심리학의 범례 이론을 통해 보다 체계적으로 논구되고 발전되는 계기를 갖게 된 것으로 보여 질 수 있다는 점이다. 반면 단점은 심리학적 범례 이론이 그 나름의 성과에도 불구하고 직면하게 된 난점들과 한 계를 쿤의 견해도 상당 부분 공유하는 상황이 될 수 있다는 점이다.

실제로 이 장에서 나는 현대 심리학의 범례 이론이 다른 경쟁 이론들과 더불어 개념적 인지 활동을 포착하는 데 부분적으로만 성공적이라는 비판에 동조하여 최소한의 이질성 가설을 잠정적 대안으로 채택하는 관점에서 논의를 전개하였다. 이런 관점에서 보면 범주화와 같은 개념적 인지 활동은 범례뿐만 아니라 원형이나 이론 같은 여러 가지 형태의 지식들을 활용하는 방식으로 이루어지며, 과학적 탐구의 맥락에서 일어나는 개념적 인지 활동도 그러한 점에서 예외가 아니다.

그렇다면 범례들 사이의 유사성을 학습하고 이를 활용하여 새로운 문제를 해결하는 과정으로 과학적 문제 풀이 활동을 이해하고자 하는 쿤의 입장이 거둔 제한적 성공을 넘어서서 최소한 이질성 가설에 의해 제시되는 개념적 인지활동을 포괄적으로 포착할 수 있는 방안은 무엇인가? 이 물음에 긍정적으로 답하는 방안으로 나는 모형들과 그 역할을 강조하는 접근을 제안하였다. 이 제안과 관련하여 나는 모형들이 다양한 형태의 개념적 지식을 담지할 수 있는 변통성을 지닌다는 관점에서 논의를 전개하였다. 앞서 내가 제시한 관련 논의들이 대체로 유효하다면, 모형들과 그 역할을 강조하는 나의 제안은 이론 위주의 논리경험주의적 접근 방식이나 쿤이 제안한 범례 위주의 접근 방식이 드러낸 부분적 성공의 한계를 넘어서는 개선안이 될 수 있을 것으로 기대된다.

3장

정상과학과
과학혁명

Thomas
S. Kuhn

3.1 과학 활동은 균질적인가?

1장에서 언급한 바대로 논리경험주의의 주축을 형성했던 비엔나 서클의 핵심 멤버이던 노이라트와 카르납은 통일과학의 목표를 추구했고 이는 『통일과학 국제총서』의 기획을 통해 구체화되었다. 통일과학의 이론적 기반은 논리경험주의의 전통에 속한 학자들인 네이글, 케미니와 오펜하임 등이 개발한 환원 개념을 통해 제시되었는데, 환원 개념은 공존하는 과학 이론들이 통합되는 방식들을 포착하는 데 국한되지 않고 역사 속의 선행 이론과 후행 이론 사이에도 적용될 수 있는 것으로 제안되었다. 그런데 환원 개념을 통해 공존하는 과학 이론들 사이의 통합성, 나아가서 선행 이론과 후행 이론 사이의 연속성을 포착하려는 시도의 기저에는 과학 활동이 시공간적인 제약 없이 전체적으로 균질적이라는 견해가 자리잡고 있었다고 해야 할 것이다.

쿤의 『과학혁명의 구조』는 기존의 주류 과학철학을 주도한 논리경험주의가 추구한 과학의 통일성과 연속성을 관통하는 근본적인 신념인 과학 활동의 균질성 논제에 도전한다는 점에서 매우 급진적인 성격을 띠고 있다. 쿤은, 잘 알려진 대로, 성숙한 과학(mature science) 분야에서

의 탐구 활동이 역사적 관점에서 보면 특정 패러다임을 공유하는 과학
자들에 의한 정상과학과 패러다임의 교체에 해당하는 과학혁명이 순환
되는 방식으로 진행된다는 관점을 채택하였다. 먼저 정상과학은, 그에
따르면, 특정 패러다임을 공유하고 유지하는 과학자들에 의해 수행되는
문제 풀이 활동인 까닭에 과학적 탐구의 연속성이 확보되고 그 성과가
꾸준히 축적되는 양상을 띤다. 반면, 과학혁명은 기존의 패러다임과 새
패러다임이 경쟁하는 과정을 거쳐 패러다임 교체가 일어나는 방식으로
진행된다. 그런데, 쿤에 의하면, 경쟁 패러다임들은 여러 가지 측면에서
공약불가능하고 따라서 패러다임 교체는 혁명 전후의 정상과학들 사이
에 발생하는 현저한 불연속성을 동반한다. 과학 활동의 진행 방식에 대
한 이와 같은 역사적 관찰을 토대로 하여 쿤은 정상과학과 과학혁명이
그 탐구의 성격이나 진행의 형태에서 매우 상이하므로 유형이 다른 과
학 활동으로 간주되어야 한다고[1] 주장하는 방식으로 과학 활동의 균질
성 논제에 문제를 제기하였다.

그러나 쿤의 정상과학/과학혁명 구분과 균질성 논제에 대한 도전은
적지 않은 비판을 야기했는데, 이는 크게 두 가지 형태로 이루어졌다.
하나는 그의 정상과학/과학혁명 구분이 역사적으로 정당화되기 어렵다
는 것이었고, 다른 하나는 그의 구분이 방법론적 관점에서도 정당화되
기 어렵다는 것이었다. 이 글에서 나는 후자의 비판에 초점을 맞추어
논의를 진행시키고자 한다. 이에 앞서 쿤이 전통적인 시각을 거슬러 제
안하는 정상과학과 과학혁명의 정체 및 의의를 좀 더 자세히 살펴보도
록 하자.

---

1 참조: Kuhn (1962/2012); Kuhn (1987), p. 13.

3.2 정상과학의 본성

쿤이 말하는 정상과학은 해당 분야에서 독점적 지위를 가지는 패러다임을 의문시하지 않고 공유하는 과학자들의 공동체에 의해 수행되는 탐구 활동이다. 이러한 조건을 충족시키는 정상과학의 성립은 분야마다 그 시기를 달리한다. 수학이나 천문학에서처럼 고대에 이미 정상과학이 성립한 분야가 있는가 하면, 역학에서는 아리스토텔레스의 시기 그리고 화학에서는 보일의 시기에 와서 최초의 독점적 패러다임이 등장하였으며, 유전학 분야에서는 근래에 와서야 정상과학적 활동이 성립하게 되었다는 것이다. 그리고 정상과학의 단계에 진입한 사회과학 분야가 있는지에 대해 쿤은 유보적인 태도를 취한다.

어떤 분야의 과학 활동이 독점적 패러다임의 등장과 더불어 성숙한 과학, 즉 정상과학의 단계에 접어들면, 이후 그 분야에서 이루어지는 과학 활동은—간헐적으로 일어나는 과학혁명의 시기를 제외하면— 대부분 정상과학의 시기에 속한다. 따라서 과학혁명의 시기에 활동하는 소수의 과학자들을 제외하면, 해당 분야의 과학자들은 대부분 정상과학적 탐구에 종사하게 된다. 그렇다면 성숙한 과학 활동의 대부분을 차지하는 정상과학의 본성을 이해하는 것은 과학 활동의 이해를 위해 매우 중요하다. 그런데 쿤은 정상과학이 근본적으로 새로운 것을 추구하지 않는 활동이라고 말한다.[2] 다시 말해 정상과학은 새로운 현상의 발견이나 새로운 이론의 고안을 추구하는 활동이 아니라는 것이다. 이는 쿤

---

[2] 참조: Kuhn (1962/2012), p. 35. "[정상과학적 연구의] 가장 놀라운 특징은 [근본적으로] 새로운 개념적 또는 현상적 발견을 별로 추구하지 않는다는 점이다."

이전의 주류 과학철학이 제시하는 과학관에 익숙해 있는 독자들에게는 아주 이상하게 들릴 수 있는 주장이다. 기존의 과학관에 따르면, 과학자들의 주요 관심사 중 하나는 이론을 시험하는 것이다. 이론을 시험하는 행위는 기존 이론에 기반한 예측과는 다른 새로운 현상을 발견하고 나아가서 새로운 이론을 고안하는 노력을 하게 될 가능성에 대해 열린 마음을 가지는 것을 전제로 한다. 과학 활동이 새로운 것을 추구하지 않는다면 그것의 의의는 무엇인가?

　정상과학은 근본적으로 새로운 것을 추구하는 활동이 아니라고 주장한 연후에 쿤은 이어 정상과학이 새로운 것을 발견하는 데 가장 효율적이라고 말한다.[3] 앞뒤가 맞지 않는 것처럼 보이는 이야기를 쿤이 하는 연유는 무엇인가? 이러한 궁금증에 대한 답은 쿤이 정상과학을 퍼즐 풀이 활동(puzzle-solving activity)으로 규정하는 데서 찾을 수 있는 것처럼 보인다.[4] 퍼즐 풀이 활동들의 공통된 특징들은, 첫째 주어진 퍼즐에 대한 해답이 존재하며, 둘째 그 해답은 부과된 규칙들을 준수하여 얻어져야 한다는 것이다.[5] 쿤의 독창적인 통찰은 성숙한 과학 활동의 대부분을 차지하는 정상과학이 이러한 특징들을 공유한다는 것이다. 즉 정상과학의 경우, 해당 분야의 과학자들이 해결해야 할 문제들에 대한 해답들이 존재하는 것으로 간주될 뿐만 아니라 그 해답들은 그들이 공유하는 패러다임 내의 자원들(예를 들어, 공인된 기호적 일반화, 모형, 범례, 관찰 및 실험 기구 등)을 활용하여 얻어져야 한다는 것이다. 또한 퍼즐

3　참조: Kuhn (1962/2012), p. 52.

4　참조: Kuhn (1962/2012), Chapter IV.

5　참조: Kuhn (1962/2012), pp. 37-38.

풀이 활동에서와 마찬가지로, 정상과학에서 시험의 대상이 되는 것은 문제 해결을 위한 자원들을 제공하는 패러다임이 아니라, 그 자원들을 활용하여 문제를 해결하는 과학자의 능력이다.[6] 정상과학이 다른 퍼즐 풀이 활동들과 다른 점은, 세계를 대상으로 하여 그것에 대한 지적 이해를 추구한다는 데 있다.

이런 관점에서 보면 정상과학의 활동은 근본적인 혁신을 추구하는 활동과는 거리가 멀 수밖에 없다. 쿤에 따르면, 정상과학은 크게 세 가지 부류의 활동들로 이루어진다.[7] 중요한 사실들을 수집하는 활동, 수집된 사실들을 패러다임과 비교하는 활동, 패러다임을 정교화하는 활동 등이 그것이다. 표면적으로는 정상과학의 성격이 잘 드러나지 않는 활동들로 보인다. 그러나 자세히 살펴보면 기존의 주류 과학철학에서 기술되는 것과는 상당히 다른 성격의 활동들인 것으로 드러난다. 예를 들어, 수집된 사실과 이론을 비교하는 활동은, 기존의 주류 과학철학에서는 주로 이론을 시험하는 활동으로 이해된 반면, 쿤의 정상과학론에서는 수집된 사실이 이론과 잘 들어맞는다는 것을 보여 주는 활동인 동시에 이를 통해 과학자의 능력이 시험되는 활동이다. 다시 말해, 정상과학에서 수집된 사실들은 패러다임을 구성하는 이론과 잘 들어맞을 것으로 기대되고, 실제로 잘 들어맞는다는 것을 보여 주는 것이 과학자들의 임무라는 것이다. 정상과학자들의 이러한 태도는, 이론이 틀릴 가능성을 열어놓고 그것을 시험하는 태도와는 확연하게 다를 뿐만 아니라, 기존의 이론과 들어맞지 않는다는 의미에서 새로운 현상을 발견하거나 기존

---

6 참조: Kuhn (1962 / 2012), pp. 35-36.
7 참조: Kuhn (1962 / 2012), Chapter III.

의 이론과 양립가능하지 않다는 의미에서 새로운 이론을 고안하는 활동
과는 거리가 멀 수밖에 없다.

성숙한 과학 활동의 대부분이 새로움을 추구하지 않는 정상과학에
해당한다고 보는 쿤의 입장은 기존의 과학관에서 등장하지 않는 새로운
문제를 야기한다. 과학의 역사를 통해 기존의 이론과 들어맞지 않는 새
로운 현상 및 이론이 꾸준히 등장하는 것은 역사적 현실로 인정을 해야
할 것이고, 그렇다면 새로움을 추구하지 않는 정상과학의 활동으로부터
어떻게 새로운 현상이나 이론이 나올 수 있는가 하는 물음이 새삼스럽
게 등장할 것이기 때문이다. 반전의 계기는 정상과학이 독점적 지위를
가지는 패러다임에 기반한 과학 활동이라는 데 있다.[8] 정상과학이 성립
하기 이전의 과학 활동에서 과학자들은 학파들로 나뉘어 경쟁하는 관계
에 있고, 따라서 자신들이 속한 학파가 토대로 삼고 있는 여러 가지 근
본적 가정들을 다른 학파들의 도전으로부터 방어하는 노력을 지속적으
로 해야 한다. 반면에 공유하는 패러다임이 독점적 지위를 가지는 상황
에서 과학자들은 그 패러다임의 정당성을 옹호하는 작업 대신 세부적인
문제들을 해결하는 작업에 전력을 다할 수 있게 된다. 따라서 정상과학
에서 과학자들은 세부적 문제들에 집중하여 효율적으로 깊이 있는 연구
를 할 수 있게 되고, 연구 대상에 대해서도 보다 더 자세하고 정확한 기
대를 할 수 있게 된다. 그런데 역설적이지만, 연구 대상에 대해 더 자세
하고 정확한 기대를 하게 될수록 그러한 기대의 이론적 기반과 부합하지
않는 새로운 현상을 발견하게 될 개연성도 많아진다. 이처럼 새로움을
추구하지 않는 정상과학이 새로운 것을 산출하는 데 매우 효율적이라는

---

8 참조: Kuhn (1962/2012), pp. 18, 24-25, 52, 64, 96-97, 163-164.

역설적 논변은, 그 정당성이 인정된다면, 쿤의 정상과학론이 직면하는 것처럼 보인 심각한 방법론적 난점을 해소하는 독창적인 통찰이다.

정상과학이 퍼즐 풀이 활동이라는 쿤의 독창적인 제안은 그것이 새로움을 추구하지 않는 활동이라는 제안 못지않게 흥미로운 방법론적 반전이다. 성숙한 과학 활동의 대부분을 차지하는 정상과학이 퍼즐 풀이 활동이라는 쿤의 제안은 그 당시 주류 과학철학의 관점과 전혀 다르다는 점에서 그리고 그 이전에도 그런 제안을 찾아보기 힘들다는 점에서 매우 독창적이다. 특히 정상과학에서 이론에 대한 평가 또는 시험은 과학자들의 주된 관심사가 아니며 오히려 평가 대상이 되는 것은 과학자의 능력이라고 주장하는 점에서 쿤의 정상과학 개념은 전통적 시각에서 보면 거의 반방법론적이다. 그러나 앞서 언급한 대로 정상과학이 새로움을 추구하지 않지만 새로움을 산출하는 데 매우 효율적이라는 쿤의 주장이 받아들여진다면, 쿤의 정상과학은 의도에서 방법론적이지 않지만 결과적으로 상당히 방법론적이라는 역설적 주장이 성립하게 될 것 같다.

정상과학이 특정 패러다임을 의심하지 않고 받아들이는 형태로 진행되는 활동이라는 점에서 현상유지적이고 변화에 저항하는 성격을 가진다고 생각하는 것은 자연스럽다. 그러나 포괄적인 패러다임의 경우에도 과학 활동을 구성하는 모든 요소들이 그것에 포함되는 것은 아니다. 모든 요소를 포함한다면, 패러다임은 과학 활동 전체의 또 다른 이름에 불과할 것이고 그러한 패러다임에 의해 과학 활동을 설명하는 것은 그야말로 토톨로지일 뿐이어서 어떤 설명력도 지니지 못할 것이기 때문이다. 그렇다면 패러다임 자체는 현상유지의 강한 관성을 지닐지라도 정상과학은 변화를 허용하는 다른 요소들도 많이 포함할 것이다. 따라서 전체적으로 보면 정상과학은 변화를 허용할 뿐만 아니라 꾸준히 변화하는 모습을 띠게 될 것이다. 그러나 정상과학에서 변화를 거부하는 부분과 변화를 허용하는 부분 사이의 구분이나 그 근거에 대하여 쿤은 『과학혁명의 구조』에서 명시적으로 자세한 논의를 하지 않았고 그런 면은 미흡한 점으로 지적될 수밖에 없다.

그런데 쿤의 입장에서 이 구분 문제를 피해갈 수는 없다. 왜냐하면 앞서 언급된 것처럼 쿤은 정상과학과 과학혁명이 두 다른 유형의 과학 활동이라고 주장하는데, 그러한 구분은 정상과학의 유지를 해치지 않는 형태의 변동과 정상과학의 교체를 초래하는 변동 사이의 구분, 즉 정상적 변동(normal change)와 혁명적 변동(revolutionary change)의 구분에 의존할 것이기 때문이다. 이런 관점에서 보면, 『과학혁명의 구조』가 출판된 이후 쿤의 정상과학 / 과학혁명 구분에 대해 꾸준히 문제가 제기된 것은 그가 방금 언급된 두 가지 형태의 과학 변동을 구분하는 문제를 명료하게 해결하지 못한 데 부분적인 이유가 있다고 하겠다. 실제로 '연구 프로그램(research programme)'에 대한 라카토슈(Imre Lakatos)의 논의는 이런 구조적 문제에 대해 나름의 답을 제공하려는 시도를 한 것으로 볼 수 있다.[9]

그렇다고 해서 정상과학에 대한 쿤의 논의에서 이 사안과 관련된 논의가 전무한 것은 아니다. 그에 따르면, 정상과학에서 과학자들은 꾸준히 이상 현상들(anomalies), 즉 탐구 대상인 세계의 부분 또는 측면에 대해 패러다임이 산출하는 기대와 어긋나는 사태들을 경험하게 되는데, 이 이상 현상들은 해당 정상과학의 퍼즐들을 형성한다. 이 이상 현상들 중 일부는 관찰 또는 실험 과정에서의 착오로부터 비롯한 것으로 밝혀

---

9 참조: Lakatos (1970).

지기도 하지만, 그중 일부는 그것과 어긋나는 기대를 산출한 패러다임에서의 수정을 통해 해결되기도 한다. 이러한 과정이 정상과학에서의 퍼즐 풀이 과정이다. 따라서 쿤은 퍼즐 풀이 과정에서 패러다임의 수정이 일어날 수 있음을 인정한다. 그러나 정상과학이 이왕 퍼즐 풀이 활동에 해당한다면 그 속성상 패러다임에 대한 제한 없는 수정은 허용되기 어렵다. 왜냐하면 퍼즐 풀이는 일단의 규칙들에 따라 해답을 구하는 활동인 까닭에 해답을 찾는 과정에서 규칙의 변경은 통상 허용되지 않기 때문이다. 따라서 정상과학을 퍼즐 풀이 활동으로 보는 관점은 정상과학에서 변화를 거부하는 부분과 그렇지 않은 부분의 구분에 대해 원칙적인 함축을 가지는 것으로 볼 수 있다. 즉, 변화를 거부하는 부분은 무엇보다도 퍼즐 풀이 활동으로서의 정상과학에서 규칙들에 해당하는 요소들로 구성되리라는 것이다.

퍼즐 풀이 활동으로서의 정상과학에서 규칙의 유력한 후보는, 쿤에 따르면, 패러다임의 주요 요소 중 하나인 기호적 일반화들이다. 일단 우리의 논의를 이 특정한 요소에 국한하면, 패러다임을 구성하는 기호적 일반화들은 모두 변화에 저항하는가? 이에 대해 긍정적으로 답하기 어렵다. 왜냐하면 그럴 경우, 정상과학에서 의미 있는 변화는 일어날 수 없고 주어진 문제들을 해결할 수 있는 역량도 극히 제한될 것이기 때문이다. 따라서 패러다임을 구성하는 기호적 일반화들 중 일부는 변화에 저항하면서 해당 정상과학의 정체성을 유지하는 역할을 하는 반면, 나머지 기호적 일반화들은 패러다임의 유지를 위해 필요에 따라서는 변화하는 모습을 보일 것이라고 답하는 것이 현실적이다. 그렇다면 정상과학에 등장하는 기호적 일반화들 중 변화에 저항하는 것들과 그렇지 않은 것들을 구분하는 문제가 발생하는데, 적어도 『과학혁명의 구조』

초판에서는 그 문제와 관련된 명시적인 해답을 찾아보기 어렵다.

정상적 변동과 혁명적 변동의 구분에서 후자, 즉 정상과학의 교체를 초래하는 패러다임의 변동(즉, 과학혁명)은 패러다임의 부분적 또는 전면적 교체에 해당한다.[10] 패러다임의 전면적 교체가 정상과학의 교체를 초래하는 것은 의문의 여지가 없다. 따라서 앞서 언급된 "두 가지 형태의 패러다임 변동을 구분하는 문제"란 패러다임의 부분적 교체와 관련하여 제기되는 문제이다. 그렇다면 패러다임의 부분적 교체가 일어나는 상황에서 정상과학이 유지되는 경우와 그렇지 않는 경우는 어떻게 구분되는가? 이와 관련하여 쿤이 주목하는 것은, 전자의 경우 패러다임에서의 변동이 축적적인 방식으로 일어나는 데 반해 후자는 그렇지 않다는 점이다. 그러한 차이점을 쿤은 사례들을 통해 예시한다. 먼저 쿤이 언급하는 정상적 변동(normal change)의 사례는 보일의 법칙이 추가되는 경우이다.

보일의 법칙은 무엇이 관련 있는가를 예시할 것이다. 그 법칙의 발견자들은 기체 압력이나 부피의 개념들뿐만 아니라 그러한 양들의 값을 결정하는 데 필요한 기구들을 이미 가지고 있었다. 주어진 기체 표본에 대해 압력과 부피의 곱이 일정한 온도에서 일정하다는 발견은 이미 숙지된 해당 변수들이 행동하는 방식에 대한 기존의 지식에 단순히 추가된 것이다.[11]

그리고 쿤(1987, 14)에 따르면, 과학적 진보의 절대적 다수는 이렇게 축

---

10 참조: Kuhn (1962 / 2012), p. 92.
11 Kuhn (1987), p. 14.

적적이고 정상적인 변동에 해당한다. 이어서 쿤이 언급하는 혁명적 변동(revolutionary change)의 사례는 뉴턴의 제2운동 법칙이 발견되는 경우와 프톨레마이오스 천문학으로부터 코페르니쿠스 천문학으로의 전이가 일어나는 경우이다. 쿤에 따르면 이러한 혁명적 변동의 사례들에서 공통적으로 나타나는 양상은 기존의 개념들에 의해서는 수용될 수 없는 발견들이 일어난다는 것이다. 가령 뉴턴의 제2운동 법칙에서 사용되는 힘 개념이나 질량 개념은 그 법칙이 발견되기 전에 사용되던 것들과는 다른데, 그 이유는 해당 법칙이 그 법칙에서 사용되는 개념들을 정의하는 역할을 하기 때문이라는 것이다. 비슷하게 코페르니쿠스 천문학에서 사용되는 행성 개념은 프톨레마이오스 천문학에서 사용되어온 행성 개념과는 다른데, 그 차이는 행성 개념의 외연에서 일어나는 변화를 통해 잘 드러난다는 것이 쿤의 생각이다. 즉 프톨레마이오스 천문학에서는 태양과 달이 행성들이고 지구는 행성이 아니었던 반면, 코페르니쿠스 천문학에서는 지구가 행성이 되고 태양과 달은 행성이 아니라 각각 항성과 위성이 되었다. 그리고 이러한 부류의 지시적 변동이 법칙이나 이론의 변동을 동반할 때 과학적 발전은 축적적일 수 없으며 혁명적 변동이 일어난다는 것이다.

이처럼 구체적 사례들 사이의 대비를 통해 제시되는 정상적 변동과 혁명적 변동 사이의 구분은 직관적으로 그럴듯해 보인다. 그러나 두 부류의 과학적 변동을 구분하는 일반적인 기준이 무엇인가라는 물음에 답하는 것은 별개의 문제이다. 그리고 쿤 자신도 『과학혁명의 구조』 초판이 발간된 후 진행된 일련의 논란, 특히 정상과학과 과학혁명의 구분을 둘러싼 논란을 통해 정상적 변동과 혁명적 변동 사이의 구분을 위한 기준과 근거를 좀 더 일반적 수준에서 해명할 필요성을 인지하게 된 것으로 보인다. 이 사안과 관련하여 앞서 언급된 사례들에 대한 쿤의 논의 를 통해 부각되는 해법은 대략 다음과 같다. 새로 제시되는 과학적 주 장이 그 주장과 연루된 기존의 개념들에 의미 변화를 야기하지 않는 방 식으로 단순히 추가되는 경우라면 그것은 축적적 변동에 해당하지만, 기존의 개념들에 의미 변화를 초래하는 과학적 주장의 도입은 비축적적 변동을 산출한다는 것이다. 어떤 경우에 새로 도입되는 과학적 주장, 특히 법칙적 진술이 기존의 개념들에 의미 변화를 산출하는가라는 후속 질문에 대한 쿤의 답은 전자가 그것에서 사용되는 개념들을 정의하는 역할을 수행할 때라는 것으로 이해된다. 즉 보일의 법칙에서 기체의 압 력이나 부피 같은 개념들이 사용되지만 전자의 법칙은 후자의 개념들을 정의하는 역할을 수행하지 않는 경험적 일반화에 불과한 까닭에 해당 개념들은 기존의 의미를 유지하는 반면, 뉴턴의 제2운동 법칙에서 사용 되는 힘 개념이나 질량 개념은 전자의 법칙이 후자의 개념들을 정의하 는 역할을 수행하는 구성적(constitutive) 일반화인 까닭에 해당 개념들 은 기존의 개념들과 다른 의미를 가진다는 것이다.[12] 결과적으로 과학 의 정상적 변동과 혁명적 변동을 구분하는 문제를 해결하는 과정에서

---

12 쿤(1989)은 '구성적'이라는 표현 대신 '약정적(stipulative)'이라는 표현을 사용하기도 한다. 그리고 쿤은 자신의 1976년도 논문에서 이론을 구성하는 역할을 수행하는 요소들, 즉 '구성적 요소들'의 성격을 해명하는 과정에서 '준분석적(quasi-analytic)'이라는 표현을 사용하기도 했는데, 이는 뉴턴 역학의 구성적 요소에 해당하는 제2운동법칙이 성립하는 세계에서만 '힘'이나 '질량' 같은 용어들이 성공적으로 제 역할을 수행할 수 있다는 의미에 서 그 법칙이 필연적이라는 점을 포착하려는 시도였다. 그러나 '분석적'이라는 용어의 사용 은 제2운동법칙을 정식화하는 과정에서 자연에 대한 경험이 반드시 필요하다는 점을 간과 하게 만들 수 있다는 우려를 하게 되면서 쿤은 1980년대의 글들에서 '분석적'보다 '선험적 종합(synthetic a priori)'이라는 표현을 선호하는 입장을 분명히 한다. 참조: Kuhn (1970a), pp. 183-184 ; Kuhn (1974), p. 304, fn. 14 ; Kuhn (1976), p. 187, fn. 17 ; Kuhn (1983b), p. 212 ; Kuhn (1989), p. 71 & pp. 73-74, fn. 19 ; Kuhn (1990), p. 306 & p. 317, n. 17.

쿤은 사용되는 개념들을 정의하는 역할을 수행하는 구성적인 법칙적 일
반화와 그렇지 않은 경험적인 법칙적 일반화의 구분에 의존하는 해법을
채택하는 것으로 보인다. 그러한 해법에 따르면, 기존 이론에서 구성적
역할을 수행하는 법칙적 일반화(들)의 교체는 혁명적 변동을 산출하는
반면, 그렇지 않은 법칙적 일반화(들)에서의 변화는 정상적 변동을 산
출하는 경우가 된다.

3.3 과학혁명이란 무엇인가?

정상과학이 독점적 지위를 가지는 특정 패러다임을 탐구의 틀로 삼
아 세계를 그 틀 속에 집어넣으려는 활동이라면, 그 탐구의 틀을 깨트리
는 과학 활동인 과학혁명이 어떻게 일어날 수 있는가? 이 미스터리를
해결하는 열쇠는 앞서 정상과학의 방법론적 역설이라고 부른 것이다.
정상과학은 새로움을 추구하지 않는 활동임에도 불구하고 결과적으로
새로움을 산출하는 데 매우 효율적인 활동이다.[13] 이런 역설적 결과를
초래하는 원천은 정상과학이 독점적 지위를 가지는 패러다임을 토대로
하여 진행되는 탐구 활동이라는 데 있다. 정상과학의 패러다임이 가지
는 독점적 지위는 과학자들로 하여금 패러다임의 옹호에 신경을 쓸 필
요 없이 패러다임의 적용에 주의를 집중할 수 있는 여건을 제공한다.
패러다임을 토대로 하여 세부적인 문제들에 집중하는 방식으로 세계를
탐구한다는 것은 세계에 대해 점점 자세하고 정확한 기대를 하게 됨을

---

13 참조: Kuhn (1962 / 2012), p. 52.

의미한다. 그런데 세계에 대해 점점 자세하고 정확한 기대를 하게 된다
는 것은 패러다임이 제공하는 기대와 어긋나는 새로운 현상을 접하게
될 개연성이 점점 많아진다는 것을 의미한다.[14] 즉 전자의 상황은 불가
피하게 후자의 상황을 야기한다.

패러다임이 제공하는 기대와 어긋나는 새로운 현상, 즉 이상 현상들
은 정상과학의 과학자들에게는 퍼즐에 해당한다는 것이 쿤의 생각인데,
퍼즐 풀이는 이상 현상들이 실제로는 패러다임과 어긋나는 현상들이 아
니라는 것을 보여 주는 작업이다. 그런데 퍼즐들을 해결하려는 시도가
성공하지 못하면 해당 과학자들의 능력을 의심하게 되는 것이 정상과학
에서의 관행이다. 그러나 그러한 관행이 무한정 계속되는 것은 아니다.
과학자들의 지속적인 노력에도 불구하고 중요한 퍼즐들이 계속 해결되
지 않거나 해결되지 않는 퍼즐들의 수가 점점 늘어나면 의심의 눈초리
가 과학자들의 능력으로부터 패러다임 자체로 옮겨진다. 즉 정상과학에
참여하는 과학자들 사이에 불안이 조성되고 기존 패러다임에 대한 의심
이 생겨나는 위기가 도래한다는 것이 쿤의 위기론이다.[15] 그러나 위기
의 도래가 정상과학의 종말을 의미하지는 않는다. 이러한 위기 상황에
서도 대부분의 과학자들은 기존의 정상과학에서 요구되는 활동들을 계
속한다.[16] 다만 소수의 일부 과학자들이 새로운 패러다임을 모색하는
모험을 감행하기도 한다.[17] 이것이 과학혁명의 시작이다.

새로운 패러다임의 등장과 더불어 과학 활동은 기존의 정상과학에서

---

14 참조: Kuhn (1962/2012), Chapter 6. 특히, pp. 64-65.
15 참조: Kuhn (1962/2012), Chapter 7. 특히, pp. 67-68.
16 참조: Kuhn (1962/2012), pp. 77-80.
17 참조: Kuhn (1962/2012), p. 144.

와는 상당히 다른 형태로 진행된다. 독점적 지위를 가지는 패러다임을
토대로 한 과학 활동과는 달리 기존의 패러다임과 새 패러다임이 서로
경쟁하는 상황이 되기 때문이다. 새로운 패러다임의 호소력은 기존의
패러다임이 해결하지 못하는 문제들을 해결할 수 있다고 약속하는 데
있다. 그렇다면, 약속이 실현되기 전의 단계에서 새로운 패러다임을 채
택하는 결정은 어떤 기제를 통해 이루어지는가? 쿤에 따르면, 기존의
패러다임과 새로운 패러다임 사이의 선택에서 중요한 역할을 하는 것은
과학적 가치들이다.[18]

> 이 다섯 가지의 [과학적 가치들] ― 정확성, 정합성, 적용 범위, 단순성 그
> 리고 다산성 ― 은 모두 이론의 적합성을 평가하는 데 표준적인 기준들이
> 다. … 그것들은 이론 선택을 위한 공유된 토대를 제공한다.[19]

쿤은 자신이 말하는 과학적 가치들이 전통적인 방법론적 규범들과 성격
상 중요한 차이가 있는 것으로 보았다. 즉 전통적인 방법론적 규범들이
규칙들(rules)에 해당하는 반면, 자신이 말하는 가치들은 규칙이 아니며
그러한 차이를 부각시키기 위해 구태여 '가치'라는 표현을 썼다는 것이
쿤의 입장이다.[20]

그렇다면, 방법론적 규칙과 과학적 가치의 실질적인 차이는 무엇인
가? 쿤이 보기에 이론(또는 패러다임) 선택의 맥락에서 전자는 연산 규
칙으로서 과학자들에게 단일한 과학적 판단을 요구하는 반면, 후자는

---

18 참조: Kuhn (1977b).
19 Kuhn (1977b), p. 322.
20 참조: Kuhn (1977b), pp. 330-331.

명목상의 공유에도 불구하고 적용 과정에서 과학자들이 판단을 달리하는 것을 허용한다는 점에서 다르다. 쿤은 이러한 이견의 허용을 선택의 기준들이 규칙이 아니라 가치로 작용할 때 가지게 되는 '놀라운 이점들' 중의 하나로 간주하는데, 그것이 이론 선택의 가장 초기 단계에서 완벽하게 작동한다는 점은 더 중요한 이점이라고 말한다.[21] 왜냐하면 이론 선택의 가장 초기 단계에서 과학자들의 상이한 선택을 허용하는 기준들의 작용 방식이야말로 과학혁명의 합리적인 시작을 가능하게 하기 때문이다. 그러면 동일한 가치들을 공유하는 과학자들이 패러다임 선택의 상황에서 어떻게 판단을 달리하게 되는가? 가치들의 적용 과정에서 과학자의 주관이 불가피하게 개입하기 때문이다. 즉, 가치들의 해석이나 가치들에 대한 가중치 부여에서 과학자들이 의견을 달리할 수 있는데, 혁명기에는 실제로 그런 의견 불일치가 일어난다는 것이다. 과학적 판단에서 과학자 개개인의 주관이 개입하는 것은 전통적 방법론에서 금기로 여겨진 것이다. 이에 반해 과학혁명기에는 해당 분야 과학자들 사이의 합의 구도가 깨지며 이를 허용하는 가치들에 기반한 과학적 판단의 기제가 필요하다는 것이 쿤의 생각이다.

과학혁명의 과정에서 실제로 어떤 변화들이 일어나는가? 쿤의 입장에서 보면, 패러다임을 구성하는 주요 요소들에서 현저한 변화가 일어날 것이다. 먼저 정상과학에 대한 앞의 논의에서 이미 언급된 것처럼, 기존 이론을 구성하는 주요 기호적 일반화들에서 교체가 일어날 것이다. 예를 들어 프톨레마이오스 천문학이 코페르니쿠스 천문학에 의해 대체되는 과정에서 전자의 주요 구성적 일반화인 "모든 천체는 우주의

---

21 참조: Kuhn (1977b), p. 331.

중심에 있는 지구 주위를 돈다"는 "모든 천체는 우주의 중심에 있는 태양 주위를 돈다"에 의해 교체된다. 또한 주요 존재론적 모형들이 과학혁명의 과정에서 교체된다. 예를 들어, 데카르트의 자연철학이 뉴턴의 자연철학에 의해 교체되는 과정에서 전자의 주요 존재론적 모형인 "세계 속의 모든 일은 물질들과 그들 사이의 직접적 충돌에 의해 일어난다"는 후자의 주된 존재론적 모형인 "세계 속의 모든 일은 물질들, 그들 사이에 작용하는 힘 그리고 운동에 의해 일어난다"에 의해 교체된다. 나아가서 기호적 일반화들 및 모형들을 적용하여 이루어지는 모범적인 문제 풀이들, 즉 범례들에서의 교체 역시 불가피하게 이루어질 것이다. 그런데, 쿤에 따르면, 과학적 가치들은 패러다임의 교체에도 불구하고 적어도 명목상으로는 과학혁명 전후의 과학자들에 의해 공유된다. 과학혁명의 과정에서 이 가치들이 수행하는 역할과 그 작동 방식에 대해서는 2장에서 간략하게 언급한 바 있다.

그러면 과학혁명의 과정에서 일어나는 변화들, 즉 혁명적 변화들을 정상과학에서 일어나는 통상적 변화들, 즉 정상적 변화들로부터 구분짓는 특징들은 무엇인가? 쿤(1987)에 따르면, 과학혁명에서 일어나는 변화들은 세 가지 주된 특징들을 가진다.[22] 첫 번째 특징은 그 변화들이 전체론적(holistic)이라는 점이다.[23] 쿤이 과학혁명의 전체론적 성격을 체득하게 된 계기는 과학사적 학습의 일환으로서 아리스토텔레스의 물리학적 저술들을 읽고 그의 물리학에 해당하는 것이 무엇인지를 이해하려 한 시도였다. 이 과정은 쿤의 입장에서 보면 과학자들이 역사 속에

---

22 참조: Kuhn (1987), pp. 28-32.
23 참조: Kuhn (1987), pp. 28-29.

서 경험한 아리스토텔레스 물리학으로부터 뉴턴 역학으로의 이행 과정을 역순으로 거슬러 올라가는 것에 유사했다.[24] 이 독해의 예상을 뛰어넘는 어려움이 어디에서 비롯하는가에 대한 답을 쿤은 과학혁명의 전체론적 성격에서 찾았다.

아리스토텔레스의 물리학에서 사용되는 주요 개념들이나 원리들은 서로 밀접하게 얽혀 있어 각 개념이나 원리를 다른 것들로부터 독립하여 하나씩 이해하는 것은 가능하지 않다.[25] 구체적으로 아리스토텔레스 물리학에서 '운동'이라는 용어는 물체의 위치 변화만을 지칭하는 것이 아니라 도토리가 오크 나무로 성장하는 과정이라든가 병든 상태로부터 건강한 상태로의 변화 같은 다양한 질적 변화, 즉 변화 일반을 지칭한다. 그리고 아리스토텔레스 물리학의 개념적 구조에서 물질은 중립적인 실체에 해당하는 반면 물체에게 개별적 정체성을 제공하는 역할을 수행하는 것은 성질들(qualities)이며 변화는 물질에서 성질들의 대체를 통해 일어난다는 점에서 물질보다 성질이 더 중심적인 지위를 가진다. 따라서 개별적 물체의 위치는 그것이 가지는 성질들 중의 하나이며 국소적 운동(local motion)은, 뉴턴 역학에서와는 달리, 상태가 아니라 성질의 변화 또는 상태의 변화에 해당한다. 그런데, 쿤에 따르면, 운동을 위치라는 성질의 변화로 보는 관점이야말로 아리스토텔레스로 하여금 운동과 다른 부류의 변화들(예를 들어, 도토리로부터 오크 나무로의 변화, 병든 상태로부터 건강한 상태로의 변화 등)이 '하나의 자연족(a single natural family)'을 구성하는 것으로 볼 수 있게 만들었다. 그뿐만

---

24 참조: Kuhn (1987), pp. 15.

25 참조: Kuhn (1987), pp. 15-20.

아니라, 아리스토텔레스 물리학에서, 운동과 다른 부류의 성질 변화들을 하나의 자연족으로 보는 관점은 대부분의 성질 변화들에서 나타나는 비대칭적 방향성이 운동의 경우에도 성립한다는 견해, 즉 각 사물은 그 나름의 자연적 위치를 가지며 외부로부터 별도의 힘이 작용하지 않는한 그 자연적 위치로 향하는 비대칭적 운동을 한다는 견해와 연계되어있다. 나아가서 성질로서의 위치, 성질 변화로서의 운동, 운동 방향의 비대칭성 같은 견해들은 진공이 불가능하다는 견해와 연계되었다. 왜냐하면 위치가 성질이라면 그리고 성질들이 물질로부터 분리되어 존재할수 없다면, 위치는 있지만 물질이 없는 진공은 성립할 수 없기 때문이다. 다시 말해, 공간 속의 모든 위치에는 물질이 있어야 한다는 견해를 채택하는 것은 불가피하게 된다.

이처럼 아리스토텔레스 물리학을 구성하는 이러한 견해들은, 개별적으로 보면 이상하고 임의적인 것처럼 보일지라도, 집합적으로는 상당히 정합적인 이론을 형성하게 된다. 따라서 그 견해들 중 일부만 변화하고 나머지는 유지되는 상황이 성립하기 어려우며, 이왕 변화가 일어난다면, 전체적인 변화가 불가피한데 실제로 그런 방식의 변화가 뉴턴 역학으로의 이행 과정에서 일어났다는 것이 쿤의 지적이다. 물론 아리스토텔레스 물리학으로부터 뉴턴 역학으로의 이행 과정에서 일어나는 이론적 변화가 전체론적 성격을 띤다는 것은 고립된 사례가 아니며, 패러다임 교체에 해당하는 과학혁명에서 정도의 차이는 있을지라도 그러한 형태의 변화가 일반적으로 일어난다는 것이 쿤의 주장이다.

과학혁명에서 일어나는 변화의 두 번째 특징은,[26] 쿤에 따르면, "과학

---

[26] 참조: Kuhn (1987), pp. 29-30.

적 서술과 일반화를 위한 선행 조건인 분류 범주들 중의 몇몇에게 일어나는 변화이다. 게다가 그 변화는 범주화에 유관한 기준들의 조정인 동시에 주어진 사물과 상황들이 기존의 범주들에 분산 및 배치되는 방식에 있어서의 조정을 의미한다."[27] 그리고 과학혁명적 변화의 세 번째 특징은[28] 기존의 패러다임과 연계된 유사성들의 옛 양식이 과학혁명의 과정에서 폐기되고 대안 패러다임과 연계된 유사성들의 새 양식에 의해 교체된다는 점이다. 즉, 정상과학이 해당 탐구 영역에서 동일한 유사성들을 보거나 또는 볼 줄 아는 과학자 집단에 의해 수행되는 탐구 활동이라면, 과학혁명은 과학자들이 그것을 통해 세계를 보는 유사성들의 집단에서 현저한 변화가 일어나는 과정이다.

과학혁명의 이 세 가지 특징들은 서로 연계되어 있음에도 불구하고 세 번째 특징이 아마도 가장 근본적이다. 세계를 보는 방식에서 일어나는 이 근본적인 변화는 여러 가지 형태로 그 모습을 드러낸다. 혁명기의 경쟁 패러다임들 사이에 쿤이 성립한다고 말하는 공약불가능성(incommensurability)의 여러 형태들은 이 근본적 변화의 결과들이다. 정상과학의 과학자들이 공유하는 범례들에 내재화되어 있는 유사성의 관계들은 과학적 용어들이 자연에 적용되는 방식이나 그 용어들이 부여되는 대상 또는 상황을 결정한다. 따라서 이 유사 관계들에서의 현저한 변화는 과학적 용어들의 의미 변화를 산출하며, 이러한 변화가 바로 쿤(1983)이 주된 관심을 기울인 형태의 공약불가능성이다. 예를 들어, 프톨레마이오스 천문학으로부터 코페르니쿠스 천문학으로 옮겨가는 과정

---

[27]　Kuhn (1987), p. 30.
[28]　참조: Kuhn (1987), pp. 30-32.

에서 천문학자들이 천체들 사이에 성립하는 것으로 간주하는 유사성의 관계들에서 변화가 일어났다. 그 결과, '행성'이라는 용어가 적용되는 방식과 대상에서의 변화, 즉 의미의 변화가 일어났다. 이는 '행성'이라는 용어의 내포와 외연이 변한 데서 분명히 확인될 수 있다. 일반적으로, 쿤에 따르면, 이러한 변화는 경쟁 패러다임들에 속하는 이론들 사이의 번역불가능성을 산출한다. 그렇다고 해서 기존 패러다임의 이론에서 사용되던 모든 용어의 의미가 과학혁명의 과정에서 변화한다고 쿤이 주장한 것은 아니다.[29] 쿤의 해명에 따르면, 자신이 주장한 공약불가능성은 국소적인 것이다. 다시 말해, 혁명기의 경쟁 이론들에 공통된 용어들 중 대부분은 두 이론에서 같은 방식으로 사용되며, 오로지 일부 용어들과 그들을 포함하는 문장들에 대해서만 상호 번역가능하지 않다는 문제가 발생한다는 것이다.

3.4 비판과 대응

과학 활동의 이질성 논제, 즉 정상과학과 과학혁명이 두 가지 다른 종류의 활동이라는 주장에 대한 대표적 비판자 중 한 사람은 파이어아벤트(Paul Feyerabend)이다. 파이어아벤트는 그의 널리 알려진 논문 "전문가를 위한 위안"(1970)에서 쿤의 정상과학론을 비판함으로써 실질

---

[29] 쿤은 1983년에 발표된 "Commensurability, Comparability, Communicability"라는 제목의 논문에서 이러한 해명을 명시적으로 시도하고 있는데, 이에 대해서는 다음 장에서 더 자세하게 논의할 것이다.

적으로 그의 정상과학/과학혁명 구분을 거부한다.[30]·[31]

먼저 파이어아벤트는 쿤의 정상과학론이 과학 활동을 사실적 차원에서 기술하는 것인지 아니면 과학자들이 어떤 식으로 과학 활동을 해야 할지에 대한 방법론적 처방을 제시하는 것인지를 물으면서, 쿤의 저술은 두 가지 해석 모두와 양립가능하고 두 해석을 모두 지지한다는 의미에서 애매하다는 문제를 제기한다. 파이어아벤트의 애매성 비판은 쿤의 정상과학론이 과학 활동에 대한 사실적 기술인 동시에 방법론적 처방일 수 없다는 것을 전제하고 있는 것처럼 보인다. 특히 그러한 애매함이 의도적이라는 파이어아벤트의 다소 극단적인 비판에서는 한쪽을 택일해야 하는데 쿤이 애매함을 활용해 양다리를 걸침으로써 부당한 이득을 취하고 있다는 생각이 잘 드러난다. 기술과 처방에 대한 양자택일론은 상당히 고전적인 논법이다. 특히 이 논법은 철학에서의 자연주의적 추론이 지닌 오류를 지적할 때 자주 사용되어 왔다. 그런데 쿤의 정상과학론이 기술과 처방 둘 다일 수 있다면, 그것이 기술로 읽히기도 하고 처방으로 읽히기도 한다는 지적은 필자의 의도를 문맥에 따라 가려 읽어야 하는 독자의 부담에 대한 불평 이상이 되기 어려울 것이다. 실제로 쿤은 자신의 정상과학론이 기술적인 동시에 처방적인 것으로 읽혀야 한다고 말한다.

---

30 주류 과학철학의 전통 속에서 이러한 형태의 비판을 선도한 학자는 포퍼(1970)인데, 역사적 접근을 취했던 파이어아벤트도 이 점에서는 포퍼의 영향을 받은 것으로 보인다.

31 포퍼와는 달리, 주류 과학철학의 전통에 속하는 다른 학자들은 주로 쿤의 과학혁명론, 특히 그의 공약불가능성 논제를 비판함으로써 그의 정상과학/과학혁명 구분을 공략하는 방식을 취했는데, 이에 대해서는 다음 장에서 논의하게 될 것이다.

과학적 발전에 대한 쿤의 언급들이 기술로 읽혀야 하는가, 아니면 처방으로 읽혀야 하는가라고 [파이어아벤트]는 묻는다. 물론 나의 답은 그것들이 동시에 두 가지 방식으로 읽혀야 한다는 것이다.[32]

그렇다면, 쿤은 과학자들이 어떻게 행동하는가에 대한 사실적인 주장들로부터 과학자들이 어떻게 행동해야 하는가에 대한 처방적 주장을 도출하는 정확히 자연주의적 주론의 오류를 범하는 상황 아닌가? 이런 예상되는 물음에 대한 쿤의 대응은 다음과 같다.

> 과학이 어떻게 작동하며 왜 그렇게 작동하는가에 대한 이론을 내가 가지고 있다면, 그것은 과학자들의 작업이 성공하려면 그들이 행동해야 하는 방식에 대한 함의들을 반드시 가져야 한다. 나의 논증 구조는 단순하며, 내 생각에는, 크게 새로울 것도 없다. 즉, 과학자들은 이러이러한 방식들로 행동하며, 그 행동 방식들은 (여기에서 이론이 들어오는데) 저러저러한 필수적인 기능들을 가지는데, 유사한 기능들을 발휘할 대안적 [행동] 방식이 존재하지 않는 상황에서 과학자들은, 그들의 관심사가 과학적 지식의 증대라면, 그들이 해온 방식대로 필히 행동해야 한다는 것이다.[33]

쿤의 논변이 상당히 단순해 보여서 문제의 논란에 익숙한 사람들에게는 그가 논쟁의 핵심을 놓치고 있는 것이 아닌가라는 의문이 생길 수도 있다. 그러나 과학을 목표지향적인 활동으로 이해한다면, 쿤 식의 논변이 성립할 수 있는 근거가 확보될 수 있을 것 같다. 즉 과학자들이 과학적

---

32 Kuhn (1970b), p. 130.
33 Kuhn (1970b), p. 130.

탐구에서 어떤 목표(예를 들어, 자연에 대한 이해를 증진시키는 목표)
를 추구하고 있고 그 목표의 달성을 위해 정상과학이 효율적이라고 하
면, 다른 나은 대안이 없는 상황에서는 정상과학을 통한 탐구를 계속하
여야 한다는 처방이 무리 없이 도출될 것이다.[34] 따라서 과학이 목표지
향적인 활동이라는 점을 인정하면, 과학자들이 어떤 형태의 과학 활동
(예를 들어, 정상과학)을 한다는 사실적 차원의 주장과 과학자들이 그
러한 형태의 과학 활동을 계속해야 한다는 처방적 차원의 주장은 양립
가능할 뿐만 아니라 동시에 채택될 수 있는 것처럼 보인다.

　그러나 파이어아벤트의 비판은 쿤의 정상과학론이 지닌 애매성을 지
적하는 것에 그치지 않는다. 파이어아벤트가 보기에 쿤이 정상과학이라
는 탐구 형태를 옹호하는 다른 이유는 과학의 발전을 위해 과학혁명이
바람직하며 정상과학은 과학혁명을 산출하는 데 필수적이라는 것이다.
과학의 발전을 위해 과학혁명이 바람직하다는 주장은 쿤도 대체로 인정
할 듯하다. 특정 패러다임이 제공하는 상자 속에 세계를 집어넣는 데는
한계가 있을 것이며, 따라서 한계에 다다르면 더 나은 새로운 상자를
제공하는 대안 패러다임이 필요할 것이기 때문이다. 그러나 정상과학이
과학혁명을 위해 필수적이라는 강한 주장을 쿤이 하는지는 의문이다.
왜냐하면 쿤이 필요로 하는 것은 정상과학이 과학혁명을 산출하는 데
효율적이며 더 나은 대안이 수중에 없다는 정도의 주장일 것이기 때문
이다.

　파이어아벤트는, 쿤이 정상과학을 옹호하는 '다른 이유'와 관련하여,

34 　라우든(Larry Laudan 1990) 역시 "규범적 자연주의(Normative Naturalism)"의 옹호
에서 유사한 논법을 채택하고 있다.

우선 "[과학]혁명의 바람직함이 어떻게 쿤에 의해 확립될 수 있는가에
대해 알지 못한다"[35]고 문제를 제기한다. 주된 이유는 과학혁명 전의
패러다임과 혁명 후의 패러다임이 공약불가능하다고 주장하는 까닭에
후자가 전자보다 더 낫다고 말하는 것이 불가능하다는 것이다. 실제로
과학혁명 과정의 경쟁 패러다임들이 공약불가능하다는 쿤의 주장은 그
패러다임들이 비교불가능하다는 것을 함축하는 것으로 흔히 해석되었
다. 파이어아벤트와 쿤은 경쟁 이론들이 공약불가능하다는 주장을 한
대표적인 학자들이고, 파이어아벤트는 경쟁 이론들의 공약불가능성이
비교불가능성을 함축한다고 스스로 믿은 경우였기 때문에,[36] 그는 쿤도
그러한 믿음을 당연히 공유한다고 생각한 것 같다. 그러나 그 추론은
그릇된 것으로 드러났다. 공약불가능성에 대한 쿤의 주장이 비교불가능
성을 함축한다는 해석은 오해라고 쿤이 해명하고 나섰기 때문이다. 파
이어아벤트의 아주 그럴듯해 보이는 추론이 어디에서 문제가 있는 것일
까? 파이어아벤트와 쿤이 경쟁 이론들의 공약불가능성에 대한 주장을
공유했다는 전제에 문제가 있던 것으로 밝혀졌다. 표면적으로 보면 파
이어아벤트와 쿤 모두 경쟁 이론들이 공약불가능하다고 주장한 것은 사
실이나, 세부적으로는 두 사람이 공약불가능성의 형태에 대해 서로 다
른 생각을 하고 있는 것이다. 즉 파이어아벤트는 경쟁 이론들이 공유하

---

35 Feyerabend (1970), p. 202.
36 이러한 해석은 논란의 여지가 있다. 왜냐하면 경쟁 이론들이 공약불가능할지라도 여
전히 비교가능하다는 입장을 파이어아벤트가 견지했다는 해석도 거론되기 때문이다. 다
만, 후자의 해석이 옳다면, 공약불가능한 패러다임들이 경쟁하는 과학혁명에서는 어느 하
나가 다른 것보다 낫다고 말할 수 없으므로 과학의 발전을 위해 과학혁명이 바람직하다
는 쿤의 주장도 그 근거를 상실하게 된다는 파이어아벤트의 문제 제기 자체가 성립하지
않게 되는 자가당착적 상황이 된다.

는 용어들이 모두 상이한 의미를 가진다는 일종의 전면적 공약불가능성
을 생각한 반면, 쿤은 경쟁 이론들이 공유하는 용어들 중 일부가 상이한
의미를 가질 뿐 나머지 용어들은 동일한 의미를 가진다는 일종의 국소
적 공약불가능성을 생각했다는 것이다. 그러면 쿤의 공약불가능성이 비
교불가능성을 함축한다는 해석은 설 자리를 잃게 될 뿐만 아니라 쿤 스
스로, 자세한 논의를 하지 않지만, 공약불가능한 경쟁 이론들의 비교가
능성을 인정한다. 물론 파이어아벤트가 쿤이 말하는 국소적 공약불가능
성의 정당성을 문제 삼을 수 있다. 그러나 이것은 별도의 논의를 필요
로 하는 사안이다.

　다음으로 파이어아벤트는 정상과학이 과학혁명을 위해 필수적이라는
강한 주장을 문제 삼는데,[37] 이를 위해 그가 제시하는 반론은 정상과학
이 과학혁명을 산출하는 데 효율적이며 더 나은 대안이 수중에 없다는
온건한 주장에도 마찬가지로 적용될 것 같다. 파이어아벤트에 따르면,
쿤의 정상과학 개념은 심각한 방법론적 문제를 안고 있다. 쿤의 정상과
학에서 과학자들은 자신들의 패러다임을 의심하지 않고 받아들이면서
패러다임을 시험하기보다 문제 풀이를 할 수 있는 자신들의 능력을 시
험하는 태도로 탐구를 진행한다. 이를 두고 파이어아벤트는 쿤의 정상
과학에서 고집의 원리(principle of tenacity)가 채택되고 있으며 그런 상
황에서 과학자들은 기존의 이론을 제거하기 위해 그것과 잘 부합하지
않는 사실들을 사용할 수 없다고 지적한다. 파이어아벤트의 지적이 옳
다면, 쿤의 주장과는 달리, 정상과학은 과학혁명을 산출할 수 없게 될
것이다.

37　참조: Feyerabend (1970), p. 208, fn. 2.

쿤의 정상과학에서 파이어아벤트가 고집의 원리라 부르는 것이 채택
되고 있기 때문에 이상 현상들이 기존의 이론을 거부하고 새로운 이론
을 산출할 근거로 사용될 수 없다는 지적은, 쿤과 파이어아벤트 모두
과학의 역사에서 새로운 현상 및 이론이 등장하는 것 자체를 부인하지
않기 때문에, 쿤의 정상과학론이 과학사적 현실과 부합하지 않으며 따
라서 거부되어야 한다는 결론을 함축하는 것처럼 보인다. 그러한 결론
을 받아들이는 것이 불가피한가? 이 물음에 대한 답은 고집의 원리를
어떻게 이해하는가에 따라 달라질 것 같다. 쿤의 정상과학론에 대한 파
이어아벤트 식의 비판의 원조에 해당하는 포퍼도, 1장에서 언급한 것처
럼, 고집의 원리와 유사한 방법론적 태도를 과학자들이 견지할 필요가
있다고 말한다.[38] 그러면 우리는 포퍼의 이러한 제안이, 그가 반증의 시
도를 방법론적 미덕으로 삼는 반증주의자라는 점을 감안하면, 방법론적
으로 자가당착이라고 비판해야 하는가? 파이어아벤트조차 그러한 비판
을 할 엄두를 내지 않을 것이다. 그렇다면, 파이어아벤트가 동일한 사안
에 대해 이중적인 태도를 취한다는 지적이 나올 수 있는 상황이다. 물
론 파이어아벤트의 입장에서는 포퍼의 방금 언급된 방법론적 제안이 쿤
의 "고집의 원리"와는 상당히 다르다고 반박을 할 여지가 없지 않을 것
이다. 그러나 그러한 반박이 파당성의 함정을 벗어나지 못한 결과라는
의심은 여전히 유효할 것이다.

　문제의 발단은 파이어아벤트가 쿤의 정상과학에서 채택되는 "고집의

---

[38] "당신이 어떤 대가를 치르고라도 반증을 피한다면, 그것은 내가 의미하는 바의 경험
과학을 포기하는 것이다. 동시에 명백한 반박들에 직면하여 너무 쉽게 자신의 이론을 포
기하는 사람은 그의 이론에 내재한 가능성들을 결코 발견하지 못할 것이다."(Miller 1985,
126)

원리"를 너무 강하게 해석한 데 있다. 파이어아벤트는 그의 비판에서 쿤의 정상과학이 무조건적 형태의 "고집의 원리"를 채택하는 것으로 이해하고 있다. 다시 말해 파이어아벤트는, 쿤의 정상과학에서 채택되는 고집의 원리를 준수할 경우, 과학자들은 어떠한 이상 현상도 퍼즐로 간주할 뿐 반대사례로 간주해서는 안 되는 것으로 생각하고 있다. 그러나 이러한 해석은 일부 이상 현상들이 결국 정상과학의 위기를 초래한다는 쿤의 주장과 부합하지 않는다. 정상과학의 위기에 대한 쿤의 논의를 감안하면, 고집의 원리는 조건부적 형태로 이해될 필요가 있는 것처럼 보인다. 다시 말해, 쿤의 정상과학자들은 이상 현상을 퍼즐로 간주하는 태도를 최대한 유지하겠지만 무한정 그렇게 해야 하는 것은 아니며 실제로 그렇게 하지도 않는다는 것이다. 여기에서 "최대한"의 시간적 경계가 어디인가라는 아주 현실적인 물음이 나올 수도 있을 것이다. 사실상 포퍼도 비슷한 물음에 직면하게 될 것인데 이에 대한 그의 대답은 "과학자는 언제 자신이 선호하는 이론을 방어하는 것을 멈추고 새 이론을 시도할지에 대해 추측해야 한다(Miller 1985, 126)"는 것이다. 이에 비해 쿤은 이 대목에서 상당히 자연주의적 태도를 취할 것 같다. 즉 쿤은 주어진 이상 현상들을 퍼즐로 간주하는 시한이 과학자들의 심리에 달린 것으로 간주할 것 같다. 그런데 방법론적 의사결정의 이러한 심리화가 반드시 방법론의 무용을 의미할 필요는 없다. 방법론적 의사결정과 관련된 과학자의 심리가 선천적으로 결정되어 있는 것은 아니며 방법론적 훈련을 포함하는 환경적인 요인들에 의해 영향을 받을 것이기 때문이다. 아마도 이 대목에서 방법론적 신빙주의(methodological reliabilism)가 제안될 수도 있을 것이다.

지금까지 우리는 쿤의 정상과학론에 대한 파이어아벤트의 주요 비판들을 검토해 보았다. 물론 파이어아벤트의 비판들이 쿤의 정상과학/과학혁명 구분에 대한 유일한 비판도 아니며 가장 심각한 비판이 아닐 수도 있겠으나 매우 대표적이라는 점은 인정될 수 있을 것이다. 잠정적인 결론은 파이어아벤트의 비판들이 쿤의 입장에 대한 불충분한 이해나 다소 무리한 해석들에서 비롯하고 있으며 따라서 그 정당성을 인정하기 힘들다는 것이다. 먼저 쿤의 정상과학론이 사실적 기술인지 방법론적 처방인지 애매모호하다는 파이어아벤트의 비판은 과학의 목표지향성에 주목하면 정면돌파가 가능한 것처럼 보인다. 그리고 쿤의 입장에서는 과학혁명이 바람직하다는 것을 보여 줄 수 없다는 지적은 공약불가능성에 대한 쿤의 견해를 너무 강하게 해석한 데서 비롯한 것으로 보인다. 그리고 쿤의 정상과학이 과학혁명을 산출할 수 없다는 그의 비판 또한 "고집의 원리"를 너무 강하게 해석한 데서 비롯했다는 지적을 피하기 어렵다. 이처럼 쿤의 정상과학론에 대한 파이어아벤트의 비판들이 그 정당성을 인정받기 힘들다면, 쿤의 정상과학/과학혁명 구분에 대한 부정적 함축 역시 유보되는 상황이 될 것이다.

그러나 논란의 불씨가 충분히 제어되었다고 말하기 힘든 면은 여전히 있다. 파이어아벤트의 비판을 야기한 주된 불씨는 정상과학이 과학의 주된 탐구 형태일 뿐만 아니라 방법론적으로도 바람직하다는 쿤의 주장이다. 정상과학이 방법론적으로도 바람직하다는 쿤의 주장은 과연 옹호될 수 있는가? 이 물음과 관련하여 쿤이 제시한 논변은, 앞서 언급된 것처럼, 과학자들이 과학적 탐구에서 어떤 목표를 추구하고 있고 그 목표의 달성을 위해 정상과학이 효율적이라면 다른 나은 대안이 없는 상황에서는 정상과학을 통한 탐구를 계속하여야 한다는 방법론적 처방이 도출될 수 있다는 것이다. 그런데 이 논변은 과학적 탐구의 목표를 추구함에 있어 정상과학보다 더 효율적인 대안이 존재하지 않는다는 가정에 의존하고 있다. 그러한 가정을 받아들일 만한 이유가 있는가? 쿤의 대답에 대한 나의 재구성은 대략 다음과 같다. 먼저 쿤은 과학의 역사 속에서 포착되는 현저한 과학적 성공의 사례들에 대한 관찰에서 출발하는 것으로 보인다. 일반적으로 폭넓게 인정되는 현저한 과학적 성공의 사례들을 식별하고 그러한 성공이 어떻게 가능했는가라고 묻는 것이다. 쿤은 자신이 개발한 정상과학의 개념에서 그 답을 찾았다. 즉 역사 속에서 포착되는 일단의 과학적 탐구 활동들이 거둔 현저한 성공은 그 활동들이 정상과학적 탐구 형태, 즉 해당 분야의 과학자들이 독점적 지위를 가지는 특정 패러다임을 공유하고 세부적인 연구 과제들의 해결에 집중하는 탐구 형태를 채택한 것으로 볼 때 비로소 제대로 이해될 수 있다는 것이다.

과학이 특별히 성공적인 이유에 대한 관심은 논리경험주의자들을 비롯한 쿤 당시의 주류 과학철학자들도 공유하던 것이다. 다만 그들은 성공의 이유를 경험적 토대와 논리적 추론에서 찾았다는 점에서 다를 뿐이다. 그들과는 달리 과학 활동의 역사적 실상을 중시하는 새로운 과학철학을 선도한 쿤은 경험적 토대나 논리적 추론의 기여를 제한적이라고 보는 입장을 취하였다. 먼저 역사적 접근을 공유한 핸슨(Norwood Hanson)이나 파이어아벤트와 더불어 쿤은, 앞서 언급된 것처럼, 과학적 탐구에서의 경험적 토대, 구체적으로 관찰 보고나 실험 자료가 주류 과학철학자들이 기대했던 방식, 즉 이론중립적인 방식으로 객관적이지는 않다고 보았다. 과학적 탐구의 맥락에서 이루어지는 관찰이나 실험에도 이론(들)의 개입이 일반적이라는 것이다. 그렇다고 해서 경험적 토대의 방법론적 의의가 없어지는 것은 아니다. 다만 그것이 탐구의 맥락

에 상대적인 방식으로 작동한다는 것이다. 보다 구체적으로 쿤의 국소
적 공약불가능론은 과학혁명의 과정에서 경쟁하는 이론들이 공통된 경
험적 토대를 확보하는 것을 원칙적으로 허용한다. 왜냐하면 경험적 토
대의 구축 과정에서 이론(들)의 개입이 통상 일어나겠지만 그 맥락에서
경쟁하는 이론들 자체가 개입하지는 않는 것이 일반적이기 때문이다.
다시 말해 경험적 토대가 구축되는 과정에서 개입하는 이론(들)은 그
맥락에서 경쟁하는 과학자들에 의해 공유되는 것이 보통이다.[39]

과학의 현저한 성공을 위한 논리적 추론의 기여 역시 쿤이 보기에는
상당히 제한적이다. 쿤 당시의 주류 과학철학을 선도하는 역할을 담당
한 논리실증주의자들은 실제로 과학의 논리 규명을 철학의 주된 과제로
설정하였는데, 특히 입증이나 반증 같은 이론 평가의 논리를 규명하는
데 주력하였다. 이 과정에서 그들은 연역 논리와 귀납 논리의 체계들이
나 확률 이론 같은 형식 이론들을 활용하였다. 논리실증주의자들이 이
러한 형식 이론들을 적극 활용하는 시도를 하게 된 것은 우선 수학이나
경험과학을 배경으로 하면서 철학적 관심을 가지게 된 학자들이 전통
철학의 학문적 정체성에 대한 근본적인 비판과 아울러 그 해법을 철학
의 과제 재설정 및 작업 방식의 변화에서 찾은 데 있다. 즉 그들은 과학
의 논리 규명을 철학의 주된 과제로 삼는 한편, 물리학과 같은 경험과학
의 현저한 성공이 수학의 사용에 힘입은 것으로 보고 철학 역시 현대
논리학의 체계들이나 확률 이론 같은 형식 이론들을 사용함으로써 학문
적 정체성을 탈피할 수 있을 것으로 기대하였다. 이 책의 1장에서 이미
언급한 것처럼 과학의 논리를 규명하는 작업 중에서도 이론 평가 절차

---

39 이러한 주장과 관련 있는 역사적 사례 연구를 위해서는 이 책의 4.4절을 참조.

의 논리적 성격을 형식 이론들을 활용해 밝히는 일이 주된 세부 과제로
간주되었는데, 이는 과학자들이 이론 평가 절차의 논리성에 대해 규범
적 관심을 가지고 과학 활동을 할 뿐만 아니라 많은 경우 형식 이론들
에 기반을 둔 방법론적 규범들을 좇아 관련 이론들을 평가하고 판단함
으로써 성공적인 결과들을 산출한다는 견해를 암암리에 전제하는 것으
로 보인다.[40]

그러나 쿤의 정상과학론에 따르면 이러한 암묵적 전제와 과학 활동
의 실상 사이에는 현저한 괴리가 존재한다. 다시 말해, 정상과학자들은
통상 이론 평가에 대해 관심을 가지지 않으며 형식 이론들에 근거하는
방법론적 규범들에 따른 결론과 실제 과학자들의 판단 사이에는 현저한
불일치가 존재한다는 것이다. 관건은 쿤의 이러한 사실적 상황 판단을
받아들일 합당한 이유가 있는가 하는 것이다. 먼저 과학자들의 통상적
인 탐구 활동에서 관련 이론들을 평가하는 관심이 차지하는 비중과 역
할은 실제로 어떠한가? 쿤과 당시의 주류 과학철학자들은 이 물음에 대
해 상반된 답을 하고 있는 셈인데, 두 상반된 답이 각각 설명적 가설의
지위를 가지므로 이들에 대한 비교 평가의 문제가 등장한다. 이와 관련
하여 쿤이 일차적으로 주목한 것은 탐구 분야의 근본적 사안들에 대해
자연과학자들과 사회과학자들이 취하는 태도의 차이였다. 자연과학 분
야에서는 해당 분야의 근본적 사안들에 대한 논란을 찾아보기 힘든 반
면 사회과학 분야에서는 그러한 논란이 지속적으로 이루어진다는 뜻밖
의 관찰을 하게 되었는데, 이러한 사태를 쿤은 정상과학적 탐구를 수행
하는 자연과학자들의 경우 자신들이 공유하는 패러다임을 의문시하지

---

40 이와 관련된 추가 논의를 위해서는 이 책의 5.1절을 참조.

않는 태도를 취하는 데서 비롯하는 결과로 이해하였다.

　이와 더불어 쿤이 주목한 것은 과학 활동의 대부분을 차지하는 정상과학의 과정에서 과학자들이 탐구 활동에 쏟는 열정과 헌신이다. 만약 통상적 과학 활동이 주류 과학철학에서 상정되는 것처럼 관련 이론들을 시험하고 평가하는 과학자들의 관심에 토대를 두고 있다면, 정상과학적 탐구 활동에서 관찰되는 과학자들의 열의와 헌신이 설명되기 어렵다는 것이다. 다시 말해 주류 과학철학에서 중시되는 방법론적 규범들에 기반한 이론 평가는 참된 또는 경험적으로 적합한 이론의 추구를 주된 목표로 삼는 활동으로 흔히 이해되는데 그러한 목표의 추구는 명분상으로 그럴 듯하지만 다수 과학자들의 열정적 헌신을 야기하는 동인으로서는 지나치게 탈세속적이라는 지적으로 읽힌다. 반면 쿤은 정상과학이 과학적 퍼즐 풀이 활동에 해당하며 이는 존재하는 것으로 상정되는 답을 일단의 규칙들에 따라 찾아내는 과학자들의 능력을 문제 삼는 활동에 해당한다는 관점에서 보면 과학자들이 자신들의 탐구 활동에서 왜 그렇게 열정적이고 헌신적인가를 이해할 수 있다는 것이다. 즉 쿤의 관점에서 보면 정상과학에서 성패가 달려 있는 것은 진리의 추구 같은 강 건너 불이 아니라 해당 과학자들의 유능 여부 및 자존심 같은 발등에 떨어진 불이고 따라서 과학자들은 자연히 전력투구를 하게 된다는 것이다. 이렇게 과학 활동에서 관찰되는 열정적이고 헌신적인 탐구라는 과학자들의 행동 양식에 대한 두 가지 설명, 즉 진리의 추구 같은 규범적 동인에 호소하는 전통적 설명과 과학자 개개인의 자존심이나 사회적 인정 같은 심리적 및 사회적 동인에 호소하는 쿤의 대안적 설명을 대비시켜 놓고 보면 후자가 일단 유리한 위치를 점하는 것처럼 보인다. 왜냐하면 전자의 설명은 대부분의 과학자들을 진리의 사도로 만들어야 하는 큰 부담을 안고 있는 반면, 후자의 설명은 과학적 탐구 활동의 특이성에 지나치게 의존하지 않고 인간 일반의 심리적 기제나 사회적 활동 형태에 기반한다는 점에서 과외의 부담이 적은 것으로 보이기 때문이다.

다음으로 이론 선택과 관련하여 형식 이론들에 근거하는 방법론적 규범들에 따른 결론과 실제 과학자들의 판단 사이에는 현저한 불일치가 존재한다는 주장의 주된 근거는 무엇인가? 쿤은 『과학혁명의 구조』에서 해당 분야의 과학자들이 채택하고 있는 패러다임(또는 이론)에 기반한 예측과 부합하지 않는 관찰 및 실험 결과에 직면하는 상황에서 그들은 문제의 패러다임을 의문시하거나 거부하는 대응을 통상 하지 않는다는 점을 줄곧 강조한다. 그리고 이러한 강조를 통해 쿤은 그와 같은 과학자들의 행동 방식이 당시 주류 과학철학자들이 선호한 형식 이론에 근거한 방법론적 규범에 따른 대응 방식과는 뚜렷한 차이가 있다는 점을 부각시키고자 한다. 물론 이렇게 주장되는 차이가 쿤에게 일방적으로 유리한 것인가는 논란의 여지가 충분히 있다. 과학자들이 방법론적 규범에 어긋나는 행동이나 판단을 한다는 것으로부터 바로 그 규범의 부당성이 도출되지 않는다. 과학자들의 실제 행동과 방법론적 규범 사이의 불일치, 즉 방법론적 간극(methodological gap)이 방법론의 존재 이유이기도 하기 때문이다. 다만 성공적 과학자들의 실제 판단이나 행동이 방법론적 규범과 부합하지 않고 따라서 결과적으로는 성공적인 판단이나 행동의 방법론적 정당성을 의문시하게 된다면 이는 역으로 그 규범의 정당성을 의심할 근거 있는 계기가 될 것이므로 주류 과학철학자들에게 부담이 될 수밖에 없을 것이다. 실제로 쿤은 문제를 제기하는 과정에서 역사적으로 보면 성공적인 과학 활동의 사례들을 주로 이용하고 있다.

이와 관련하여 주류 과학철학의 형식 이론에 근거한 방법론적 규범과 과학자들의 실제 행동이나 판단 사이에 성립하는 것으로 상정되는 현저한 차이가 실제로 그러한가라는 물음이 제기될 수 있다. 이러한 물음이 그 나름의 근거가 있다는 것은 포퍼의 경우를 통해 확인된다. 포퍼는 과학 이론의 반증가능성과 이론을 반증하려는 과학자의 적극적 노력을 강조하는 대표적인 과학철학자이다. 그런 까닭에 그의 반증주의는 이상 현상에 직면하여 이론을 고수하는 과학자의 행위와 반목할 가능성이 가장 많은 방법론적 제안일 것으로 기대된다. 그러나 이런 외양상의 충돌가능성에도 불구하고 실상은 그렇지 않을 여지가 적지 않다. 그 이유는 포퍼가 이론의 반증가능성에 대한 강조에 덧붙여 다음과 같이 말한다는 데 있다.

> 매우 제한적이긴 하지만 독단적 태도가 정당한 대목이 있다. 과학자가 명백한 반박에 직면하여 자신의 이론을 너무 쉽게 포기한다면, 그는 그 이론에 내재한 가능성들을 결코 발견해내지 못할 것이다. [...] 우리가 이론을 방어하려고 시도할 때에만 그 이론에 내재한 다른 가능성들에 대해 알 수 있다.[41]

자신의 반증주의에 대해 지나치게 소박한 해석을 경계하는 포퍼의 이러한 유보 조항은 과학의 성공적 사례들에서도 자주 등장하는 것으로 지적된 방법론적 간극을 완화시키는 데 기여한다. 그러면 이러한 효과는 쿤의 정상과학론을 위한 근거를 약화시키고, 따라서 그것의 정당성

---

41 Popper (1974), p. 984.

을 훼손하는가? 반드시 그런 결과가 초래된다고 생각할 필요는 없다. 왜냐하면 여기에서 발생하는 방법론적 간극의 완화는 형식 이론에 근거한 방법론적 규범의 전형적 사례인 포퍼의 반증이 그 적용 과정에서 쿤의 정상과학론 또는 그것과 유사한 관점에 동조화되는 과정에서 생기는 사태로 간주될 수 있기 때문이다. 따라서 문제의 완화는 정상과학론의 입지를 일방적으로 약화시키는 효과를 산출하는 것으로 보기 어렵다. 중립적인 관점에서 보면, 그것은 포퍼의 반증주의와 쿤의 정상과학론이 중첩되는 영역에서 나타나는 방법론적 양상에 해당하며, 따라서 어느 한쪽에 일방적으로 유리하거나 불리한 것은 아니라고 말할 수밖에 없을 것이다.

이와는 별도로 앞서 언급된 포퍼의 유보 조항은 그 나름으로 새로운 물음을 불러일으킨다. 이상 현상들에 직면하여 이론을 방어하려는 시도를 얼마나 더 지속할 것인가라는 물음이 그것이다. 이 물음에 대한 포퍼의 답은 "늘 그렇듯 과학은 추측이다. 과학자는 언제 자신이 선호하는 이론을 방어하는 것을 멈추고 새 이론을 시도할지에 대해 추측해야 한다"(1974, 984)는 것이다. 그러나 추측에 의존한다는 말은 추측을 하는 시점에서는 방법론적 근거가 별로 없으며 그 정당성은 사후 경과에 의해 판단될 수밖에 없다고 고백하는 것과 마찬가지이다.

반증주의를 이러한 방법론적 궁지로부터 구하는 임무를 역사적 접근을 통해 수행하고자 한 철학자가 라카토슈(Imre Lakatos)이다. 그는 과학자들의 탐구 활동이 '견고한 핵(hard core)', '보호대(protective belt)' 그리고 일단의 방법론적 규칙들인 '부정적 발견법들(negative heuristics)' 및 '긍정적 발견법들(positive heuristics)'로 구성되는 과학 연구 프로그램(scientific research programmes)에 의거해 이루어진다는 관점을 제시하였는데,[42] 과학 연구 프로그램의 이러한 구성 요소들과 그 기능들은 이상 현상에 직면한 상황에서 이론의 어떤 부분이 방법론적 지침에 의해 유지되거나 변경되는가를 말해줌으로써 과학 변동에 대한 방법론적 이해를 제공한다는 것이 그의 통찰이었다. 라카토슈는 과학 연구 프로그램을 과학 활동에 대한 분석의 주된 단위로 삼는 자신의 과학방법론적 제안을 일종의 세련된 반증주의로 간주하는데, 그가 수행한 반증주의의 역사화는 흥미롭게도 쿤이 패러다임 개념을 매개로 하여 제시한 정상과학론과 과학혁명론의 주요 아이디어들을 대거 활용하는 방식으로 이루어졌다.[43] 이처럼 라카토슈의 사례는 형식 이론에 근거한 방법론의 제시에 주력한 주류 과학철학에 대해 쿤의 정상과학론이나 과학혁명론이 가지는 설명적 이점을 잘 예시한다.

　쿤의 정상과학론이 형식 이론에 근거한 방법론적 규범을 중시하는 주류 과학철학에 대해 가지는 것처럼 보이는 이런저런 설명상의 이점들에도 불구하고, 파이어아벤트는 정상과학이 방법론적으로도 바람직하다는 주장을 받아들이기 힘든 이유가 있다고 생각한 경우이다. 지금까지의 논의에서 이미 부각된 것처럼 쿤의 정상과학은 야누스적 양면성을 가진다. 한편으로 정상과학에서 과학자들은 특정 패러다임을 당연한 것으로 받아들이는 태도를 가지고 과학적 탐구에 임하며, 그런 까닭에 근본적인 물음들에 시달리는 대신 세부적인 문제들을 해결하는

42　참조: Lakatos (1970).
43　이러한 상황 판단에 대해서는 쿤도 전적으로 의견을 같이한다. 즉, 그에 따르면, "[라카토슈의] 용어법은 다를지라도, 그의 분석적 기법은 필요한 만큼 나의 것과 가깝다. [그의] 견고한 핵, 보호대 속에서의 작업 및 퇴행적 단계는 나의 패러다임, 정상과학 및 위기와 극히 유사하다."(Kuhn 1970b, 151)

데 집중할 수 있게 된다. 쿤이 보기에 정상과학의 그러한 탐구 형태야
말로 과학이 다른 지적 분야들에 비해 월등한 성공(또는 진보)을 거둘
수 있었던 주된 이유에 해당한다. 다른 한편, 세부 문제들의 해결에 집
중하는 정상과학의 탐구 형태는 과학자들이 공유하는 패러다임의 근간
을 문제 삼지 않는다는 면에서 매우 보수적 성격을 띠지만 바로 그런
이유 때문에 이상 현상들의 출현을 촉진하는 역설적인 면모를 가지며,
따라서 정상과학은 이러한 역설적 성격 때문에 그 자체의 위기를 초래
하는 탐구 기제로 작용한다. 이와 관련하여 파이어아벤트는 쿤의 정상
과학이 고집의 원리를 채택하기 때문에 과학혁명을 산출할 수 없다는
문제를 우선적으로 제기하지만, 앞서 이미 논의된 것처럼 이는 쿤의 정
상과학에서 고집의 원리가 한정 없이 유지된다는 무리한 해석에서 비롯
한 것일 뿐만 아니라, 정상과학이 이상 현상들을 산출하는 데 효과적이
라는 면을 인정한다면 그 적절성이 더더욱 의심될 수밖에 없는 문제 제
기이다.

　이 대목에서 한 가지 가능한 반전은 쿤의 정상과학이 이상 현상들을
산출하는 데 효과적이라는 주장 자체를 거부하는 것인데, 흥미롭게도
파이어아벤트는 실제로 그러한 입장을 취한 것으로 이해될 수 있다.
먼저 쿤의 정상과학이 고집의 원리를 채택하는 활동인 까닭에 과학혁
명을 산출할 수 없다는 비판과 아울러 파이어아벤트는 '증식의 원리
(principle of proliferation)'가 채택될 필요가 있다고 제안하였는데,[44] 과
학혁명을 위해 경쟁 이론의 도입이 필요하다는 주장 자체는 거의 토톨
로지에 가깝고 따라서 쿤에게 무해할 것처럼 들린다. 그렇다면 파이어

44　참조: Feyerabend (1970), p. 205; Feyerabend (1975/1993), p. 24 & 34, fn. 2.

아벤트가 증식의 원리를 제안하는 실질적인 의의는 무엇인가? 그 답은
과학 활동이 이상 현상의 산출을 최대화하려면 증식의 원리를 채택해야
한다는 그의 주장에 있다고 생각된다. 다소 이상하게 들리는 이러한 주
장의 근거는 무엇인가? 기존 이론의 문제점들 중 적어도 일부는 경쟁
이론의 관점에서 볼 때 비로소 드러난다는 파이어아벤트의 생각이 그것
이다. 그는 열역학의 경우를 예로 제시한다. 브라운 운동은 기체운동론
(kinetic theory of gases)이 등장하기 전에는 열역학과 무관한 것처럼 보
였지만, 후자의 이론과 경쟁 관계에 있는 전자의 이론이 등장하면서 비
로소 브라운 운동은 열역학에 반하는 이상 현상으로 부각되었다는 것
이다.[45]

여기에서 어떤 현상이 기존 이론과 경쟁 관계에 있는 이론의 관점에
서 볼 때 비로소 기존 이론에 대한 이상 현상으로 부각된다는 방법론적
주장은 파이어아벤트의 독창적 제안이다. 이러한 제안은 기존의 주류
과학철학, 특히 논리경험주의에서는 별로 고려되지 않은 방법론적 옵션
일 뿐만 아니라 쿤의 정상과학론과도 상반된 방법론적 함축을 가지는
것으로 보이는 주장이기 때문이다. 파이어아벤트의 제안을 해석하는 한
가지 방식은, 어떤 현상이 이왕 기존 이론에 대한 이상 현상으로 부각되
려면 경쟁 이론의 관점이 도입되어야 한다는 주장을 그가 한 것으로 이
해하는 것이다. 이와 같은 강한 해석은 파이어아벤트의 방법론적 제안
을 매우 흥미로운 것으로 만든다. 그러나 그의 제안과는 달리, 기존 이
론을 지지하거나 그것에 반하는 현상들이 경쟁 이론의 도입 없이 성립

---

45 참조: Feyerabend (1963), p. 330; Feyerabend (1965), p. 175; Feyerabend (1966);
Feyerabend (1970), p. 208.

하는 사례들을 제시하는 것은 그렇게 어렵지 않다.[46] 그런데 어렵지 않게 반박될 수 있는 방식으로 어떤 주장을 해석하는 것은 관용의 원칙(principle of charity)을 위반하는 것이다. 따라서 현실적이고 파이어아벤트에게 유리한 해석은, 기존 이론에 대한 모든 이상 현상의 성립이 경쟁 이론의 개입을 필요로 하는 것은 아니나 적어도 일부 이상 현상들의 경우 그러하다는 주장을 그가 한 것으로 이해하는 것이다. 파이어아벤트의 제안은, 이렇게 온건한 방식으로 해석될 경우, 쿤의 방법론적 입장과 반드시 충돌하지는 않을 것이다. 그러나 파이어아벤트가 이상 현상의 산출을 최대화하기 위해서는 증식의 원리를 채택하여야 한다고 주장할 뿐만 아니라 항시적으로 채택되어야 한다고 주장하는 한, 쿤과의 방법론적 충돌은 불가피하게 된다. 왜냐하면 파이어아벤트와는 달리, 쿤은 경쟁 이론의 도입이 과학혁명기에 한정될 필요가 있다는 한시적 도입론을 채택한 경우이기 때문이다. 이러한 방법론적 충돌의 상황에서 파이어아벤트의 이론 증식론이 가지는 방법론적 영향력은 (i) 이상 현상의 성립을 위해 경쟁 이론의 도입을 필요로 하는 사례들이 얼마나 일반적인가에 따라서 그리고 (ii) 경쟁 이론(들)의 도입이 이상 현상들의 산출을 증진시킴으로써 얻게 되는 긍정적 효과가 경쟁 이론(들)의 도입에 따른 과학자들의 연구 집중도 하락이 낳는 부정적 효과를 얼마나 넘어서는가에 따라서 달라질 것이다.

방금 언급된 사안 (i)과 관련하여 파이어아벤트는 브라운 운동과 같

---

46 실제로 애친슈타인(Achinstein 2000) 그리고 놀라 및 생키(Nola & Sankey 2007)는, 파이어아벤트의 방법론적 제안에 대한 강한 해석을 전제로 하여, 그것에 반하는 사례들을 제시하는 방식으로 비판적 논의를 전개하고 있다.

은 사례가 예외적이 아니며 전형적이라고 주장한다.[47] 그러나 그러한
전형성 주장은 파이어아벤트가 브라운 운동 사례와 유사한 사례들을 폭
넓게 제시하지 않을 뿐만 아니라 별도의 지지 논변도 제공하지 않는 까
닭에 그 설득력이 매우 제한적이다. 그리고 논의를 위해 전형성 주장을
일단 인정하더라도, 경쟁 이론이 기존 이론에게 반하는 새로운 이상 현
상들을 부각시키는 효과가 기존 이론에 집중하는 탐구가 이상 현상들을
산출하는 효과보다 반드시 크다는 결론이 자동적으로 도출되지는 않는
다. 다시 말해 사안 (ii)는 사안 (i)을 지지하는 논변과는 별도의 지지
논변을 필요로 한다. 물론 파이어아벤트의 입장에서는 경쟁 이론에 의
해 부각되는 이상 현상은 기존 이론에 의해 소화되기 어렵다는 점에서
기존 이론 자체에 의해 산출되는 이상 현상과는 구별되는 효과를 가진
다고 주장할 수도 있을 것이다. 그러나 이러한 점을 인정한다 하더라도,
그것이 경쟁 이론(들)의 항시적 도입을 내세우는 파이어아벤트의 입장
을 정당화하는 효과는 여전히 제한적이라고 생각된다. 왜냐하면 기존
이론 역시 그 자체의 이론적 동일성을 유지하면서는 해결하기 힘든 이
상 현상들을 경쟁 이론의 도움 없이 산출할 수 있는 것으로 인정되기
때문이다. 물론 기존 이론에 의해 해결될 수 있는 이상 현상들과 그렇
지 않은 이상 현상들 사이의 구분이 처음부터 분명한 것은 아니다. 그
구분은 시간이 필요한 구분일 것이다. 실제로 과학의 역사에서 등장하
는 유력한 이론들의 경우 통상 다수의 이상 현상들이 기존 이론에 의해
해결될 수 있는 문제들로 밝혀지면서도 기존 이론에 의한 해결을 거부
하는 이상 현상들도 일부 있게 마련이어서 그러한 상황이 지속되거나

---

47   참조: Feyerabend (1975 / 1993), p. 29.

악화될 때 이는 쿤의 관점에서 보면 위기의 단초가 될 것이다. 결국 기존 이론과 경쟁 관계에 있는 이론의 관점에서 볼 때 비로소 어떤 현상이 이상 현상으로 부각된다는 파이어아벤트의 흥미로운 주장은, 논의를 위해 그 전형성을 인정하는 경우에도, 기존 이론에 집중하는 정상과학적 탐구를 통해서도 그 이론에 의해 해결되기 힘든 이상 현상들이 산출되고 이는 종국적으로 과학혁명, 즉 경쟁 이론이 등장하고 그것에 의해 기존 이론이 대체되는 과정을 초래하기도 한다는 쿤 식의 주장을 반박하는 효과를 산출하지는 못하는 것으로 보인다.

그런데 쿤의 입장에서도 과학혁명을 위해서는 경쟁 이론의 등장과 그 역할이 필수적이다. 즉 해결되지 않는 이상 현상들의 축적 내지 지속으로 인해 정상과학적 활동이 난항을 거듭하는 상황에서도 경쟁 이론의 등장 없이는 기존의 정상과학이 유지될 수밖에 없다는 것을 쿤도 인정한다. 따라서 과학혁명의 구도가 성립하기 위해서는 위기에 처한 정상과학을 대신할 대안 이론의 등장이 우선 필요하다. 물론 실제로 과학혁명이 일어나기 위해서는 대안 이론이 기존 이론에 의해 해결되지 않는 문제들 중 적어도 일부를 해결한다는 것을 보여 줄 수 있을 뿐만 아니라 나머지 문제들도 해결할 수 있다는 기대를 산출하는 것이 긴요하다.

이렇게 보면 과학적 탐구의 역사적 전개 과정에서 경쟁 이론의 등장이 필요하다는 주장을 한다는 점에서 쿤과 파이어아벤트 두 사람 모두 공통적이다. 견해의 차이는 경쟁 이론의 도입이 필요하다고 생각하는 시점이다. 쿤은 통상 정상과학의 위기가 경쟁 이론이 등장하게 되는 계기를 제공할 뿐만 아니라 경쟁 이론의 등장이 과학혁명의 진행을 위해 필수적이라고 생각하는 반면, 파이어아벤트는 경쟁 이론이 기존 이론에 의해 산출되지 않는 이상 현상을 산출하는 역할을 수행하므로 그것은 항시적으로 도입될 필요가 있다고 주장한다. 만약 파이어아벤트가 제안하는 경쟁 이론의 항시적 도입이 전면적으로 수용된다면, 쿤이 제안하는 형태의 정상과학은 더 이상 성립할 수 없을 것처럼 보인다. 왜냐하면 과학적 탐구는 항상 경쟁 이론들이 공존 및 경합하는 상황에서 진행될 것이고, 그중 어느 이론도 독점적 지위를 누리지 못하게 될 것이기 때문이다. 다시 말해, 과학혁명과 유형이 다른 정상과학의 실체와 방법론적 역할을 의문시하는 것이 파이어아벤트의 입장이고, 따라서 쿤의 정상과학론과 파이어아벤트의 항시적 이론 증식론은 양립하기 어려운 것처럼 보인다.

그러나 이 대목에서 쿤이 정상과학 개념을 제안한 이유를 되새겨 보자. 쿤이 정상과학 개념을 채택하게 된 것은 주로 두 가지 이유 때문이라고 생각된다. 한 가지 이유는 쿤이 자연과학의 탐구 형태와 사회과학의 탐구 형태 사이에 괄목할 만한 차이가 있다고 생각하게 된 것이다. 그 차이는 전자의 경우와는 달리 후자의 경우 해당 분야의 탐구와 관련하여 근본적인 사안들에 대해 그 분야의 과학자들 사이에 끊임없는 논란이 진행된다는 점이다. 여기에서 주어진 분야의 근본적인 사안들이 바로 후일 쿤이 광의의 패러다임이라고 부르게 된 것이다. 나아가서 그는 자연과학 분야들에서의 현저한 성공 및 탐구의 효율성은, 물론 분야별 편차는 있을지라도, 정상과학적 탐구 형태, 즉 근본적 사안들에 대한 논란의 부재와 세부적 사안들에 대한 탐구의 집중에서 비롯한 것이라는 견해를 채택하였다. 다른 이유는, 첫 번째 이유와 밀접하게 연계되어 있지만, 실제로 과학의 역사를 들여다보면 자연과학의 분야들에서 시차를 두고 정상과학적 탐구 형태가 등장함을 확인할 수 있다는 점이다.

3장 정상과학과 과학혁명 131

　결국 정상과학 개념의 요체는 해당 분야의 근본적인 사안들에 대한 논란의 부재와 세부적 문제들에 집중된 탐구로부터 비롯하는 탐구의 효율성이다. 이와 관련하여 쿤 자신은 특정 패러다임의 독점적 지위가 정상과학의 성립을 위해 필요하다는 입장을 취한 것으로 흔히 이해된다. 그러나 탐구의 효율성을 위해 특정 패러다임의 독점적 지위가 필수적이라고 생각할 이유는 없어 보인다. 특히 경쟁 패러다임의 도입이 기존 패러다임의 틀 안에서는 산출되기 어려운 이상 현상을 산출함으로써 탐구의 활성화에 기여하는 것으로 인정된다면 이는 기존 패러다임의 독점적 지위를 완화할 이유가 될 수 있을 것이다. 그렇다면 쿤의 정상과학론과 경쟁 이론의 방법론적 역할에 대한 파이어아벤트의 제안이 각기 그 나름의 이유가 있는 것으로 인정되는 상황에서 자연스러운 해법은 기존 패러다임(또는 이론)의 독점적 지위를 일부 완화시킴으로써 경쟁 패러다임(또는 이론)의 도입을 허용하는 한편 전자가 후자에 대해 비대칭적인 우위를 차지한다는 점을 인정하는 방안이 될 것으로 생각된다.
　이렇게 두 방법론적 제안 사이의 타협이 모색되는 상황에서 실질적인 물음은 비대칭적 우위의 적정한 정도가 무엇인가 하는 것이다. 이 물음과 관련하여 주된 단서는 쿤이 정상과학 개념을 제안한 이유에 대한 앞에서의 논의라고 생각된다. 먼저 쿤은 근본적인 사안들에 대한 논란의 부재와 세부적 문제들에 집중된 탐구가 사회과학과는 다른 자연과학의 특징적 탐구 형태라는 관찰을 토대로 하여 특정 패러다임이 독점적 지위를 가지는 정상과학적 탐구 형태가 자연과학의 각별한 성공을 산출했다는 설명적 통찰로 나아갔는데, 이러한 설명적 통찰을 대신할 수 있는 대안이 제시되지 않는 한 그것을 유지하는 것이 합당할 것이다. 그런데 경쟁 이론의 방법론적 역할에 대한 파이어아벤트의 제안은 그것이 비중 있게 받아들여질수록 자연과학의 연구 형태를 사회과학화 하는 결과를 낳을 것이다. 따라서 자연과학의 각별한 성공이라는 현상을 인정하면, 쿤의 정상과학 개념이 산출하는 설명력은 파이어아벤트의 방법론적 역제안에 의해 대체되기 어려우며 후자의 역할은 전자를 보완하는 수준에 머물러야 할 것으로 보인다. 이처럼 쿤의 정상과학론이 파이어아벤트의 역제안에 대해 현저한 설명적 우위를 가질 수밖에 없다는 점을 현실적으로 인정하면, 경쟁 이론의 방법론적 역할에 대한 파이어아벤트의 제안이 그 나름의 근거가 있는 상황에서도 기존 이론은 경쟁 이론에 비해 현저하게 비대칭적 우위 내지 거의 준독점적 지위를 가지도록 허용되어야 한다는 쿤식 결론이 별 무리 없이 도출될 수 있는 것처럼 보인다.

그런데 특정 패러다임 내지 이론이 독점적 지위를 갖지는 않을지라도 과학자들이 근본적 사안들에 대해 염려함이 없이 세부적 문제들을 푸는 활동에 집중할 수 있을 정도로 우월한 지위, 말하자면 준독점적 지위를 확보하는 수준에서 대안 이론들의 존재와 그 비판적 기능을 허용하는 방법론적 절충안은 과학 활동에서 그 현실적 기반을 가지는가?[48] 쿤(1962/2012)에 따르면, "먼 고대로부터 17세기 말에 이르기까지 빛의 본성에 대하여 하나의 이론이 일반적으로 받아들여진 적은 없었다. 그 대신 다수의 경쟁하는 학파들이 존재했다. [...] (12) [...] 그러한 활동의 최종 결과는 과학에 도달하지 못한 것이었다. (13) [...] [그런데] 18세기 동안 이 분야를 위해 패러다임을 제공한 것은 뉴턴의 『광학』이었다." 즉 물리광학 분야에서는 18세기에 와서야 뉴턴의 『광

---

48 이 절의 나머지 부분은 조인래 (2015, 280-283)로부터 가져온 것이다.

학』이 제공한 패러다임을 토대로 하여 최초의 정상과학이 성립하게 되었다는 것이 쿤의 주장이다. 뉴턴은 『광학』에서 빛이 극히 감지하기 힘든 입자들로 구성되어 있다는 견해를 제시한 것으로 잘 알려져 있다. 또한 그러한 견해가 뉴턴이 역학 분야에서 거둔 극적인 성공에 힘입어 18세기 동안 광학 분야의 주된 견해로 자리 잡은 것은 대체로 인정될 수 있다. 그러나 뉴턴의 입자설이 획득하게 된 우월적 지위가 쿤의 정상과학 개념에 의해 요구되는 것처럼 보이는 독점적 지위에 해당하는 것이었는가에 대해서는 의문의 여지가 많다. 캔터(Geoffrey Cantor)에 따르면,

> 빛의 본성 및 다른 광학적 대상들에 대한 뉴턴의 견해는 18세기와 19세기 초에 매우 영향력이 컸던 것으로 밝혀졌다. 1837년에 쓴 글에서 영국인 박식가인 윌리엄 휴얼(William Whewell)은 한 세기 이상 동안 거의 모든 광학자들이 뉴턴의 이론을 견지한 탓에 입자설이 더 옳은 이론인 파동설을 억누른 결과가 되어 그 기간 동안 광학 분야에서 진보가 일어나지 못했다고 주장한다. [...] 그러나 입자설이 도전을 받지 않고 독주한 것은 아니었다. 오히려 상당히 다양한 의견들이 존재했다. 특히 프랑스에서는 데카르트의 추종자들이 빛은 보편적인 에테르 속에서 운동하려는 압력 또는 경향이라는 견해를 계속 주장했다. 파동설의 여러 변형들도, 특히 네덜란드와 독일의 저술가들에 의해, 자주 주창되었다.[49]

캔터의 역사적 서술을 통해 드러나는 그 당시의 상황은 다음과 같다. 즉, 빛에 대한 뉴턴의 입자설은 광학 분야의 주된 이론으로 폭넓게 받아

---

49   Cantor (1990), pp. 632-633.

들여지게 되었지만 기존의 데카르트적 광학 이론뿐만 아니라 하위헌스
(Christiaan Huygens), 오일러(Leonhard Euler) 등에 의해 제안된 이런저
런 형태의 파동설로부터 도전을 받고 있었다는 것이다.

이와 유사한 상황은 1830년대에 판세가 역전되어 영(Thomas Young),
프레넬(Augustin Fresnel) 등에 의해 개발된 파동설이 주도적인 광학 이
론으로 자리 잡게 된 후에도 상당 기간 지속된 것처럼 보인다. 캔터에
의하면, "파동설은 그것의 성공에도 불구하고 완벽한 지지를 누리지는
못했다. 프랑스에서는 비오(Jean-Baptiste Biot) 그리고 스코틀랜드에서
는 브루스터(David Brewster)와 같은 존경받는 광학자들이 1860년대에
죽을 때까지 파동설은 빛에 대한 참된 이론이 아니라고 주장했다."[50] 물
론 브루스터 이후에는 입자설에 대한 관심의 맥이 거의 끊긴 것처럼 보
인다. 그리고 그러한 상황에 대해서는 소위 근대 화학혁명의 과정에서
죽을 때까지 플로지스톤 이론을 고수한 프리스틀리에 대한 쿤의 서술이
그대로 적용될 수 있을 것처럼 보이기도 한다.

그러나 이 대목에서 브루스터가 파동설을 끝까지 거부한 이유를 살
펴볼 필요가 있다. 먼저 주목할 점은 브루스터도 1830년대의 파동설이
입자설에 비해 상대적으로 우월한 설명적 및 예측적 성공을 거두고 있
음을 인정한다는 것이다. 그렇다면 왜 브루스터는 파동설을 계속 거부
했는가? 주된 이유는, 워롤(John Worrall)이 잘 서술하고 있는 것처럼,
파동설이 전파의 매체로서 요구하는 갖가지 성질들을 가진 에테르의 존
재를 받아들이기 어려웠다는 것이다. 즉 파동설은 입자설과의 경쟁 과
정에서 부각된 주요 광학적 현상들을 잘 설명하거나 예측하는 성과를

---

50 Cantor (1990), p. 636.

거두었지만 그 대가로 받아들이기 쉽지 않은 갖가지 성질들을 가지는 에테르의 존재를 상정하도록 요구되었다. 그런데, 워롤(2000, 128-129)의 지적대로, 브루스터 자신이 발견한 분산(dispersion)과 선택 흡수(selective absorption)의 현상을 설명하려면 에테르는 납득하기 어려운 이상한 방식으로 작동해야 한다. 이런 상황에서 브루스터가 내린 결론은, 비록 파동설이 광학 현상들의 설명과 예측에서 성공적일지라도 그것은 참된 이론일 수 없다는 것이었다.

흥미로운 것은 브루스터 사후 입자설을 견지하면서 옹호하려는 적극적 시도가 사라진 상황에서도 파동설에 의해 요구되는 방식으로 작동하는 에테르의 존재를 확인하려는 실험적 시도는 계속되었다는 점이다. 그러한 시도 중에서 아마도 가장 잘 알려진 것은 마이컬슨(Albert Michelson)-몰리(Edward Morley)의 실험과 부정적인 결과이다. 그리고 관련된 일단의 실험과 결과들은 결국 부동의 에테르 가설(hypothesis of immobile ether)뿐만 아니라 에테르 동반 가설(ether drag hypothesis)을 반박하는 것으로 귀착되었다. 그런데 파동설이 압도적인 지지를 확보한 것처럼 보이는 상황에서 에테르 가설의 경험적 근거를 확인하려는 시도가 지속적으로 이루어진 이유는 무엇이었을까? 한 가지 가능한 이유는 경쟁 이론인 입자설에서는 에테르와 같은 의문스러운 매체를 상정할 필요가 없었다는 점이다. 입자설의 이러한 상대적 이점은 그것이 파동설과의 경쟁에서 밀려 과학적 탐구 활동의 전면에서 사라진 이후에도 파동설의 취약점을 압박하는 배경으로 작용했다고 볼 수 있다. 나아가서 18세기 후반 동안 빛에 대한 과학적 탐구의 배경으로 사라진 입자설은, 주도적 이론인 파동설과 한 패키지를 형성하고 있던 에테르 가설의 관측가능한 결과들을 실험적으로 확인하려는 시도들이 긍정적인 결과를 얻는 데 계속 실패하는 과정을 거친 후, 아인슈타인이 광전 효과를 설명하기 위해 제시한 광자(photon) 이론, 즉 빛은 광자라 불리는 미세한 입자들로 구성되어 있다는 이론의 등장을 계기로 하여 복권되는 과정을 밟았다.

물론 경쟁에서 밀려난 이론이 다시 복권되어 전면에 등장하는 일은 자주 일어나는 과학 변동의 일반적 형태는 아니다. 그러나 18세기부터 20세기 초반 사이에 광학 분야에서 일어난 이론들의 경쟁 형태를 살펴보면 특정 이론이 주도적인 또는 심지어 압도적인 우위를 확보한 상황에서도 대안 이론(들)과의 비대칭적 경쟁이 수면 위에 드러난 형태로 또는 수면 하에 감춰진 형태로 진행되었을 뿐만 아니라 그러한 비대칭적 경쟁의 존재가 해당 분야의 발전에 기여하는 결과가 된 것으로 보인다. 따라서 근대 광학 분야를 통해 예시된 비대칭적 경쟁에 기반한 과학 변동의 형태에 대한 현재의 논의가 어느 정도 일반성이 있다면, 기존 이론이 현저하게 성공적인 상황에서도 대안 이론(들)을 도입할 필요가 있다는 파이어아벤트의 제안은 매우 제한된 방식, 즉 매우 비대칭적인 경쟁을 허용하는 방식으로 그리고 그런 방식으로만 정당화될 수 있는 것처럼 보인다.

4장

공약불가능성

4.1 심각한 도전의 원천

　앞 장에서 우리는 과학 활동이 두 이질적인 유형의 탐구 활동, 즉 정상과학과 과학혁명이 순환하는 방식으로 발전한다는 쿤의 제안과 그것에 대한 대표적인 비판들을 검토할 기회를 가졌다. 과학 활동을 두 이질적인 과학 활동인 정상과학과 과학혁명으로 구분할 필요가 있다는 쿤의 독창적 제안은 기존의 주류 과학철학을 주도한 논리경험주의의 근본적인 신념인 과학 활동의 균질성 논제에 대한 심각한 도전이었다. 그런데 이러한 도전의 원천에 자리 잡고 있는 것이 바로 공약불가능성 논제, 즉 경쟁 패러다임들은 공약불가능하다는 주장이다. 만약 경쟁 패러다임들이 공약불가능하지 않다면, '과학혁명'의 과정에서 일어나는 과학 변동을 정상과학 내에서 일어나는 과학 변동으로부터 구분할 이유가 없을 것이기 때문이다. 이처럼 쿤의 정상과학/과학혁명 구분을 위해 불가피하게 요구되는 경쟁 패러다임(또는 이론) 간 공약불가능성과 그 함축들을 둘러싸고 많은 논란들이 있어 왔다. 아마도 공약불가능성 논제는 쿤의 과학철학과 관련하여 가장 많은 논란의 대상이 된 주제일 것이다.[1]

경쟁 패러다임들 또는 이론들 사이에 공약불가능성이 성립한다는 아이디어는 1960년대 초 쿤과 파이어아벤트에 의해 과학철학계의 화두로 등장하게 되었다. 특히 공약불가능성 논제가 『과학혁명의 구조』에서 핵심적인 아이디어의 역할을 할 뿐만 아니라 기존의 주류 과학철학이 제공한 과학관에 대해 여러 가지 부정적 함축을 가진 것으로 이해되면서 학계의 집중된 주목을 끌게 된 것이다.

공약불가능성을 둘러싼 논란에서 일차적인 물음은 그것의 정체가 무엇인가 하는 것이다. 이 사안과 관련해서는 공약불가능성 논제의 대표적인 주창자들인 쿤과 파이어아벤트 사이에서도 오해와 논란이 있을 만큼 불확실한 면이 있는 경우이므로 규명이 필요하다. 공약불가능성의 정체에 대한 논의 못지않게 많은 관심을 불러일으킨 것은 그것의 함축들이 정확히 무엇인가 하는 문제였다. 그런데 공약불가능성의 정체에 따라 그것의 함축들도 달라질 수밖에 없으므로, 전자에 대한 논의의 결과가 후자에 대한 주장들의 정당성을 좌우할 수 있는 경우이다.

4.2 공약불가능성의 정체

쿤(1962/2012, 103 & 148ff)에 따르면, 과학혁명을 통해 경쟁하게 되는 패러다임들, 즉 기존의 패러다임과 대안 패러다임은 공약불가능하다.

---

1 쿤 스스로 『과학혁명의 구조』의 내용 중 공약불가능성이야말로 그 책이 발간된 후 30년 동안 그가 가장 깊은 관심을 가진 부분에 해당한다고 말한다. 참조: Kuhn (1991), p. 91.

그는 공약불가능성의 세 가지 다른 측면에 대해 다음과 같이 말한다. 먼저, 경쟁하는 패러다임들은 해결되어야 할 문제들에 관해서 그리고 그 문제들이 어떻게 해결되어야 하는가에 대해서 입장을 달리한다.[2] 예를 들어, 데카르트주의자들에게 중력은 설명되어야 할 현상으로 간주된 것에 반하여 뉴턴주의자들은 중력을 더 이상의 설명을 필요로 하지 않는 당연한 존재로 여겼다.[3] 둘째로, 경쟁 패러다임들 속에서 공통으로 사용되는 용어들조차 각 패러다임 속에서 상이한 관계들을 가지며, 그 결과 서로 다른 의미들을 가지게 된다.[4] 예를 들어, 지구중심설 속의 '지구'와 태양중심설 속의 '지구'는 공통으로 사용되는 용어임에도 불구하고, 서로 다른 의미를 가진다. 즉, 지구중심설 속의 '지구'는 고정된 위치를 그 의미의 일부로 가지는 데 반해, 태양중심설 속의 '지구'는 이에 반하는 의미를 가진다.[5] 비슷하게, 뉴턴 역학에서의 '공간'과 일반 상대성 이론의 '공간'은 서로 다른 의미를 가진다. 즉, 전자는 편평함을 그 의미의 일부로 삼는 데 반해, 후자는 그렇지 않다. 마지막으로, 경쟁 패러다임들을 받아들이는 과학자들은 서로 다른 세계 속에 살게 되며 서로 다른 것을 보게 된다.[6] 예를 들어, 뉴턴의 비상대론적 패러다임을

---

2 참조: Kuhn (1962/2012), pp. 148 & 103-110.

3 참조: Kuhn (1962/2012), pp. 103-106.

4 참조: Kuhn (1962/2012), p. 149. 공약불가능성의 두 번째 측면에 대한 논의에서 쿤은 경쟁 패러다임들에 의해 공유되나 달리 취급되는 어휘뿐만 아니라 기구(apparatus)에 대해서도 언급한다. 기구들에 대한 언급을 제외하면 공약불가능성의 두 번째 측면에 대한 쿤의 논의는 파이어아벤트(1962)의 논의와 현저하게 중첩된다. 공약불가능성에 대한 논의의 초기 단계에서 쿤과 파이어아벤트가 가진 개인적 접촉과 관련해서는, Kuhn (1997, 297-298)을 참조.

5 참조: Kuhn (1962/2012), pp. 149-150.

6 참조: Kuhn (1962/2012), p. 150.

채택하는 과학자는 편평한 공간 속에서 사는 경우인 반면, 아인슈타인의 상대론적 패러다임을 채택하는 과학자는 약간 휜 공간 속에서 사는 경우가 된다. 그리고 줄에 매달린 돌멩이가 좌우로 왔다 갔다 하는 운동을 보면서 아리스토텔레스주의자는 구속된 방식으로 낙하하는 물체를 보는 반면 뉴턴주의자는 진자를 보게 된다.[7] 공약불가능성의 이 세 가지 측면을 각각 방법론적 공약불가능성, 의미론적 공약불가능성, 관찰적·존재론적 공약불가능성이라 부르자.

여기에서 쿤이 제시하는 공약불가능성의 여러 측면들은 패러다임을 유지하는 변동과는 다른 형태의 패러다임 변동으로부터 비롯하는 결과들이다. 그렇다면 패러다임의 구성 요소들에서의 어떤 변화가 어떻게 그러한 결과들을 산출하는가? 먼저 방법론적 공약불가능성은 패러다임의 주요 구성 요소들 중 모형들의 변화가 주된 원인으로 지목될 수 있을 것이다. 왜냐하면 쿤에 따르면 모형들은 해결되지 않은 문제들의 목록을 작성하는 데 기여할 뿐만 아니라 무엇이 해답으로 간주되어야 할지를 결정하는 역할을 담당하기 때문이다. 예를 들어, 3장에서 언급된 것처럼 데카르트의 자연철학이 뉴턴의 자연철학에 의해 교체되는 과정에서 전자의 존재론적 모형인 "세계 속의 모든 일은 물질들과 그들 사이의 직접적 충돌에 의해 일어난다"는 후자의 존재론적 모형인 "세계 속의 모든 일은 물질들, 그들 사이에 작용하는 힘 그리고 운동에 의해 일어난다"에 의해 교체되는데, 그 결과 데카르트주의자들에게 중력 현상은 해결을 필요로 하는 문젯거리였던 반면 뉴턴주의자들에게는 더 이상 문젯거리가 아니었다.

---

7 참조: Kuhn (1962 / 2012), p. 150 & Chapter X.

다음으로 의미론적 공약불가능성은 기호적 일반화들에서의 교체가 유력한 원인이 될 것 같다. 쿤이 용어들의 의미와 관련하여 전체론적 관점을 채택한 것은 비교적 잘 알려진 사실이다. 의미론적 전체론(semantic holism)은 용어의 의미가 그것이 다른 용어들과 맺는 관계들에 의해 결정된다는 시각인데, 과학 이론에서 용어들, 특히 이론적 용어들이 서로 관계를 맺는 주요 방식은 기호적 일반화들을 통해서이다. 따라서 기호적 일반화들에서 교체가 일어난다면 교체 전후의 기호적 일반화들에서 공통으로 사용되는 용어들의 의미가 달라질 수 있다. 그렇다고 해서 기호적 일반화의 교체가 있을 때마다 그 일반화 속에 포함된 용어(들)의 의미가 항상 변하는 것은 아니다. 그러면 쿤의 의미론적 전체론에서 해결되어야 할 과제 중 하나는 용어의 의미에 영향을 미치는 관계들의 범위가 무엇인가 하는 것이다. 쿤이 『과학혁명의 구조』에서 이 사안에 대한 자신의 입장을 분명히 하는 데 성공했다고 보기 어렵다. 앞장에서 언급된 것처럼 쿤은 후속 논의들에서 구성적 역할을 수행하는 일반화와 그렇지 않은 일반화의 구분을 통해 이 과제의 해결을 시도하는 과정을 밟았다.[8] 즉 기호적 일반화들 중에서도 구성적 일반화가 수정되거나 교체될 때 그 일반화에 포함된 용어의 의미는 변화한다는 것이다.

마지막으로 관찰적 및 존재론적 공약불가능성이 발생하는 주된 원인으로는 일단 관찰의 이론적재성이 지목될 것 같다. 물론 좀 더 구체적

---

[8] 쿤은 1970년대 중반부터 이 구분과 관련하여 '구성적(consitutive)'이라는 표현의 사용을 가장 선호했는데, 3장에서 이미 언급한 것처럼 초기(1974 & 1976)에는 'quasi-analytic'이라는 표현을 쓰기도 했으나 그것이 경험을 배제하는 인상을 준다는 우려 때문에 기피하게 되었다.

으로 말하면 관찰에 이론이 적재되는 사태와 더불어 적재되는 이론에서
의 변동이 문제의 공약불가능성을 산출하는 경우일 것이다. 여기에서도
관찰에 적재되어 그 결과에 영향을 미치는 이론적 요소들의 범위에 대
한 물음이 발생한다. 실제로 쿤은 관찰적 및 존재론적 공약불가능성과
관련된 논의를 위해 『과학혁명의 구조』10장을 할애하고 있다. 10장에
서 쿤이 설정한 주된 과제는 과학자가 탐구를 하게 되는 세계와 그 세
계에서 하게 되는 관찰 및 실험(또는 측정)의 결과가 적어도 부분적으
로 그가 속해 있는 정상과학의 패러다임에 의해 결정되며 따라서 상이
한 패러다임들을 채택하는 과학자들은 서로 다른 세계 속에서 탐구를
하게 될 뿐만 아니라 상이한 관찰 및 실험(또는 측정) 결과를 경험하게
된다는 견해를 옹호하는 것이었다. 그리고 옹호 논변을 전개하는 과정
에서 쿤은 그러한 견해를 지지하는 과학사의 사례 연구들과 심리학의
실험 결과들을 활용한다. 예들 들어, 돌멩이가 줄에 매달려 좌우로 왔다
갔다 하는 운동을 아리스토텔레스는 구속된 낙하로 본 반면 갈릴레오는
진자 운동으로 보았는데 이러한 상이한 지각 경험은 그들이 상이한 패
러다임들을 채택한 결과라는 것이다. 나아가서 쿤은 과학자들이 무엇을
관찰(또는 측정)하며 그 관찰(또는 측정) 결과가 무엇인가 하는 것도 그
들이 수용하고 있는 패러다임에 의해 결정되기도 함을 제안한다.[9] 이러
한 논의와 연계하여 쿤은 자신이 부각시키는 과학적 관찰 및 실험(또는
측정)의 양상들이 전통적인 대안적 견해, 즉 과학자들이 '즉각적 경험
(immediate experience)'을 공유하지만 그것에 대한 해석들은 그들이 채
택하는 이론들에 따라 달라진다는 견해에 의해서는 설명되기 어려움을

---

9 참조: Kuhn (1962/2012), pp. 123-125, 134-135.

납득시키려 애쓴다.[10] 여기서 쿤이 논박하고자 하는 전통적 관점에서 과학자들이, 상이한 이론들을 채택함에도 불구하고, 공유하는 것으로 간주되는 '즉각적 경험'의 언어적 포착을 위해 상정되는 것이 바로 중립적 관찰 언어(neutral observation-language)이다.[11] 그렇다면, 쿤이 제안하는 관찰적 공약불가능성은 중립적 관찰 언어가 존재하지 않는다는 주장과 크게 다르지 않다.

『과학혁명의 구조』 초판 이후 공약불가능성에 대한 쿤의 논의가 진행된 과정과 관련하여,[12] 호이닝엔-휘네(Paul Hoyningen-Huene)는 1969년부터 나타나 그 후에도 유지된 두 가지 변화를 지적한다.[13] 하나는 쿤의 논의가 '이론들, 용어들, 어휘들 또는 언어들의 공약불가능성'에 거의 집중되며, 그 결과 그의 논의가 앞서 언급된 공약불가능성의 세 가지 측면 중 의미론적 공약불가능성으로 좁혀진다는 것이다.[14] 그러나 이러한 서술이 정확하다고 볼 수 있을지는 의문이다. 물론 해당 서술과 관련하여 쿤 스스로 동의하는 부분이 없지 않다. 예를 들면, 쿤은 공약불가능성에 대한 파이어아벤트와 자신의 논의를 비교하면서 다음과 같이 말한다.

---

[10] 참조: Kuhn (1962/2012), Chapter X, 특히 pp. 120-135.

[11] 참조: Kuhn (1962/2012), pp. 125-126.

[12] 공약불가능성에 대한 쿤의 견해가 변화하는 과정과 관련된 논의를 위해서는, Hoyningen-Huene (1990; 1993, 206-218), Sankey (1993), Chen (1997) 등을 참고.

[13] 참조: Hoyningen-Huene (1993), pp. 212-215.

[14] 일부 학자들은 이러한 변화를 지칭하여 쿤의 '언어적 전환(linguistic turn)'이라고까지 부른다. 참조: Irzik & Grunberg (1998); Gattei (2008). 버드(Alexander Bird, 2002)는 이를 '그릇된 선회(wrong turning)'라고 부르면서 자연주의적 기획으로부터의 이러한 후퇴 때문에 20세기 후반에 과학철학자로서의 쿤이 막강한 영향을 미쳤음에도 불구하고 딱히 '쿤적 유산(Kuhnian legacy)'이라고 할 만한 것을 남기지 못했다고 지적한다.

파이어아벤트와 나는 한 이론의 용어들을 다른 이론의 용어들에 의해 정의하는 것이 불가능하다고 썼다. 그러나 그는 공약불가능성을 언어에 국한한 반면 나는 "방법, 문제 영역 및 해답의 표준"(『과학혁명의 구조』, 2판, p. 103)에서의 차이들에 대해 말했는데, 이제 나는 후자의 차이들이 언어-학습 과정의 필연적 귀결들인 한에서만 그것들에 대해 말할 것이다.[15]

그러나 이 진술에서 쿤이 언급하고 있는 것은 공약불가능성의 첫 번째 측면, 즉 방법론적 공약불가능성이 두 번째 측면, 즉 의미론적 공약불가능성의 필연적 결과인 한 후자에 대한 논의와는 별도로 전자에 대한 논의를 하지 않아도 되겠다는 자신의 상황 판단일 뿐, 공약불가능성의 세 번째 측면에 대해서도 마찬가지 논리가 적용된다는 이야기는 없다.

　호이닝엔-휘네가 지적하는 다른 변화는, 『과학혁명의 구조』에서 관찰적 공약불가능성이 절대적으로 중립적인 관찰 언어(즉, 모든 이론에 대하여 중립적인 관찰 언어)의 부재와 연계되었던 반면, 1969년부터 1970년대에 걸쳐서는 상대적으로 중립적인 관찰 언어(즉, 두 경쟁 이론에 대하여 중립적인 관찰 언어)의 부재와 연계된다는 점이다. 물론 호이닝엔-휘네 식의 시각을 가지고 보면 그러한 변화를 시사하는 것으로 해석될 여지가 있는 쿤의 진술들이 없지 않다. 그러나 그러한 진술들이 호이닝엔-휘네가 기대하는 실질적인 의의를 가지는지는 의문스럽다. 먼저 호이닝엔-휘네가 염두에 두고 있는 쿤의 진술들 중의 하나는 다음과 같다.

15　Kuhn (1983a), p. 34, fn. 3.

두 잇따르는 이론들에 대한 점별 비교(point-by-point comparison)는 적어도 두 이론의 경험적 귀결들이 손실이나 변화 없이 번역될 수 있는 언어를 필요로 한다.[16]

이 진술만 보면 쿤이 상대적으로 중립적인(즉, 두 경쟁 이론들에 대해 중립적인) 관찰 언어에 대해 논의를 하고 있는 것으로 읽힌다. 그러나 바로 뒤따르는 진술들을 살펴보면 이야기가 달라진다. 쿤에 의하면,

철학자들이 순수한 감각 보고들의 중립성을 당연시하고 그 보고들을 하나의 언어로 표현하기 위해 모든 언어들을 표현할 수 있는 '보편적 문자'를 찾았던 17세기 이래로 그러한 [중립적] 언어가 수중에 있다고 널리 가정되었다. 이상적으로 말하면, 그러한 [보편적] 언어의 원초적 어휘는 순수한 감각소여의 용어들과 구문론적 접속사들로 구성될 것이다. [그러나] 이제 철학자들은 그러한 이상을 성취할 수 있으리라는 희망을 버렸다...[17]

이 진술들에서 쿤이 절대적으로 중립적인 관찰 언어를 염두에 두고 있음은 확실해 보인다. 이와 달리, 쿤이 상대적으로 중립적인 관찰 언어의 부재에 한정된 논의를 한 것으로 분명하게 확인되는 진술도 없지 않다. 예를 들면, 1974년의 논문에서 쿤은 다음과 같이 말한다.

'공약불가능성'이라는 용어를 처음 사용하기 시작했을 때 나는 어떤 이론

---

16 Kuhn (1970b), p. 162.
17 Kuhn (1970b), p. 162.

이라도 서술가능한 가정적인 중립 언어를 착안했다. 그 이후로 나는 두 이론의 비교를 위해 필요한 것은 해당 이론들에 대해서 중립적인 언어이기만 하면 된다는 것을 깨달았다. 그러나 나는 그렇게 제한된 방식으로 중립적인 언어조차 고안될 수 있을지에 대해 의문이다.[18]

그럼에도 불구하고, 그러한 진술의 전략적 의의는 여전히 의문스러운 것으로 남을 것 같다. 왜냐하면 상대적으로 중립적인 관찰 언어의 부재에 대한 주장은 절대적으로 중립적인 관찰 언어의 부재에 대한 주장보다 강한 주장인데, 쿤이 관찰적 공약불가능성과 관련하여 후자의 주장으로부터 전자의 주장으로 나아가는 전략을 택했다는 것은 현실적으로 납득하기 어렵기 때문이다.[19]

오히려 실질적인 의의가 있는 변화는 1980년대의 논의들에서 발견된다. 즉 1980년대에 들어오면, 쿤의 논의는 중립적 관찰 언어에 더 이상 의지하지 않는 방식으로 진행된다. 다시 말해 쿤은 경쟁 이론들의 상호 번역불가능성 또는 제3언어로의 번역불가능성에 의해 공약불가능성을 해명한다.[20] 이러한 변화가 지닌 실질적인, 특히 방법론적인 의의에 대

---

18 Kuhn (1974), p. 189, fn. 20.

19 그러한 의구심은 1980년대에 들어오면 공약불가능성에 대한 쿤의 논의가 중립적 관찰 언어에 더 이상 의지하지 않는 방식으로 진행된다는 상황에 의해 강화된다. 왜냐하면 공약불가능성 개념의 해명을 위해 중립적 관찰 언어의 부재에 의지하는 전략을 포기하는 단계에 앞서 그러한 전략을 더욱 강화하는 방안을 채택했다는 것은 선뜻 납득하기 어렵기 때문이다.

20 참조: Kuhn (1983a), p. 670. "두 이론이 공약불가능하다는 주장은 문장들의 집합으로 간주되는 두 이론이 남김 없이 그리고 손실 없이 번역될 수 있는, 중립적이든 아니든, 언어가 존재하지 않는다는 주장이다." 유의할 점은, 쿤이 이 진술에서 사용하는 번역 개념은 통상적 또는 느슨한 형태의 번역이 아니라 전문적이고 엄격한 의미의 번역이라는 것이다. 쿤은 엄격한 번역 개념의 채택과 아울러 번역/해석 구분을 제안하는데, 이를 위해

해서는 다음 절에서 논의할 것이다.

4.3 공약불가능성의 함축

공약불가능성에 대한 논의에 앞서 쿤(1962/2012, 98 & 103)은, 과학 혁명의 과정에서 경쟁하게 되는 패러다임들은 양립불가능하다(incompatible)고 말한다. 두 패러다임이 양립가능하지 않다고 함은 그들 사이에 충돌이 존재함을 말하는 것이다. 그리고 가장 전형적인 형태의 충돌은 세계에 대해서 상반된 주장을 하는 부분이 있는 경우이며, 그러한 부분이 존재하는 한, 두 패러다임은 적어도 원칙적으로 비교 가능하다. 이제 공약불가능성이 비교불가능성을 함축한다고 하자. 그러면 두 패러 다임이 양립불가능한 동시에 공약불가능하다고 말하는 것은 일관성을 결여한 것이 된다. 과연 쿤이 일관성을 결여한 입장을 취했는가?

실제로 쿤의 공약불가능성 논제에 대한 비판자들은 흔히 그의 논제가 비교불가능성을 함축하는 것으로 이해하였고, 따라서 두 패러다임이 경쟁 관계에 있다고 말하는 한편 공약불가능하다고 주장함으로써 쿤은 자가당착에 빠졌다고 지적하였다. 이에 대한 쿤의 대응은, 공약불가능성이 비교불가능성을 함축하지 않을 뿐만 아니라 그 자신 공약불가능한 패러다임들은 비교불가능하다는 주장을 한 적이 없다는 것이다. 그러나 설사 문제의 비판이 쿤의 입장에서 보면 오해에서 비롯된 것이라 할지라도, 쿤 자신 그러한 '오해'를 자초했다는 추궁을 면하기 어렵다. 그

서는 Kuhn (1983a), 2절을 참조.

이유는 다음과 같다. 먼저 『과학혁명의 구조』를 통해 새로운 과학관을 모색하고 제시하는 과정에서 쿤은 기존의 과학관과는 다른 면들을 부각시킬 필요성이 있었고, 그런 이유로 과학적 변화에 있어서의 불연속적인 측면들을 자연히 강조하게 된 것처럼 보인다.[21] 그런데 과학혁명 전후의 경쟁 패러다임들이 공약불가능하다는 주장은 이러한 작업의 일환이었고, 그 주장을 위한 옹호 논변들은 그 적용 범위에 대한 명시적인 제한 없이 행해졌다. 따라서 경쟁 패러다임들이 공약불가능하다는 쿤의 주장은 전면적 공약불가능성(global incommensurability)을 의미하는 것으로 별 무리 없이 이해되었고, 그 결과 즉각적이고 강한 비판을 불러일으킨 것으로 볼 수 있다.

문제는, 쿤 자신의 주장대로 공약불가능한 이론들 사이의 비교가 과연 가능한가, 그리고 가능하다면 어떤 방식으로 가능한가 하는 것이다. 우선 쿤의 주장을 비판적으로 보는 입장에서 논의를 시작해 보자. 쿤의 공약불가능성 논제에 대한 초기 비판자들[22]이 주로 주목한 것은 앞서 우리가 의미론적 공약불가능성이라 부른 것이다.[23] 그리고 그들 중 다수는 이러한 공약불가능성이, 공약불가능한 이론 간의 번역불가능성을 함축하는 것으로 간주하였다. 그뿐만 아니라, 그들은 이 번역불가능성으로부터 이론 간의 비교불가능성을 이끌어내었다. 일단 경쟁 이

---

[21] 후일 쿤은, 자신의 기존 과학관이 과학혁명의 불연속적 성격을 표방했음을 인정하는 한편, 그러한 견해에 대한 재정식화를 시도한다. 참조: Kuhn (1989). "… 과거의 글들에서 나는 불연속성을 자주 언급했지만, 현재의 논문에서는 의미심장한 재정식화의 길을 제시하려 한다."(87)
[22] Shapere (1966), Scheffler (1967), Davidson (1974) 등이 그 예이다.
[23] 실제로 1969년부터는 쿤 자신도 의미론적 공약불가능성을 주된 논의의 대상으로 삼는다. 참조: Hoyningen-Huene (1993), p. 213.

론 사이의 비교가 가능하지 않다는 결론을 이끌어낸 이후의 행보는, 두 가지로 나누어 볼 수 있다. 하나는, 경쟁 이론 간의 공약불가능성이 지닌 이러한 부정적 함의에도 불구하고 쿤을 포함하여 공약불가능론자들은 이론 간의 비교가 가능한 것처럼 때때로 이야기하며, 따라서 그들의 입장은 일관성을 결여한다고 말하는 것이다. 다른 하나는,[24] 경쟁 이론 간의 비교가 불가능할 경우 이론 선택은 임의적인 것이 될 수밖에 없고, 이러한 상대주의적 결론은 귀류법의 적용 대상이므로 전제인 공약불가능성의 논제가 거부되어야 한다고 말하는 것이다. 그러나 이론 선택에 대한 상대주의적 결론이 받아들이기 용이하지 않은 주장이라 할지라도, 이를 모순에 해당하는 것으로 보는 입장 역시 정당화를 요한다. 게다가, 공약불가능성 논제의 대표적인 주창자인 쿤의 경우 그 자신의 입장을 해명하는 과정에서 분명하게 경쟁 이론 간의 비교가능성을 인정하므로, 일관성의 결여를 지적하는 것이 보다 현실적인 비판으로 여겨진다. 이제 논의의 관건은, 일관성 결여의 비판이 근거해 있는 추론을 구성하는 두 전제, 즉, (i) 공약불가능성이 번역불가능성을 함축한다는 주장과 (ii) 번역불가능성은 비교불가능성을 함축한다는 주장의 성립 여부이다.

앞 절에서 살펴본 바에 따르면 공약불가능성과 번역불가능성의 관계에 대한 쿤의 견해는 그 나름 변화의 과정을 밟는데, 크게 두 시기(즉, 1980년 이전과 이후)로 나누어 볼 수 있다. 즉 1980년 이전에 쿤은 경쟁 이론들의 관찰적 귀결들을 손실 없이 번역할 수 있는 중립적인 관찰언어의 부재에 의해 공약불가능성을 해명하는 반면, 1980년대에 들어

---

[24] 참조: Putnam (1981), pp. 119-124.

오면 경쟁 이론들의 상호 번역불가능성 또는 제3언어로의 번역불가능
성에 의해 공약불가능성을 해명한다. 이러한 변화는 비교불가능성에 대
해 어떤 실질적인 차이를 가지는가? 비교불가능성에 대하여 전자의 해
명이 지닌 함의는 보다 직접적이다. 왜냐하면 두 경쟁 이론들 사이의
비교는 일차적으로 그들의 관찰적 귀결들 사이의 비교를 의미하였고,
쿤의 공약불가능성은 이러한 비교를 매개하는 중립적 관찰언어의 부재
를 뜻했기 때문이다. 반면, 후자의 해명이 지닌 함의는 보다 우회적이
다. 우선 경쟁 이론들 간의 번역불가능성이 이론의 관찰가능한 귀결을
매개로 한 이론간 비교의 불가능성을 직접적으로 함축한다고 보기 어렵
다. 그러나 이 대목에서 관찰의 이론적재성 논제가 채택된다면 양자 사
이의 논리적 틈을 메워 주는 역할을 할 수 있을 것이다. 상호 번역불가
능한 두 이론을 구성하는 이론적 원리들이 직접 관찰에 적재된다면, 관
찰을 통해 해당 이론들을 평가하는 데 사용될 수 있는 중립적 자료를
확보하기는 어려울 것이기 때문이다. 그리고 『과학혁명의 구조』에서
쿤이 관찰의 이론적재성을 주장한다는 것은 분명하다. 따라서 관찰의
이론적재성과 결합된 쿤의 공약불가능성이, 공약불가능한 이론들에 공
통된 관찰적 귀결들을 매개로 하는 이론 간의 비교가능성을 배제한다고
추론하는 것은 상당히 그럴 듯해 보인다. 결국 공약불가능성과 번역불
가능성 사이의 관계에 대한 쿤의 견해가 드러내는 변화에도 불구하고,
그의 견해는 공약불가능한 이론들 사이의 비교불가능성을 함축하는 것
처럼 보일 수 있는 상황이다.

　이러한 추론을 바탕으로 한 비판에 대한 쿤의 대응은 무엇인가? 그에
따르면, 위의 추론은 자신의 입장에 대한 중요한 오해에서 비롯된 것이
다. 즉, 쿤(1983a)은, 그의 과학관에서 공약불가능성의 논제가 중요한

위치를 차지하는 것은 사실이지만, 처음부터 자신이 의도한 것은 전면적인 공약불가능성이 아니라 국소적인(local) 것이었다고 해명한다. 쿤이 주장하는 바대로 과학혁명 전후의 경쟁 이론들 사이에 성립하는 공약불가능성이 국소적이라면, 위의 추론에 근거한 비교불가능성의 주장을 있는 그대로 받아들일 필요는 없는 것처럼 보인다. 문제는, 공약불가능성이 국소적인 것에 불과하다는 주장이 성립하는 근거가 무엇인가 하는 것이다. 쿤 자신은 이에 대해 만족스러운 답을 제공하지 못하고 있는 것처럼 보인다. 그는 국소적 공약불가능성이 성립하는 상황을 이렇게 기술한다:

> 두 이론에 공통된 용어들 중 대부분은 그들 속에서 동일한 역할을 수행한다. 그 용어들의 의미는, 그것이 무엇이든지, 보존된다. 그들에 대해서는 별도의 번역이 필요없다. 번역가능성의 문제가 발생하는 것은 오로지 소수의 (보통 상호 정의되는) 용어들 및 그들을 포함하는 문장들에 대해서이다.[25]

그러나 공약불가능성의 국소적 측면에 대한 이러한 기술을 이론적으로나 구체적 사례를 통해서 뒷받침하는 논의는 찾아보기 힘들다. 반면, 그의 공약불가능성 — 특히, 의미론적 공약불가능성 — 에 대한 논의는 대부분 과학적 개념들이 습득되고 사용되는 과정의 전체론적 성격을 부각시키는 데 할애되고 있다.[26]

그런데 공약불가능성으로부터 비교불가능성을 이끌어내는 비판자들

---

25 Kuhn (1983a), pp. 669-670.
26 참조: Kuhn (1987).

은 공약불가능성에 대한 쿤의 논의가 일종의 의미론적 전체론을 전제로 하고 있는 것으로 본다. 쿤 역시 이를 부정하지 않을 것이다.[27] 다만 쿤이 채택하고 있는 의미론적 전체론을 비판자들은 전면적인 것으로 해석한 데 반해 쿤 자신은 단지 국소적인 것으로 간주한다는 데 입장의 차이가 있다. 그렇다면 논란의 열쇠는, 논쟁의 전제인 의미론적 전체론이 과연 성립하는지, 그리고 성립한다면 전면적인 것인지 또는 국소적인 것인지에 있다.

전자의 물음, 즉 의미론적 전체론이 성립하는가라는 물음은 『과학혁명의 구조』에서부터 1990년대에 이르기까지 쿤이 지속적으로 관심을 가진 사안이다. 물론 그 물음에 대한 쿤의 답은 일관되게 "그렇다"인데, 1980년대에 들어오면서 보다 적극적인 논구를 시도한다. 3장에서 이미 언급된 것처럼, "과학혁명이란 무엇인가?"라는 제목의 논문은 과학혁명의 주된 특징 중 하나가 주요 이론적 원리들 및 개념들의 전체론적 변동이라는 것을 사례들에 대한 분석을 통해 보여 주고자 한 대표적 시도이다. 그리고 과학혁명기의 경쟁 이론들이 왜 상호 번역불가능한가라는 물음에 대해 좀 더 정교한 답을 제공하려는 시도에서 쿤은 '렉시콘 (lexicon)'이라는 개념을 도입한다. 그에 따르면, 과학 이론의 렉시콘은 그 이론에 포함되어 있는 용어들이 상호 관계를 맺음으로써 네트워크를 형성하고 있는 구조화된 어휘(structured vocabulary)에 해당한다.[28] 그

---

[27] 쿤에 따르면, "낱말들은, 몇몇 예외적인 경우들을 제외하면, 개별적으로는 의미를 갖지 못하며 오로지 의미장 속에서 다른 낱말들과 연계됨으로써 의미를 가진다. 어떤 개별 용어가 달리 사용되면 그것과 연계된 다른 용어들도 통상 달리 사용된다."(Kuhn 1989, 63-64)

[28] 참조: Kuhn (1983), p. 52; Kuhn (1989), p. 61; Kuhn (1993), p. 229.

런데 어떤 이론에 포함된 용어들 사이의 모든 관계들이 그 이론의 구조화된 어휘에 고정적으로 속하지 않는다.[29] 그에 의하면, 과학 이론의 구조화된 어휘의 고정적인 부분은 그 이론을 구성하는 역할을 수행하는 원리들, 즉 구성적 원리들(constitutive principles)과 그 원리들을 통해 상호 정의하는 관계를 맺는 용어들로 구성된다. 그리고 두 이론 사이에 상호 번역이 가능하려면,[30] 각 이론의 렉시콘에 고정적으로 속하는 용어들이 해당 이론의 구성적 원리들을 기반으로 하여 가지게 되는 어휘적 구조(lexical structure)가 동일해야 한다. 그런데 공약불가능한 이론들은 동일한 어휘적 구조를 공유하는 데 실패하며 따라서 그 이론들 사이의 번역은 불가능하다는 것이 쿤의 설명이다.

이와 같은 설명을 좀 더 정교한 형태로 제시하기 위해 1980년대부터 쿤이 많은 노력을 기울인 것은 분명하다.[31] 그러나 이러한 작업의 시발점에 놓여 있는 '국소적 공약불가능성'에 대한 쿤의 해명과 관련하여 내가 더 많은 관심을 가지는 것은, 이론들 사이의 공약불가능성은 상호 번역불가능성이라는 자신의 수정 제안을 어휘적 구조에 대한 논의를 통해 설명함으로써 뒷받침하려는 쿤의 시도보다 그 수정 제안에서 빠진 부분에 대해서이다. 앞 절에서도 언급되었지만 공약불가능성의 정체를

---

29 참조: Kuhn (1989), p. 71. 쿤에 따르면, "두 개의 루트는 뉴턴 역학의 용어들을 배우기 위해 자연에 대해 약정되어야 할 것이 무엇이며 경험적 발견을 위해 남겨질 수 있는 것이 무엇인지에 대해 서로 다르다. 첫 번째 루트에서는 제2운동 법칙이 약정적으로 그리고 중력의 법칙이 경험적으로 도입된다. 그리고 두 번째 루트에서는 두 법칙들의 인식적 지위가 역전된다. 각 경우에 두 법칙 중 하나, 단지 하나만 렉시콘에 붙박인다."
30 물론 여기서 언급되는 번역은 쿤이 제안하는 엄격한 의미의 번역이다.
31 이러한 작업은 준비 중이었던 책의 주요 부분이 되었을 것으로 추정되는데 유감스럽게도 생전에 완결된 형태로 발간되지 못하였다.

해명하는 과제와 관련해서 1980년대 이전까지만 하더라도 쿤은 복선, 즉 투 트랙 전략을 채택한 셈이다. 즉 그는 공약불가능성을 경쟁 이론 들로부터 제3의 중립적 언어로의 번역가능성이나 경쟁 이론들의 관찰 적 귀결들로부터 이론중립적 관찰 언어로의 번역가능성에 의해 해명하 는 방안을 채택하였다.[32] 그러다가 1980년대 들어오면, 이미 언급된 것처 럼, 쿤은 공약불가능성을 경쟁 이론들 사이의 또는 그것들로부터 제3언어 로의 번역불가능성에 의해서만 해명하는 단선 전략을 채택한다. 즉 중 립적 관찰 언어의 부재에 의지해 해명하는 전략이 더 이상 채택되지 않 는다.

왜 이러한 변화가 일어났으며 그 함축은 무엇인가? 해답의 실마리는 일단 그가 제안하는 공약불가능성의 국소적 성격에서 찾을 수 있다. 그 의 지적대로 "번역가능성의 문제가 발생하는 것은 오로지 소수의 (보통 상호 정의되는) 용어들 및 그들을 포함하는 문장들에 대해서"만이고 나 머지 공통된 용어들은 의미가 보존되므로 번역이 아예 필요없다고 하 자. 우선 전자의 용어들은 각 이론의 구성적 원리들에서 상호 정의되는 용어들에 해당할 것이다. 그리고 후자의 용어들은 헴펠이 선이론적 용 어들이라고 부른 것으로 분류될 수 있을 것이다. 따라서 후자의 용어들 에 어떤 용어들이 포함되는가 하는 물음에 대한 답은 맥락독립적인 방 식으로 제시될 수 없고, 해당 맥락에서 경쟁하는 이론들에 상대적으로 결정될 사안이다. 실제로 쿤도 이런 상황 판단에 대해 대체로 동의하는 것으로 보이는데, 카트라이트의 논문에 대한 논평에서 그는 다음과 같 이 말한다.

---

32 참조: Kuhn (1970), p. 201.

차라리 이론적 용어들의 개념들은 이런 또는 저런 개별 이론에 상대화되어야 한다. 용어들이 어떤 개별 이론의 도움을 받아서만 획득될 수 있다면 그 용어들은 그 이론에 대하여 이론적이다. 만약 그 이론을 학습할수 있기 전에 그 용어들이 어디선가 먼저 획득되었어야 한다면 그것들은 관찰적 용어들이다. 이처럼 '힘'은 뉴턴 역학에 대해서는 이론적이지만 전자기 이론에 대해서는 관찰적이다. 이러한 견해는 낸시 카트라이트가 피터 헴펠의 '사전 가용한(previously available)' [용어들]에 대해 제시하는 해석들 중 세 번째 것에 아주 가까우며, 그러한 해석은 헴펠과 나의 매우 상당한 화해를 위해 중요했다.[33]

이 진술에 바로 뒤이어 쿤은 관찰적 용어의 개념을 사전 가용한 용어의 개념에 의해 대체하는 방안이 가진 세 가지 이점을 언급한다. 1980년대에 들어와 공약불가능성에 대한 쿤의 논의에서 일어난 변화에 대한 이와 같은 이해가 옳다면, 이는 그것이 지닌 함축을 감안할 때 매우 주목할 만한 변화이다. 흥미롭게도 쿤의 논의에서 이러한 중요한 변화와 연계하여 구체적인 사례 분석들을 찾아보기 힘들다는 점에서 보완적인 논의가 필요하다.

쿤이 제시한 국소적 공약불가능성에 대한 논구는 크게 두 가지 형태로 진행될 수 있는 경우이다. 그중 하나는 공약불가능성이 국소화된 형태로 일어나는 이유를 일반적이고 이론적인 수준에서 규명하는 것이다. 다른 하나는 경쟁 이론들 사이의 공약불가능성이 실제로 국소화된 형태로 일어나는가를 사례 연구들에 의해 사실적인 차원에서 점검하고 확인하는 것이다. 만약 주어진 맥락에서 경쟁하는 이론들이 앞서 언급된 '사

---

33 Kuhn (1993), pp. 146-147.

전 가용한 용어들'을 폭넓게 공유할 뿐만 아니라 이 용어들을 사용하여 서술되는 공통된 관찰 또는 실험 자료들이 확보될 수 있다면, 이론 간 공약불가능성의 국소성은 해당 용어들과 원리들이 왜 상호 번역가능하지 않은지에 대한 쿤의 이론적 제안이 옳은지와는 별도로, 사실적 차원에서 확인되는 동시에 공약불가능성이 경쟁 이론들 사이의 비교를 배제하지 않는다는 쿤의 지속적인 항변이 가장 분명한 형태로 구체적 근거를 확보하는 결과가 될 것이다. 따라서 나는 쿤적 관점에서 공약불가능성이 성립한다고 할 구체적인 사례들에서 공약불가능성이 문제가 되지 않는, 따라서 경쟁 이론들에 공통된 영역, 특히 공통된 관찰 또는 실험 자료가 어떤 방식으로 성립하며 그리고 이를 매개로 하여 어떤 수준의 이론 비교가 가능한지를 다음 절에서 논구하고자 한다.

4.4 사례 연구[34]

첫 번째 사례는 천문학에서의 코페르니쿠스 혁명이다. 쿤은 『과학혁명의 구조』에서 그의 새로운 과학관을 개진하기 5년 전에 그의 처녀작인 『코페르니쿠스 혁명(*The Copernican Revolution*)』(1957)을 출간하였다. 후자는 과학사 분야의 저작이지만, 『과학혁명의 구조』에 담긴 쿤의 과학철학적 견해는 이 중요한 사례 연구에서 이미 그 모습을 일부 드러내고 있다. 예를 들어, 코페르니쿠스에 의해 제안된 태양중심설 역시 그 초기 단계에는 기존 패러다임에 해당하는 프톨레마이오스의 천문 이

---

34 이 절의 내용은 조인래(1996), pp. 166-184로부터 가져온 것이다.

론보다 경험적 적합성에서 특별히 우월하다고 이야기할 수 없으며, 케플러와 같은 소수의 천문학자들이 일찍이 전자의 이론을 받아들인 것은 관찰과 더 잘 부합한다는 이유 때문이라기보다는 그것의 구조적 단순성에 매료되었기 때문이라고 쿤은 주장한다. 그리고 이러한 논의의 연장선상에서 코페르니쿠스 혁명은 쿤이 '과학혁명'이라 부르는 과학적 변화의 대표적인 사례로 간주된다.[35]

이제 우리의 물음은, 코페르니쿠스의 천문이론과 그 경쟁 상대이던 프톨레마이오스의 천문이론이 어떤 방식으로 공약불가능하며 어떻게 비교가능한가라는 것이다. 쿤(1962/2012, 128-129)에 따르면, 전자의 이론이 후자의 이론에 의해 대체되는 과정에서 의미상의 공약불가능성이 발생한다. 예를 들어, '행성(planet)'이라는 용어는 두 이론에서 공통적으로 사용되지만, 그 의미는 동일하지 않다는 것이다. 즉, 프톨레마이오스적 행성과 코페르니쿠스적 행성은 내포와 외연 모두에서 다르다. 전자는 '지구 주위를 도는 항성 아닌 천체들'을 의미했다면, 후자는 '태양 주위를 도는 항성 아닌 천체들'을 의미했다. 그뿐만 아니라, 전자의 집합에는 태양이 포함되고 지구가 빠져 있었는데 반해, 후자의 집합에는 태양과 달이 빠지는 대신 지구가 포함된다. 물론, 이 의미상의 변화는, 프톨레마이오스적 패러다임을 받아들이는 천문학자들이 '지구가 우주의 중심에 있다'를 기본 전제로 삼은 것에 반해 코페르니쿠스 및 그 추종자들은 '태양이 우주의 중심에 놓여 있다'를 기본 전제로 삼았다는 것과 밀접한 관계가 있다. 그러나 『과학혁명의 구조』에서 쿤은, 이러한

---

35 『과학혁명의 구조』 1장에서 쿤(1962/2012, 6)은 '과학혁명의 가장 명백한 예들' 중의 하나로 코페르니쿠스 혁명을 든다.

개념적 변화와 그로부터 비롯하는 의미상 공약불가능성의 범위에 대하여 별다른 논의를 하지 않는다. 그 결과, 혁명기에 나타나는 개념적 변화의 전체론적 성격에 대한 쿤의 강조와 혁명기의 이론 선택은 코페르니쿠스 혁명의 경우처럼 심미적 판단에 의존하기도 한다는 그의 진술이 합쳐져서, 쿤 자신의 의도와는 달리, 문제의 공약불가능성이 전면적인 것이며 따라서 경쟁 이론 간의 비교불가능성을 초래하는 것으로 해석하도록 유도했다고 볼 수 있다.

한편, 앞서 언급된 형태의 개념적 변화에도 불구하고, 프톨레마이오스의 천문 이론과 코페르니쿠스의 천문 이론은 여전히 공통된 관측 자료를 통해 비교가 가능한 것처럼 보인다. 고대로부터 근대 천문학의 혁명에 이르기까지 진행되어 온 행성들의 겉보기 운동에 대한 관측이 전적으로 이론 중립적이라고 말하기는 어렵다. 그러나 문제의 핵심은 그 시기 동안에 이루어진 천체들에 대한 관측이 비교 평가의 대상인 프톨레마이오스의 천문 이론이나 코페르니쿠스의 이론을 적재하고 있었는가라는 것이다. 이 물음에 대한 답은 그렇지 않다는 것이다. 단적인 예로, 코페르니쿠스는 일차적으로 이론 천문학자였다. 그의 궁극적인 관심은 관찰가능한 현상들을 전통적인 이론(즉, 프톨레마이오스의 이론)보다 나은 방식으로 '구제(save)'하는 것이었으며, 따라서 현상 자체에 관한 한 고대 천문학자들의 작업에 의존하였다.[36] 코페르니쿠스의 이러한 태도는, 천체에 대한 관측 및 그 결과에 특정 천문 이론이 적재되고 그 결과 전자가 후자를 배타적으로 선호하는 상황이 실제로 성립했다면, 자가당착일 뿐만 아니라 새로운 천문 이론에 대한 그의 추구는 실패

---

36 참조: Pedersen (1974 / 1993), p. 265.

하기로 예정된 경우였을 것이다. 그러나 잘 알려진 바와 같이, 그는 대안 이론의 개발에 성공했을 뿐만 아니라 그의 이론은 전통 이론과의 경쟁에서 궁극적으로 승리하였다. 이 결과는 코페르니쿠스가 의존하던 관측 자료와 그것을 얻는 데 사용된 관측 기구 및 방식이 특정 천문 이론을 배타적인 방식으로 적재하지 않았음을 입증하는 것이다. 또 코페르니쿠스 이후 천문학의 혁명에 결정적인 기여를 한 케플러도 코페르니쿠스의 이론과 경쟁 관계에 있던 천문 이론을 제안한 브라헤의 관측 자료를 토대로 전자의 이론을 개선하고 옹호하는 작업을 하였다. 만약 브라헤의 관측이 그의 천문 이론을 적재한 결과 후자의 이론을 선호하고 다른 경쟁 이론들을 배제하는 역할을 하였다면, 케플러가 수행한 형태의 작업은 소기의 성과를 거둘 수 없었을 것이다. 케플러가 우주의 구조에 대하여 자신과는 다른 견해를 가졌던 브라헤의 관측 자료를 토대로 이론적인 작업을 한 것은, 브라헤의 관측 자료가 그의 천문 이론적 입장과는 별도로 가장 정확한 것으로 공인되고 있었음을 반증하는 것으로 볼 수 있다. 따라서 코페르니쿠스 혁명 과정에서 경쟁 관계에 있던 천문 이론들이 구제하고자 한 관측 자료를 산출하는 데 사용된 기구의 제작과 사용은 그 나름의 원리에 의존해 있었지만, 비교 대상이 되고 있는 특정의 천문 이론을 적재했다고 추정할 이유는 없는 것처럼 보인다.[37]

이에 대해 혹자는, 천체에 대한 그 시기의 관측이 비교 대상에 속하는 특정의 천문 이론을 적재하고 있던 것은 아니라고 하더라도, 코페르

---

[37] 예를 들어, 천체 관측의(astrolabe)의 제작과 사용에 대해 남아 있는 가장 오래된 설명은 6세기에 쓰인 것이다. 그러나 16세기나 17세기의 천체 관측의는 그 크기와 정교함에 있어서는 천년 전의 그것과 다를지라도 그 제작 및 사용 원리에 있어서는 후자와 다르지 않았다. 참조: North (1974), 특히, p. 104.

니쿠스가 태양중심설을 제안한 그 당시에 경쟁 천문 이론들을 경험적 증거에 의해 차별화하는 것이 여의치 않았다는 쿤의 지적은 여전히 유효하다는 문제를 제기할 수 있다. 그러나 이러한 문제 제기는 그 적절성이 의심스럽다. 현재 논의의 초점은, 혁명기의 경쟁 이론들 사이에 성립하는 것으로 주장되는 공약불가능성과 그에 따른 비교가능성 여부이다. 반면, 방금 언급된 문제 제기는, 경쟁 이론들이 공약가능한 상황에서도, 경험적 자료에 기반한 이론 비교가 어떤 경우에는 그 효력을 발휘하지 못함을 지적하는 것이다.

경쟁 이론들이 공약가능하기 때문에 그것들 사이의 경험적 비교가 이론 선택에 있어 항상 결정적 역할을 한다는 주장은 방법론적으로 매우 강한 주장이다. 사실 지나치게 강하기 때문에 옹호되기 어려운 주장이다. 한편, 공약불가능성 논제에 대한 초기의 비판자들은 다른 극단으로 결론을 이끌어갔다. 경쟁 이론들이 공약불가능하면, 그것들 사이의 비교는 원칙적으로 가능하지 않다는 결론이다. 물론, 그들은 이 조건언을 귀류법적 추론의 한 요소로 삼아 공약불가능성 논제의 부당함을 주장하였다. 이러한 방법론적 양극단 사이에서 보다 현실적인 문제는, 공약불가능한 경쟁 이론들을 공통의 경험적 자료에 의해 비교하는 것이 원칙적으로 가능한가, 그리고 그러한 비교가 이론 선택이 요청되는 대부분의 상황에서 효력을 발휘하는가 하는 것이다. 이러한 방법론적 관심과 관련하여 근대 천문학의 혁명이 말해 주는 것은, 혁명기의 경쟁 이론들을 공통의 천문 관측 자료에 의해 비교하는 것이 가능했을 뿐만 아니라 케플러의 작업에 이르러서는 그러한 비교가 (적어도 천문학의 영역 내에서는) 경쟁 이론들 사이의 우열을 분명히 해주는 역할을 담당했다는 것이다.

마지막으로, 두 천문 이론의 주창자들이 해결하고자 한 문제들의 목록이 상이했을 가능성이 지적될 수 있다. 그러나 두 이론에 담긴 우주의 구조에 대한 상반된 견해에도 불구하고, 그들이 해결하고자 한 문제들의 목록은 별반 차이가 없었다. 천문학의 경우, 고대로부터 전승되어 온 문제들의 목록이 있는데, 항성, 태양, 달, 그리고 행성들의 겉보기 운동을 설명하는 일이 그것이다. 그리고 프톨레마이오스 이론과 코페르니쿠스 이론이 수행하고자 한 일은, 이 천체들에 대한 공통된 관측 자료들을 두 가지 다른 관점, 즉, 지구를 중심으로 삼는 관점과 태양을 중심으로 삼는 관점에서 설명하려고 한 것으로 봄이 옳다.

두 번째 사례는 역학에서의 아인슈타인 혁명이다. 뉴턴 역학으로부터 상대론적 역학으로의 전이에 해당하는 이 과학적 변화 역시 과학혁명과 공약불가능성에 대한 쿤의 논의에서 자주 등장하는 사례이다. 쿤(1962 / 2012, 101-102)에 따르면, 여기에서도 주요 개념들의 의미 변화가 일어나고, 그 결과 의미상의 공약불가능성이 성립한다. 예를 들어, "질량"이라는 용어는 두 역학 이론에서 공통적으로 사용되지만, 그 의미가 상이할 뿐만 아니라 뉴턴 역학의 질량과 같은 의미를 가지는 상대성 이론 내의 표현도 존재하지 않는 것처럼 보인다는 것이다. 즉 뉴턴 역학에서 질량은 주어진 물리계에 대한 측정자의 상대적인 운동 상태에 관계없이 일정하고 따라서 그 물리계의 내재적인 성질로 간주된다. 반면, 상대성 이론에서의 질량은, 주어진 물리계에 대한 측정자의 상대적인 운동 속도에 따라 결정되며 따라서 그 물리계와 측정자 사이에 성립하는 관계적 성질에 해당한다고 흔히 말해진다. 그러나 질량을 측정자의 운동에 상대적인 것으로 보는 관점이 상대성 이론에서 불가피한 것은 아니다. 뉴턴 역학에서처럼 질량을 측정자의 운동에 독립적인 양으로 보는 관점 역시 가능하다. 이 경우, 운동량의 상대론적 표현에 나타나는 인자 $\gamma (= 1/\sqrt{1-\beta^2})$는 질량 대신 속도와 연계된다. 물론 인자 γ를 질량과 연계시키고 정지상태의 질량과 상대론적 질량(즉, 운동상태의 질량)을 구분하는 통상적인 관점은 그 나름의 이점들을 가지고 있다. 그러나 질량을 불변적인 스칼라(invariant scalar) 양으로 보는 관점이 상대성 이론의 개념적 토대와 더 일관되는 것은 분명하다. 왜냐하면 상대성 이론은 시간 측정의 상대성에 대한 인식으로부터 비롯되었고, 따라서 시간 측정에 직접적으로 의존해 있는 속도와 같은 운동론적 양들의 변화는 당연시되는 반면에 전하나 질량 같은 시간과 직접적으로 관계가 없는 양들은 영향을 받지 않을 것으로 기대되기 때문이다. 그러므로 일반적으로 알려진 것과는 달리, 상대론적 혁명에서 질량 개념의 의미 변화가 불가피한 것은 아니다.

이러한 점을 인정한다 하더라도, 아인슈타인 혁명은 여전히 코페르니쿠스 혁명보다 어떤 점에서는 더 근본적인 변화에 해당한다. 이는 전자가 물리 이론들의 바탕에 놓여 있는 시간 및 공간 개념의 급진적인 변화에서 비롯되었다는 데 있다. 근대 천문학의 혁명에서 경쟁 관계에 있던 프톨레마이오스의 이론과 코페르니쿠스의 이론은 우주 구조에 관하여 상반된 주장을 포함하고 있었지만, 둘 다 유클리드적 공간 개념과 아리스토텔레스적 시간 개념에 근거를 두고 있었다고 할 수 있다. 앞서 논의된 것처럼 그 당시의 천문 관측 자료들이 두 경쟁 이론의 비교를 위한 공통적인 기반 역할을 하는 것으로 간주될 수 있는 것도 두 이론이 공통된 시공간 개념에 토대를 두고 있던 데서 비롯하는 것으로 볼 수 있다. 아인슈타인 혁명에서는 상황이 매우 다르다. 우선 아인슈타인 혁명은 시간 개념, 특히 동시성(simultaneity) 개념에 대한 근본적인 반성에서부터 비롯되었다. 뉴턴 역학의 동시성 및 시간 간격은, 모든 관성 관찰자(inertial observer)에 대하여 동일하다는 의미에서 보편적이다. 즉, 어떤 관성 관찰자에 대하여 동시적인 두 사건은 모든 다른 관성 관찰자에 대해서도 동시적이며, 시간 간격에 대해서도 같은 상황이 성립한다. 동시적인 두 사건 사이의 공간적 거리 역시, 뉴턴 역학에서는, 모든 관성 관찰자에 대하여 동일하다는 의미에서 보편적이다. 반면, 상대성 이론의 경우, 동시성, 시간 간격 및 (동시적인 또는 비동시적인 두 사건 사이의) 공간적 거리 모두 관성 관찰자의 상대적인 운동 상태에 따라 달라진다. 물론, 상대성 이론에서 다루어지는 모든 시공간적 양이, 측정자의 운동 상태에 따라 다른 값을 가진다는 의미에서, 보편성을 상실하는 것은 아니다. 시간 간격과 공간적 거리의 특정한 조합, 즉, '(두 사건 사이의 겉보기 공간 거리 / 빛의 속도)^2 - (두 사건 사이의 겉보기 경과 시간)^2'에 해당하는 '간격(interval)'은 상대성 이론 내에서 측정자의 운동 상태에 관계없이 일정한 값을 가진다. 즉, 간격은 상대성 이론에서 보편성을 유지한다. 그런데, 이번에는 역으로 간격이 뉴턴 역학에서 보편성을 가지지 못한다. 왜냐하면 뉴턴 역학적 관점에서 볼 때, 두 사건 사이의 겉보기 경과 시간은 측정자의 운동 상태에 관계없이 일정한 값을 가지는 반면에, 비동시적인 두 사건 사이의 공간적 거리는 측정자의 운동 상태에 따라 그 측정값이 달라지기 때문이다.[38]

시공간적 양들의 보편성과 관련하여 뉴턴 역학과 상대론적 역학 사이에 성립하는 이러한 비대칭성은 두 이론 사이의 공약불가능성과 관

---

[38] 참조: Geroch (1978).

련된 우리의 방법론적 논의에 대하여 어떤 의미를 지니는가? 역학 분야에서의 측정은 두 사건 사이의 경과한 시간 및 공간적 거리 같은 시공간적 양들에 대한 측정이 주종을 이룬다. 그리고 근대 천문학의 혁명에서와는 달리, 20세기의 역학 혁명에서는 경쟁 이론인 뉴턴 역학과 상대성 이론이 각기 다른 시공간론에 기초를 두고 있다. 그러므로 만약 시공간적 양들에 대한 측정의 수준에서 상이한 시공간론들이 적재된다면, 각기 상이한 시공간론에 기초한 뉴턴 역학과 상대론적 역학은 공약불가능한 관계에 놓일 뿐만 아니라 두 이론의 경험적 비교를 위한 공통된 토대 역시 존재하지 않을 것처럼 보인다. 그렇다면, 문제는 시공간적 양들에 대한 측정의 수준에서 상이한 시공간론들이 적재되는가이다.

그러면 뉴턴 역학과 상대론적 역학이 경쟁하는 상황에서 시공간적 양들에 대한 측정이 어떤 방식으로 행해지는가를 생각해 보자. 우선 관찰자가 있는 지점에서 발생하는 사건들을 기록하기 위해 전자와 같은 장소에 위치해 있는 시계가 필요하다. 그리고 관찰자로부터 시공간적으로 떨어진 지점에서 일어나는 사건들을 탐사하기 위한 도구가 필요한데, 이를 위해 유력한 후보는 빛이다. 관찰자로부터 시공간적으로 떨어진 영역에서 일어나는 사건의 발생 시점, 관찰자와 그 사건 사이의 공간적 거리 등을 측정하려면, 관찰자가 보낸 빛이 문제의 사건이 발생한 것을 확인하고 되돌아오게 하는 방법을 사용할 수 있다. 빛을 보내는 시점과 그것이 되돌아오는 시점을 재기 위해 관찰자가 사용하는 시계는 관찰자와 같은 장소에 위치해 있고 같은 운동 상태를 유지하기 때문에, 그 작동에 관하여 뉴턴 역학과 상대론적 역학 사이에 이견이 없는 경우이다. 반면, 빛의 경우에는 사정이 다르다. 빛의 속도에 대한 상대성 이론의 입장은, 잘 알려진 것처럼, 모든 관성 관찰자에 대하여 같은 속도 c를 가진다는 것이다. 이는 특수상대성 이론의 두 번째 공준 (postulate)이라 불리는 것이다. 그런데 뉴턴 역학과 연계되어 있는 갈릴레오 변환의 관점에서 보면, 빛 역시 다른 물리계와 마찬가지로 관찰자의 운동 상태에 따라 다른 속도를 가진다. 이것이 사실이라면, 빛은 관찰자로부터 시공간적으로 떨어진 영역에서 일어나는 사건들을 탐사하기에 적합한 도구가 아닐 것이다. 왜냐하면 빛이 방사되는 방향으로 일정한 속도를 가지고 운동하는 관찰자의 관점에서 보면, 어떤 시공간적으로 떨어진 지점을 향해 갈 때의 빛의 속도와 그로부터 되돌아올 때의 빛의 속도가 달라질 것이기 때문이다. 따라서 빛의 속도에 대한 뉴턴 역학적 관점에 어떤 변화가 일어나지 않는다면, 두 이론은 시공간적 양의 측정을 위한 도구에 대해서조차 합의를 보지 못하는 상황에 놓일 것이다. 그러나 역사적으로 보면 바로 이 부분에서 치열한 논란이 있었고, 과학자들은 적어도 측정 도구로의 채택을 위해 필요한 빛의 성질에 관한 한 합의에 도달하는 과정을 밟은 것처럼 보인다. 이 과정은 대체로 다음과 같다. 뉴턴 역학의 운동방정식들은 갈릴레오 변환에 대해 변화하지 않는(invariant) 성질을 가진다. 반면 고전 전자기학의 맥스웰(James Maxwell) 방정식들은 갈릴레오 변환에 대해 불변적이지 않다. 그 주된 이유는 맥스웰 방정식이 c를 포함하고 c는 갈릴레오 변환에 대해 불변적이지 않기 때문이다. 따라서 뉴턴 역학의 운동방정식을 통해서는 관성 관찰자의 운동 상태를 알 방도가 없는 반면에, 고전 전자기학은 c의 속도를 측정함으로써 관성 관찰자의 운동 상태를 알아낼 수 있는 길을 열어주는 것처럼 보였다. 그러나 관찰자의 운동 상태에 따라 달라지는 광속의 변화를 포착하려한 모든 시도는 실패로 끝났다. 마이

컬슨(Albert Michelson)과 몰리(Edward Morley)의 실험(1887)이 대표적
인 예이다. 마이컬슨-몰리의 실험 결과는 갈릴레오 변환식의 정당성에
심각한 의문을 제기하는 것으로 이해될 수 있다. 물론 갈릴레오 변환식
을 건드리지 않고 마이컬슨-몰리의 실험 결과를 수용하고자 한 시도가
없은 것은 아니다. 로렌츠-피츠제럴드(Lorentz-Fitzgerald)의 수축 가설
(contraction hypothesis, 1892)은 정확히 그러한 목적을 위해 고안된 가
설이다. 물체의 길이는 그 운동 방향으로 수축한다는 주장이 그것이다.
그러나 로렌츠-피츠제럴드의 수축 가설은 마이컬슨-몰리의 실험을 변
형시킨 케네디-손다이크(Kennedy-Thorndike)의 실험(1932) 결과를 설
명하지 못함으로써 일반적인 해결 방안으로서의 지위를 상실한 경우였다.
에테르 동반 가설(ether drag hypothesis)도 같은 목적으로 고안된 것이다.
그러나 이 가설 역시 광행차(stellar aberration) 현상, 피조(Hippolyte
Fizeau)의 실험 결과 등과 충돌하는 것으로 밝혀졌다. 갈릴레오 변환식
을 건드리지 않고 마이컬슨-몰리 실험 결과를 설명하는 또 다른 시도
(Walther Ritz 1908)는, 빛의 속도가 (관찰자나 에테르의 운동 상태가 아
니라) 광원의 운동 상태에 따라 달라진다고 가정하는 것이었다. 이 가
정을 받아들이면, 마이컬슨-몰리의 실험 결과는 자동적으로 설명된다.
그러나 이 시도 역시 그에 반하는 실험 결과들이 나옴으로써 좌절되었
다.[39] 이와 같이 대안들의 모색과 좌절의 과정을 거치면서, 빛의 속도는
관찰자, 매질로서의 에테르, 광원의 운동 상태에 관계없이 동일하다는
가설을 채택하는 것이 다양한 실험 결과들을 일관되게 이해할 수 있는

---

[39] 참조: Resnick (1968), pp. 33-35. 문제의 방출 이론(emission theories)에 반하는 것
으로 간주되는 증거들에 대한 비판적 검토를 위해서는, Fox (1965)를 참조.

유일한 방안이라는 인식이 과학자들 사이에 일반화된 것으로 볼 수 있다.[40] 그리고 앞서 언급된 여러 실험 결과들과 별도로 광속 불변의 가설이 아인슈타인에 의해 특수상대성 이론의 두 공준 중의 하나로 채택된 것은 사실이지만, 광속 불변의 가설은 상대성 이론과는 별도로 채택될 만한 그 나름의 경험적 근거를 가진 가설로 볼 수 있다.

그러나 이러한 결론에 대하여, 광속 불변의 가설을 지지하는 것으로 볼 수 있는 실험 결과들 역시 어떤 특정의 시공간론을 전제로 하여 얻어진 것이 아닌가라는 물음이 생겨날 수 있다. 왜냐하면 문제의 실험에서 사용되는 기구들의 배치를 위해서도 어떤 시공간적 양들의 측정이 필요하고 이에는 특정의 시공간론이 적재될 것이기 때문이다. 예를 들어, 마이컬슨-몰리의 실험에서 사용되는 반사 거울들을 배치할 때, 실험 장치의 중심에 놓이는 부분적으로 은을 입힌 거울(partially silvered mirror)로부터 반사 거울들까지의 거리를 측정할 필요가 생긴다. 만약 이 거리의 측정을 위해 미터자를 사용한다면, 전체 실험 장치의 운동 상태에 따라 미터자의 길이가 변화할 가능성이 문제가 된다. 여기에서 두 가지 입장이 가능하다. 하나는 변화하지 않는다고 가정하는 것인데 이는 뉴턴 역학적 시공간론을 전제하는 것이 된다. 다른 하나는 변화한다고 가정하는 것인데 이는 상대론적 시공간론을 전제하는 것이 된다. 그리고 어느 입장을 취하든지 일단 평가 대상인 이론을 전제하는 결과가 되는 것처럼 보인다. 이 경우 광속 불변의 가설이 상대성 이론과는

---

40 물론, 뉴턴 역학을 옹호하는 입장에서 본다면 광속 불변의 가설을 받아들이는 것조차, 전자와 연계되어 있는 갈릴레오 변환이 후자와 양립가능하지 않기 때문에, 부담스러운 일임에 틀림없다. 이러한 상황에서 뉴턴 역학이 부딪히는 물음은, 뉴턴 역학과 광속 불변의 가설을 함께 만족시키는 변환식이 존재하는가일 것이다.

별도로 그 나름의 경험적 기반을 가지므로 전자의 가설을 적재하는 측정 결과들이 평가 대상 이론들에 공통된 경험적 자료를 제공한다는 앞에서의 주장은 더 이상 성립하기 어렵다는 지적이 나올 수 있다. 그러나 광속 불변 가설과 관련된 실험들이 평가 대상인 특정 시공간 이론을 전제한다는 점을 인정하더라도 이것이 뉴턴 역학과 상대론적 역학에 공통된 경험적 자료의 존재에 대한 부인을 반드시 함축하는 것처럼 보이지는 않는다. 그 이유를 마이컬슨-몰리 실험의 경우를 통해 살펴보자. 마이컬슨-몰리 실험에서 일상적인 자를 사용하여 빛이 통과하는 수평거리와 수직거리를 측정한다고 하자. 이렇게 측정된 수평거리를 수축 가설에 의해 교정한 값을 사용하여 간섭 줄무늬의 이동(fringe shift)을 계산한 결과는, $(v/c)^2$보다 높은 차수의 항을 무시할 경우, 레이먼(Ron Laymon, 1988)이 지적하는 바대로 수축 가설에 의거하지 않은 계산 결과와 정확하게 같다. 이는, 빛이 통과하는 거리를 측정할 때 사용되는 자의 길이가 그 운동 상태에 따라 변화하는 것으로 보든 그렇지 않든 간에, 간섭 줄무늬 이동의 값을 산출하기 위해 마이컬슨이 행한 원래의 계산 결과에는 차이가 생기지 않는다는 것을 의미한다. 달리 표현하면, 마이컬슨-몰리 실험에서 행해지는 간섭 줄무늬 이동에 대한 계산 결과는 거리 측정에 적재되는 시공간 이론에 대하여 실질적으로 중립적(practically neutral)이다. 그러므로 광속 불변의 가설과 관련된 실험에서 행해지는 측정에 특정 시공간론이 적재되는 경우에도, 전자의 가설이 상대성 이론과는 별도로 그 나름의 경험적 근거를 가지며 따라서 이 가설을 적재하는 측정 결과들이 뉴턴 역학과 상대론적 역학에 공통된 경험적 자료를 제공한다는 주장은 여전히 성립하는 것으로 볼 수 있다.

이러한 분석이 옳다면, 우리는 뉴턴 역학이나 상대성 이론 중의 하나를 선택하기에 앞서 광속 불변의 가설을 토대로 두 이론의 비교 평가를 위한 경험적 기반을 확보할 수 있게 된다. 즉, 관찰자의 시계와 빛을 사용하여 시공간적 양들을 측정하고 그 결과를 각 이론의 예측과 비교하는 작업이 가능하게 된다. 예를 들어, 임의의 두 사건 사이에 경과한 시간에 대하여, 뉴턴 역학은 관찰자의 운동 상태와 상관없이 일정한 값을 가진다고 말하는 반면 상대성 이론은 관찰자의 운동 상태에 따라 다른 값을 가진다고 말한다. 또 비동시적인 두 사건 사이의 간격에 대하여, 뉴턴 역학은 관찰자의 운동 상태에 따라 다른 값을 가진다고 예측하는 반면 상대성 이론은 일정한 값을 가진다고 예측한다. 관찰자의 시계와 빛을 사용하여 이 두 시공간적 양을 측정하면, 그 결과는 상대성 이론의 예측과 일치한다. 그렇다면, 왜 과학자들은 뉴턴 역학의 예측이 그릇됨을 오랫동안 알아채지 못했는가? 그 주된 이유는, 흔히 말해지듯, 관찰자와 측정대상의 상대적 운동 속도가 광속보다 현저하게 작은 상황에서 시공간적 양들에 대한 뉴턴 역학의 예측과 실제 측정 결과(또는 상대성 이론의 예측) 사이의 차이가 극히 작기 때문이다.

　지금까지 우리는 뉴턴 역학과 상대론적 역학 사이에 공통의 경험적 토대가 성립함을 논하였다. 이는 시공간적 양에 대한 측정이 평가 대상 이론을 적재하지 않았음을 뜻하지 않는다. 그렇다면, 두 평가 대상 이론에 공통된 경험적 토대의 성립은 어떻게 가능했는가? 이 물음에 대한 답은 두 부분으로 나누어 이야기될 필요가 있다. 첫째, 광속 불변의 가설을 위해 경험적 근거를 제공한 실험 결과들은 그 측정이 특정한 시공간론을 적재하는 경우에도 후자에 대하여 실질적으로 중립적이라는 주장이 성립하는 것처럼 보인다는 것이다. 둘째, 특정 시공간론에 대하여 실질적으로 중립적인 실험 결과들에 의하여 지지되는 광속 불변의 가설을 토대로 이루어지는 시공간적 양에 대한 측정은, 문제의 가설이 특수 상대성 이론의 두 공준 중의 하나이기는 하나, 특수 상대성 이론의 전면적 적재를 전제하지는 않았다. 만약 특수 상대성 이론의 전면적인 적재가 일어났다면, 상대론적 예측과 측정 결과의 일치를 토대로 한 상대론적 역학의 옹호는 순환적이라는 비난을 회피할 수 없었을 것이다. 그런데 실제로 일어난 일은 특수 상대성 이론의 부분적 적재라 할 수 있다. 이 경우, 적재된 이론과 측정 결과 사이의 일치는 보장되지 않는다. 따라서 자기 부정이나 수정(self-denial or self-correction)의 가능성을 배제하는 그러한 의미의 악순환이 일어나고 있는 상황은 아니다.

세 번째 사례는 라부아지에(Antoine Lavoisier)의 화학혁명이다. 이 역시 쿤의 『과학혁명의 구조』(1962/2012, 92, 118, etc.)에서 과학혁명의 예로서 비교적 자주 언급되는 사례이다. 이 혁명 과정에서 경쟁 관계에 있던 두 이론은 플로지스톤(phlogiston) 이론과 라부아지에의 산소 이론이다. 앞에서 논의된 두 사례는 경쟁 이론들에서 어떤 용어가 공통적으로 사용되지만 그 의미가 변화하는 경우이던 것에 반해, 현재의 사례는 한 이론에서 사용되는 주요 용어가 다른 이론에서는 아예 다른 용어로 대체되는, 따라서 표면적으로도 공약불가능한 관계의 성립이 현저하게 시사되는 경우이다. 그러나 경쟁 이론들이 서로 다른 이론적 용어들을 사용한다는 사실이 그들에게 공통된 경험적 토대가 존재하지 않음을 함축한다고 생각할 필요는 없다. 현재 논의되고 있는 화학혁명은 바로, 그러한 함축 관계가 반드시 성립하는 것은 아님을 예시하는 경우인 것처럼 보이기 때문이다.

플로지스톤 이론은 18세기 무렵 유럽에서 널리 받아들여진 화학 이론으로서, 연소 및 하소 등의 현상을 플로지스톤이라는 실체의 존재를 통해 설명하였다. 즉, 어떤 물체가 연소가능한 것은 플로지스톤을 포함하고 있기 때문이며, 연소 과정은 이 플로지스톤이 빠져나가는 과정으로 이해되었다. 하소(calcination) 현상도 유사한 방식으로 설명되었다. 그런데 플로지스톤 이론이 직면한 문제들 중의 하나는, 인과 같은 무기물의 경우 연소 후에 연소 전보다 오히려 무게가 증가한다는 사실이었다. 플로지스톤 이론가의 설명대로 연소와 더불어 플로지스톤이 빠져나간다면 무게가 줄어들어야 할 것이기 때문이다. 이러한 난점에 대한 플로지스톤 이론가들의 대응은 플로지스톤 방출을 전제로 하여 여러 가지 방식으로 이루어졌다. 반면, 라부아지에는 연소를 연소되는 물질로부터 플로지스톤이 빠져 나가는 과정으로 보지 말고 공기 중의 순수한 부분(즉, 산소)이 연소되는 물질과 결합하는 과정으로 볼 것을 제안하였다. 결국 근대의 화학혁명을 통해 일어난 일은 "플로지스톤"이라는 용어의 의미 변화가 아니라 다른 용어(즉, '산소')에 의한 대체였다. 그뿐만 아니라, 이러한 이론적 변화는 연소 등에 대한 관찰에도 직접적인 영향을 미쳤을 것이다. 왜냐하면 동일한 연소 현상을 관찰하면서, 플로지스톤 이론가는 "연소 물질로부터 플로지스톤이 빠져나가고 있다"고 보고할 것인 데 반해 라부아지에 같은 산소 이론가는 "연소 물질이 산소와 결합하고 있다"라고 보고할 것이기 때문이다. 이런 이유 때문에 근대의 화학혁명에서 일어난 이론적 변화는 공약불가능론자들에 의해 불연속적인 과학 변화의 대표적 사례로 예시되어 왔다.

그러나 이러한 표면상의 급진적인 변화에도 불구하고, 플로지스톤 이론과 라부아지에의 산소 이론을 비교하는 것이 불가능하지는 않은 것처럼 보인다. 예를 들어, 연소 전의 무게와 연소 후의 무게를 비교하는

실험은, 플로지스톤 이론가들과 산소 이론가인 라부아지에 모두에 의해
공통적으로 행해졌다. 그리고 연소 과정에서 일어나고 있는 일이 무엇
인지에 대해 다른 견해를 가졌을 때에도, 연소를 전후하여 일어나는 무
게의 변화에 대해서는 같은 결론을 내렸다. 그뿐만 아니라, 하소 과정에
서 금속의 무게가 증가한다는 것은 16세기부터 잘 알려진 사실이었
다.[41] 이러한 실험 결과들에 대한 플로지스톤 이론가들의 대응은 여러
가지였다. 예를 들면, 플로지스톤은 음의 무게를 가진다고 말하거나, 플
로지스톤 이론은 화학적 현상들에 관한 이론이며 따라서 무게의 변화와
같은 물리적 현상을 설명할 필요가 없다고 말하는 것이었다. 그러나 이
러한 다양한 대응들이 공통적으로 인정한 것은 연소(또는 하소)의 결과
로서 무게의 증가가 일어난다는 사실이다. 이는 연소(또는 하소) 전후
의 무게 변화와 같은 실험 자료들이 경쟁 관계에 있던 플로지스톤 이론
과 산소 이론에 공통된 경험적 근거로서의 역할을 수행할 수 있었음을
말해준다.

　물론 두 경쟁 이론에 공통된 경험적 근거가 존재한다고 해서 그를
토대로 경쟁 이론 간의 차별화가 가능하다는 결과가 보장되는 것은 아
니다. 전자가 후자를 논리적으로 함축하지는 않기 때문이다. 그렇다면,
플로지스톤 이론과 산소 이론에 공통된 경험 자료들이 두 이론에 대한
증거적 차별화를 산출하거나 적어도 산출할 수 있던 경우인가? 이 물음

41　참조: Partington (1957), p. 148. 플로지스톤 이론을 체계화한 슈탈(Georg Stahl) 역
시 적어도 몇몇 금속에 대하여 이러한 사실을 믿었다. 그러나 겔락(Henry Guerlac 1961,
125-145)에 따르면, 이러한 현상의 일반성을 화학자들이 인정하게 된 것은 기통(Louis-
Bernard Guyton de Morveau)이 하소에 대한 기존의 문헌을 비판적으로 검토하고 그 자
신의 실험 결과들을 담은 논문 "Dissertation sur le phlogistique"를 파리 과학아카데미에
제출하면서부터이다.

에 긍정적으로 답하려는 시도와 관련된 문제점들을 생각해 보자. 우선 하나는, 플로지스톤 이론과 산소 이론이 각기 해결하고자 한 문제들의 영역이 달랐으며, 그 결과 플로지스톤 이론가들은 연소나 하소 과정에서 일어나는 무게의 변화를 해결해야 할 문제로 간주하지 않은 반면에 산소 이론가들은 금속들이 어떤 성질들을 공통으로 지닌다는 사실을 설명하지 못했다는 지적이다. 그러나 이러한 지적은 역사적인 사실과 잘 부합하지 않는 것처럼 보인다. 당시의 문헌들을 통하여 알 수 있는 것은, 캐번디시(Henry Cavendish), 프리스틀리(Joseph Priestley), 커완 (Richard Kirwan), 기통(Louis-Bernard Guyton de Morveau)과 같은 플로지스톤 이론가들 역시 라부아지에, 베르톨레(Claude Louis Berthollet), 푸르크로와(Antoine François Fourcroy) 같은 산소 이론가들과 마찬가지로 연소, 하소 및 환원, 산과 금속 사이의 화학 반응과 같은 현상들에 대한 일관성 있는 이해를 주요 과제로 삼았으며, 산소 이론이 금속의 공통된 성질들을 설명하지 못한다는 주장들이 논쟁의 초점에 놓여 있지 않았다는 점이다.[42] 다른 하나는, 연소나 하소 과정에서 무게가 늘어난다는 사실은 플로지스톤 이론의 등장 이전부터 알려져 있었으며 그럼에도 불구하고 후자의 이론이 널리 받아들여졌다는 사실은 문제의 현상을 플로지스톤 이론의 틀 안에서 해결(또는 해소)하는 데 별 어려움이 없었음을 입증한다는 지적이다. 이러한 지적이 옳다면, 플로지스톤의 정체와 그 무게에 대해 다양한 설이 존재한 이유는 무엇인가? 다양한 이설 중의 하나는, 플로지스톤은 무게가 없는 물질(imponderable)이라는 것이었다. 그러나 이러한 입장에서 연소나 하소 전후에 관찰되는 무게들

---

42 참조: Kitcher (1993), p. 275.

사이의 관계를 설명하기는 어렵다. 다른 한 가지 방법은, 플로지스톤의
무게가 음이라고 말하는 것이다. 일부 플로지스톤 이론가에 의해 채택
되기도 한 이 견해는 그 당시에 널리 받아들여지고 있던 역학 이론과의
일관성을 확보하는 과제를 안고 있었다. 그뿐만 아니라, 하소 과정에서
일어나는 금속재의 무게 증가와 공기의 부피 감소 사이의 동반 관계를
설명해야 한다. 실제로 대표적인 플로지스톤 이론가들이 이 음의 무게
가설을 채택하지 않은 것은 잘 알려져 있다. 특히, 1770년대 후반에 행
해진 금속의 하소 및 환원 실험과 그 결과에 대한 라부아지에의 보고 이
후 금속의 하소 과정에서 공기의 특정한 부분, 즉 '순수한 공기(pure air
또는 vital air)'가 흡수된다는 사실을 부인하기는 어렵게 되었고, 1780년
대의 주요 논쟁은 이러한 공통된 인식을 바탕으로 전개되었다. 그러나
하소 과정에서 순수한 공기의 흡수와 플로지스톤의 방출은 양립가능하
다. 플로지스톤 이론가의 입장에서 볼 때 남는 문제는, 하소 과정에서
방출되는 플로지스톤이 흡수되는 공기와 결합하여 재흡수되는지 아니
면 흡수되지 않는 공기의 부분과 합류하는가를 결정하는 일이다. 여기에
서 후자의 입장을 취하기는 어렵다. 왜냐하면 순수한 공기 속에서 하소
가 일어난 후 남는 공기는 순수한 공기 이외에 어떤 것도 포함하지 않
는 것처럼 보이기 때문이다. 실제로 1780년대의 주요 플로지스톤 이론
가들은 방출되는 플로지스톤이 순수한 공기와 결합하여 재흡수된다는
입장을 취하였다.[43] 플로지스톤 이론의 이러한 변형에 대한 라부아지에
의 공략은 그의 잘 알려진 '총신(gun barrel) 실험'을 통해 이루어졌다.[44]

---

[43] 참조: Kitcher (1993), p. 283.
[44] 참조: Holmes (1985), pp. 211-214, 232-233.

총신 실험은 쇠의 줄밥(iron filings)을 총신 속에 넣고 새빨갛게 달아오를 때까지 가열한 다음 물을 통과시키는 실험인데, 그 결과 철의 검은 재와 가연성 공기가 생성된다. 이에 대해 라부아지에는, 물이 순수한 공기와 가연성의 공기로 분해되어 후자의 공기를 방출하고 전자의 공기는 철과 결합하여 검은 재를 산출한 과정으로 생각하였다. 반면 플로지스톤을 가연성 공기와 동일시하는 플로지스톤 이론가들은 가연성 공기(즉, 플로지스톤)가 철로부터 방출되고 가연성 공기가 빠져나간 철은 물과 결합하여 검은 재가 되는 과정으로 간주할 것이다. 그런데, 금속재의 무게 증가와 같은 무게의 순수한 공기와 이 실험에서 방출된 가연성 공기를 결합하여 생겨난 물의 무게가 문제의 실험에서 줄어든 물의 무게와 같다는 것이 라부아지에의 실험에 의해 밝혀졌다. 이러한 상황에서, 플로지스톤 이론가들은 (i) 흡수되는 물속에 포함된 가연성 공기의 양이 금속으로부터 방출되는 가연성 공기의 양과 정확하게 일치할 뿐만 아니라 (ii) 후자의 가연성 공기가 전자의 가연성 공기를 대체한다고 말해야 할 입장이다. 그러나 왜 (i)과 (ii)에 해당하는 과정이 일어나야 하는가에 대해 플로지스톤 이론가들이 내세울 만한 설명 기제가 존재하지 않으며, 따라서 그들은 플로지스톤 이론 내에서는 소화하기 어려운 문제에 봉착한 것으로 볼 수 있다.[45]

실제로, 앞서 논의된 문제 및 그와 유사한 문제들이 산출되는 상황 속에서, 프리스틀리를 제외한 주요 플로지스톤 이론가들은 1780년대 후반과 1790년대 초를 통해 연이어 라부아지에적 입장으로 전향하였다. 그리고 이러한 과정에 대한 분석을 통해 우리는, 플로지스톤 이론가와

---

45 참조: Kitcher (1993), pp. 286-287.

산소 이론가에 의해 공통으로 인정되는 실험 결과들이 두 경쟁 이론을 차별화하는 경험적 기저의 역할을 한 것을 알 수 있다.

지금까지 우리는 쿤이 과학혁명의 과정에서 경쟁 관계에 있던 공약 불가능한 이론들의 대표적인 사례로 간주하는 몇몇 경우를 살펴보았다. 이들에 공통된 것은, 의미상 공약불가능한 상황에서도 제한된 형태로나마 경쟁 이론 간의 비교가 가능했다는 것이다. 다소 역설적으로 들리는 이러한 상황이 성립 가능했던 근거는 무엇인가? 주된 이유는, 우선 과학 이론들이 가지는 복합적 구조에 있는 것처럼 보인다. 공약불가능한 경쟁 이론의 첫 번째 사례로 우리가 다룬 천문학 이론들의 경우를 살펴보자. 프톨레마이오스의 천문 이론과 코페르니쿠스의 천문 이론은 그 적용 대상인 천체들이 이루는 실제상의 공간적 배열과 그들의 운동 양식에 대한 그 나름의 가설들로 구성되어 있다. 두 이론이 경쟁 관계에 들어가게 된 것은 바로 이 부분에서 상충되는 주장을 함에 의해서였다. 반면에 천체들의 위치와 관측 시각을 결정하는 데 사용되는 기구의 제작 및 작용 원리는 두 천문 이론에 공통적이었다.[46] 따라서 프톨레마이오스적 이론가와 코페르니쿠스적 이론가는, 우주 구조 및 천체들의 실제 궤도 등에 대해서는 서로 견해를 달리하였을지라도, 천체들의 겉보기 운동에 대한 관측 자료에 관한 한 합의를 볼 수 있었다.

근대 화학혁명에서 경쟁 관계에 있던 플로지스톤 이론가와 산소 이론가 역시, 가연성의 물질들이 무엇을 포함하는지 그리고 연소과정에서

---

46 첸(Xiang Chen, 1997)도 일부 이와 유사한 제안을 하고 있다. 그에 따르면, "과학의 역사에서 다수의 기구들은 유관한 이론들이 형성되기 전에 사실상 설계되고 제작된다. … 이처럼 기구들의 독립성은 [쿤이 말하는 의미론적 공약불가능성에 의해 야기되는] 악순환을 깨는 것을 가능하게 한다."(Chen 1997, 270)

이들이 어떤 운동을 하는지에 관하여는 상충되는 견해를 표방했지만, 연소, 하소, 환원 등의 전후에 일어나는 무게 및 부피의 변화와 같은 물리적인 측정 결과에 대해서는 서로 의견을 같이할 수 있었다. 이는 과학자들이 물질을 구성하는 요소들과 화학적 반응 과정에서 일어나는 그들의 운동에 대해 상충되는 이론을 받아들이면서도, 무게 및 부피와 같은 해당 물질의 물리적 성질에 대해서는 공통된 이론을 채택할 수 있었음을 말해 준다.

이러한 사례들을 통해 우리는, 과학 이론들이 서로 연계되는 경우에도 독자성을 유지할 수 있다는 관찰을 하게 된다. 특히, 어떤 현상들의 기저에 놓여 있는 실재에 대하여 상충하는 이론을 채택하는 경우에도, 그 현상들에 대한 관측 과정 및 결과에 대해 서로 공통된 이론을 받아들일 수 있음을 보게 된다. 이러한 이론 간 연계성과 독자성의 공존은, 이론 간 관계가 드러내는 매우 일반적인 특성인 것처럼 보이며, 관찰의 이론적재성과도 양립가능한 것이다. 그뿐만 아니라, 이론 간 관계의 이러한 특성은, 쿤이 말하는 공약불가능성의 국소화를 성립가능하게 하는 주요한 근거에 해당하는 것으로 보인다.

앞서 우리가 다룬 두 번째 사례, 즉 아인슈타인 혁명의 사례는 공약불가능성의 국소화가 성립하는 또 다른 유형을 예시하는 경우처럼 보인다. 이 사례의 경우, 다른 두 사례에서와는 달리, 동시성, 시간 간격, 공간적 거리 등에 대한 측정 결과가 두 경쟁 이론 중 어떤 이론을 채택하느냐에 따라 달라진다. 그러므로 뉴턴 역학과 상대론적 역학에서의 시공간적 양들에 대한 측정이 각기 다른 시공간적 이론을 적재하는 방식으로 일어난다면, 그러한 측정의 결과들을 두 이론의 경험적 비교를 위한 공통된 토대로서 사용할 수는 없을 것이다. 그러나 앞에서의 논의가 옳다면, 일련의 실험 결과들에 의해 과학자들은 측정 도구(즉, 빛)와 그 성질(즉, 광속)에 대하여 하나의 공통된 입장을 받아들이고 이를 통해 두 경쟁 이론에 공통된 경험적 토대를 확보하게 된 것처럼 보인다. 물론 이 과정 역시 순환적인 양상을 띠는 것은 사실이나, 실제로 일어나고 있는 일은 상대성 이론의 부분적 적재이므로 상대성 이론의 거부나 수정을 배제한다는 의미의 악순환은 아니다.

이와 같이, 아인슈타인 혁명의 사례는 평가 대상인 이론이 적재된 측정을 통하여 문제의 이론을 평가하는 것이 가능함을 보여 준다. 여기에서 악순환을 피할 수 있는 주된 이유는, 평가 대상인 이론이 부분적으로만 적재된다는 데 있다. 물론, 두 경쟁 이론의 비교를 위한 공통된 경험적 토대를 확보하기 위해서는 측정에 적재되는 (이론의) 부분에 관한 합의된 수용이 필요하다. 그리고 이러한 분석의 의의는, 경쟁 이론들이 측정에 직접 적재되는 상황에서조차 어떤 조건들이 만족되면 이론 비교가 성립한다는 것이다. 즉, 평가 대상인 이론은 기껏 부분적으로만 적재되며, 적재되는 부분에 대한 합의된 수용이 이루어진다는 조건이 그것이다.

4.5 맥락상대적 비교가능성과 그 한계

과학 이론들 간의 연계성과 독립성이 일반적으로 공존하는 것처럼 보인다는 앞 절에서의 지적이 옳다면, 공약불가능한 이론 사이의 경험적 비교는 맥락상대적인 방식으로나마 폭넓게 성립할 것이다. 그뿐만 아니라, 관측이 평가 대상 이론을 부분적으로나마 적재하는 극단적인 상황에서도 공유되는 경험이 존재함을 보여 주는 앞에서의 사례 연구는, 과학 이론 간의 경험적 비교가 (때로는 제한된 형태로나마) 일반적으로 가능하다는 주장을 위해 유력한 증거를 제공하는 것으로 볼 수 있다.

그리고 과학 이론들은 그 연계성과 독립성이 공존하는 방식으로 서로 관계를 맺는다는 앞에서의 제안이 일반적으로 성립한다면, 이는 공약불가능성의 국소화가 어떻게 성립하는가라는 물음에 대한 답을 위해 좋은 실마리를 제공한다. 상호 연계된 이론들로 구성되는 이론복합체(theoretical complex) 내에서 흔히 성립하는 의미상의 전체론적 연관은, 그 복합체를 구성하는 부분 이론들이 독립성을 유지한다면, 무제한적으로 이론복합체 전체에 걸쳐 일어나는 것이 아니라 부분 이론들에 국한된 형태로 일어나는 것으로 봄이 옳을 것이기 때문이다. 그리고 이론복합체의 구성이 그 속에서 성립하는 의미상의 전체론적 연관을 국소화시키는 방식으로 이루어진다면, 이는 공약불가능한 이론들 간의 비교를 일반적으로 가능케 하는 토대를 제공할 것이다.

이제 사례 연구를 통해 확인될 수 있는 경쟁 이론들 사이의 맥락상대적인 비교가능성은 자신이 제시한 공약불가능성이 실상 국소적인 것이라는 쿤의 해명에 현실적인 기반을 제공할 뿐만 아니라 쿤의 공약불가능성 논제가 야기한 비교불가능성에 대한 과도한 우려를 완화시켜주는 효과를 가지는 것은 분명하다. 그러나 그러한 긍정적 효과는 그 나름의 한계를 가지는 것처럼 보인다. 먼저 맥락상대적인 비교가능성이라는 이론들 사이의 관계가 반드시 이행적이지는 않으며, 따라서 과학의 지속적 진보에 대한 확인가능성을 담보하지 않는다는 것이다. 다시 말해 이론 T_1이 맥락 C에서 이론 T_2보다 경험적으로 더 잘 지지되는 것으로 확인되고 이론 T_2는 맥락 C'에서 이론 T_3보다 경험적으로 더 잘 지지되는 것으로 확인된다 하더라도 T_1이 T_3보다 경험적으로 더 잘 지지된다는 결론이 보장될 수 있는지는 의문으로 남아 있다. 나아가서 쿤 손실(Kuhn loss)이 발생하는 상황,[47] 즉 특정 맥락에서 경쟁하는 두 이론들이 문제 영역에서 부분적이나마 상위한 상황은 그 이론들 사이의 전체적인 비교를 부분적으로 제약한다.

4.6 과학적 가치들에 기반한 이론 비교

쿤은 그 자신 과학혁명 과정의 경쟁 이론들이 공약불가능하다는 주장을 해왔으나, 그 때문에 비교가능하지 않다는 주장을 한 적은 없다고 말한다. 실제로 그러했다면, 쿤은 어떤 형태의 비교를 염두에 두고 있었는가? 쿤의 국소적 공약불가능성 논제가 여전히 허용하는 것처럼 보이는 공통된 경험 자료를 토대로 한 맥락상대적인 비교가 이론 비교의 유일한 채널인가?

공약불가능성 논제와 이에 따른 이론 선택에 대한 이해는 비합리주의를 초래한다는 비판에 직면하여, 쿤은 공약불가능한 이론 사이의 비교가능성에 대한 자신의 입장을 보다 분명히 하려고 시도한다. 그 과정에서 쿤(1970a, 184-186 & 199; 1977)은, 패러다임의 일부를 구성하는 과학적 가치들이 패러다임(또는 이론) 선택에 있어 중요한 역할을 담

---

47 쿤(1962 / 2012, 169)에 따르면, "새 패러다임이 선행 패러다임들의 [문제 해결] 역량을 모두 지니는 일은 좀처럼 또는 결코 일어나지 않는다." 이러한 주장을 예시하는 쿤 자신의 사례들을 위해서는, Kuhn (1962 / 2012), pp. 99-100를 참조. "Kuhn loss(es)"라는 표현은 포스트(Heinz Post, 1971)에 의해 도입되었다.

당하는데 이 가치들에 근거한 이론 선택은 기존 주류 과학철학의 방법론적 기준에 따른 선택과는 다르다고 주장한다. 쿤이 염두에 두고 있는 과학적 가치들은, 정확성(accuracy), 정합성(consistency), 적용 범위(broad scope), 단순성(simplicity), 다산성(fruitfulness) 등이다. 그런데 이 가치들이 쿤의 주장대로 패러다임의 한 구성 요소라면 어떻게 패러다임 사이의 비교와 선택에서 객관적인 잣대의 역할을 담당할 수 있는가라는 물음이 당연히 제기될 수 있다. 이에 대한 쿤의 대답은, 문제의 가치들이 패러다임의 일부를 구성하지만, 어떤 특정 패러다임에 고유한(paradigm-specific) 요소이기보다는 과학자라면 누구나 받아들이는 것이라는 점에서 패러다임 일반적인(paradigm-general) 성격을 가지며, 따라서 경쟁 패러다임 간의 비교를 위한 공통된 기반으로 작용할 수 있다는 것이다. 그렇다면 가치에 의한 이론 평가는 기존의 방법론에서 논의되어 온 이론 평가와 구체적으로 어떻게 다른가? 후자의 경우, 임의의 이론이 그와 관련된 관찰 및 실험 자료들에 의해 입증 받는 정도를 유일하게 결정할 수 있는 알고리즘에 의한 이론 평가를 주장한다. 반면, 전자의 경우, 과학자들이 가치 항목들에 대하여 의견을 같이하더라도 그 적용을 달리하여 서로 다른 이론을 선택하게 되는 것이 일반적으로 인정된다. 즉 연산 규칙에 의한 이론 평가가 유일한 이론 선택을 위한 방법론적 근거를 제공할 것으로 기대된 데 반해, 가치에 의한 이론 평가는 다양한 이론 선택을 허용할 뿐만 아니라 그에 정당성을 부여한다.

그러나 쿤의 가치에 의거한 이론 평가에 대해서는, 평가의 객관성 확보와 관련하여 문제 회피적이라는 이의가 제기될 수 있다. 과학자들이 과학적 가치들을 공유한다 하더라도 그 적용 과정에서 과학자 개개인의 주관적 차이가 개입한다면 그리고 그 결과 상이한 선택으로 나아간다면, 그러한 이론 평가는 주관적 인자들에 의해 오염된 것으로 따라서 객관성 확보에 실패한 것으로 볼 수밖에 없다는 비판이 가능하다. 이에 대해 쿤은, 가치에 의한 이론 평가의 경우 객관적 요소와 주관적 요소의 결합이 불가피하며 이를 객관성의 상실이라는 부정적인 관점에서보다는 과학의 영속성에 기여한다는 긍정적인 관점에서 볼 것을 제안한다. 즉 이론들이 경쟁하는 상황에서 어느 이론이 더 나은 것으로 밝혀질지는 불확실하며, 이런 상황에서 모든 과학자들이 어떤 특정 이론에 몰릴 경우 위험부담이 너무 클 뿐만 아니라 과학의 영속성마저 위협받게 된다는 것이 쿤의 생각이다.

그런데 쿤의 이러한 방법론적 제안은 다소 역설적이다. 왜냐하면 정상과학의 본성과 그 역할에 대한 논의에서 쿤 자신도, 절대 다수의 과학자들이 어떤 특정 패러다임을 받아들이고 그 테두리 내에서 연구에 매진하는 것이 과학의 발전을 위해 가장 효과적이라고, 주장하는 것처럼 보이기 때문이다. 만약 정상과학적 활동에 대한 이러한 방법론적 정당화가 성립한다면, 과학혁명적인 상황에서 과학자들이 한 이론에 몰리는 것이 왜 허용되어서는 안 되는지 분명치 않다.

결국 과학적 가치에 근거한 이론 선택은, 과학자가 쿤의 가치 항목들을 인정하는 입장을 취하는 한, 그의 어떤 선택도 허용하는 결과를 낳는 것처럼 보인다. 이는 방법론적 자유방임에 가깝다. 이에 대해 쿤은 이러한 자유방임이 과학혁명기에는 불가피하다고 말할 것이다. 그리고 그 이유로, 어떤 패러다임도 그 초창기에는 아직 자신의 문제 해결 능력을 충분히 발휘하지 못한 상태이기 때문에 실제로 얼마나 많은 문제들을 해결했는가라는 기준에 의해 초기 단계의 패러다임을 옹호하기는 어렵다는 점을 지적할 것이다. 이러한 지적은 현실적이며 부인하기 어렵다.

그러나 보다 심각한 문제는, 쿤의 주장대로 혁명기의 경쟁 패러다임들이 공약불가능하다면, 새 패러다임이 그 자신의 문제 해결 능력을 어느 정도 발휘할 수 있는 시간적 여유를 가진 후에도 과학적 가치에 의거해 옛 패러다임과의 우열을 논란의 여지없이 결정하는 것은 여전히 어려우리라는 것이다. 그 이유는 다음과 같다. 만약 혁명기의 경쟁 패러다임들이 공약불가능하다면 그 패러다임들을 받아들이는 과학자들의 가치 적용 역시 어떤 패러다임을 받아들이는가에 따라 다를 것으로 예상할 수 있고, 그러한 상황에서 공통된 기반에 의해 패러다임들을 비교하여 논란의 여지없이 우열을 결정하는 것은 예외적인 경우(예를 들어, 한 패러다임이 다른 패러다임보다 가치의 모든 항목에서 우월하다는 합의가 성립하는 경우)를 제외하고는 가능하지 않을 것이다. 결국 과학적 가치에 의한 이론 평가만으로 패러다임 중립적인 평가가 어려운 상황은, 과학혁명의 초기 단계에 국한되지 않는다. 따라서 쿤의 가치에 의한 이론 선택은 혁명의 초기 단계에서뿐만 아니라 그 이후에도 방법론적 자유방임을 허용할 수밖에 없는 것처럼 보인다. 우리는 이러한 방법론적 문제 상황과 관련하여 더 확장된 논의를 과학적 합리성에 대한 논의와 연계하여 다음 장에서 하게 될 것이다.

5장

과학적 합리성

Thomas
S. Kuhn

5.1 공인된 견해와 쿤의 거부

과학이 이왕 합리적이라면 그 합리성의 주된 소재는 과학자들이 이론을 평가하거나 선택하는 방식에 있다는 점에 대해서는 아직 폭넓은 동의가 있다. 그러면 이론의 평가나 선택에 대한 쿤의 견해는 어떠했는가? 쿤이 이론 평가에 대한 기존의 공인된 견해들, 특히 그가 확률적 검증 이론이라고 부른 것과 포퍼의 반증 이론에 대해 매우 비판적이었다는 것은 쉽게 알 수 있다.[1] 쿤이 '확률적 검증 이론들'에 대해 논의할 때, 그는 네이글의 책 『확률 이론의 원리들』(1939)을 언급하는데 그 책에서는 카르납, 헴펠 그리고 라이헨바흐가 이론 평가에 대한 확률적 접근의 주창자들로 다루어지고 있다. 이런 상황에서 이론 평가에 대한 기존의 견해들을 쿤이 비판적으로 논의할 때 주된 대상이 논리경험주의자들 및 포퍼라는 것은 의심의 여지가 없다. 따라서 과학적 합리성에 대해 쿤은 논리경험주의자들 및 포퍼와 대립되는 입장을 취한 것으로 보인다.

---

1 참조: Kuhn (1962/2012), pp. 145-147.

과학적 합리성과 관련하여 쿤이 거부한 기존의 견해는 무엇인가? 논리경험주의자들과 포퍼는 귀납적 추론 및 입증 개념의 정당성에 대해 상반된 견해를 취했을지라도, 과학적 합리성의 본성에 대해서는 다음과 같은 견해를 공유했다고 생각된다.

(T1) 과학 이론들은 공통된 경험 자료를 토대로 하고 정당화될 수 있는 논리적 추론을 사용해 비교하는 방식으로 평가될 수 있다.

(T2) 실제로 과학자들은 대개 그러한 평가를 기반으로 하여 이론 선택을 한다.

(T3) 과학적 합리성은 (T1)과 (T2)에 의해 성립한다.

쿤은 과학적 합리성에 대한 공인된 견해를 왜 거부했는가? 논리경험주의자들의 확률적 검증 이론과 포퍼의 반증 이론에 대한 비판적 논의에서, 쿤은 기존의 견해들이 문제가 있다고 생각하는 몇몇 기술적 이유들을 언급한다. 그런데 정상과학과 과학혁명에 대한 쿤의 논의는 이론 평가에 대한, 나아가서 (T1)~(T3)로 정식화되는 과학적 합리성에 대한 논리경험주의자들 및 포퍼의 견해가 유지될 수 될 수 없는 보다 더 근본적인 이유들을 제시한다. 우선 쿤에 따르면, 정상과학의 과학자들은 퍼즐 풀이에 몰입하고, 그런 까닭에 이론을 시험하는 데는 별 관심이 없다. 나아가서 쿤이 보기에는 과학 활동의 대부분이 정상과학에 속한다. 그렇다면, 대부분의 시간 동안 과학자들은 (T2)를 준수하는 데 실패한다. 물론 정상과학의 과학 활동들은 (T2)를 준수하는 데 실패하는 것이 아니라 이론 시험과 무관할 뿐이라고 말함으로써 문제의 부정적 결론을 거부할 수도 있을 것이다.

그러면 어느 입장이 옳은가? 그것은 우리가 (T2)를 읽는 방식에 달려 있다. 즉, 정상과학이 (T2)를 위반하는 것이 아니라 그것과 무관하다는 결론을 이끌어내려면, (T2)를 다음과 같이 읽어야 한다.

(T2*) 이왕 과학자들이 이론 시험에 관심을 가지게 된다면, 그들은 대개 (T1)을 이행하는 방식으로 이론 선택을 한다.

그러나 (T2)를 (T2*)로 읽는 것은 논리경험주의자 및 포퍼와 쿤 사이의 방법론적 이견의 성격을 오도한다. 그들 사이의 이견의 성격은 쿤의 정상과학론에 대한 포퍼의 비판적 논평에서 잘 예시된다. 포퍼는 쿤을 다음과 같이 비판한다.

내 생각에 쿤이 '정상' 과학을 정상적이라고 제안하는 것은 그릇된 판단이다. 과학사에 기록된 과학자들 중 극히 소수만 쿤이 의미하는 '정상' 과학자였다. 다시 말해, 나는 역사적 사실들에 대해 그리고 과학의 특성에 대해 쿤과 의견을 달리한다.[2]

이처럼 정상과학에 대한 포퍼의 비판은 두 가지이다. 우선 정상과학은 과학의 특성과 부합하지 않는다. 무엇이 과학의 특성인가? 포퍼에 따르면, "과학은 본질적으로 비판적이다. 그것은 비판에 의해 통제되는 대담한 추측들로 구성된다. 그러므로 그것은 혁명적이라고 할 수 있다."[3]

---

[2] Popper (1970), pp. 53-54.
[3] Popper (1970), p. 55.

반면에 쿤은 "상당한 기간들에 걸쳐 독단적 신조가 [과학 활동을] 지배한다고 믿으며, 따라서 과학의 방법은 보통 대담한 추측과 비판으로 구성된다고 생각하지 않는다."[4] 이처럼 포퍼는 방법론적으로 정상과학에 반대한다. 왜냐하면 정상과학은 과학 활동이 어떻게 이루어져야 하는가에 대한 그의 생각과 정반대이기 때문이다. 더구나 포퍼에 따르면, 정상과학과 같은 과학 활동은 과학사에서 상대적으로 희귀하다. 그는 쿤의 정상과학/과학혁명 구분이 중요하다는 것을 인정하지만 "단서를 붙일 필요가 있다"[5]고 생각한다. 왜냐하면 그가 보기에 쿤의 구분이 천문학에는 꽤 잘 들어맞지만 물질 이론이나 다윈과 파스퇴르 이후의 생물과학들에는 들어맞지 않기 때문이다.[6]

쿤의 정상과학론에 대한 포퍼의 앞서 언급된 반대를 감안하면, (T2)는 다음과 같이 읽는 것이 적절할 것이다.

(T2[†]) 과학 활동 중 대체로 과학자들은 이론 시험에 관심을 가질 뿐 아니라 가져야 한다. 더구나 그들은 대개 (T1)을 이행하는 방식으로 이론 선택을 한다.

(T2[†])가 (T2)를 적절하게 읽은 것이라면, 쿤의 정상과학은 (T2)를 준수하는 데 분명히 실패하며, 결과적으로 그것에 토대를 둔 과학적 합리성에 대한 전통적 견해를 거부하게 된다.

---

4 Popper (1970), p. 55.
5 Popper (1970), p. 54.
6 참조: Popper (1970), p. 54.

그러면 과학 활동의 다른 부분, 즉 과학혁명은 어떤가? 쿤에 따르면, 이론 시험과 같은 것이 일어난다면, 그것은 옛 패러다임과 새 패러다임이 경쟁하는 과학혁명의 과정에서 일어난다. 그럴 경우, 과학적 합리성의 전통적 개념이 직면하는 악명 높은 문제는 과학혁명기의 경쟁 패러다임들이 공약불가능하다는 쿤의 주장이다. 그가 말하는 공약불가능성의 기본적인 아이디어는 경쟁 이론들을 평가하기 위한 공통의 잣대가 없다는 것이기 때문이다.

정상과학과 과학혁명에 대한 쿤의 견해 그리고 과학적 합리성의 전통적 개념에 반하는 그것의 함축들은 격렬한 비판들을 불러일으켰다. 쿤의 견해에 대한 주된 비판 중 하나는 그의 정상과학론이 과학 활동을 독단적이고 파당적으로 만듦으로써 그것은 객관적 성격을 상실하게 된다는 것이다. 또 다른 비판은, 과학자들이 이론 선택을 하는 것으로 간주되는 과학혁명의 과정에서조차 쿤의 공약불가능성이 경쟁 이론들을 비교 가능하지 않게 만들기 때문에 기존의 패러다임이나 새로운 패러다임을 받아들이는 과학자들의 선택은 군중 심리의 산물로 전락하게 된다는 것이다.[7] 이처럼, 쿤의 비판자들이 보기에는, 그의 공약불가능성 논제가 앞의 (T1)을 반박하는 것처럼 보였다. 비판자들의 전반적인 결론은 쿤의 대안적 과학관이 과학 활동을 비합리적인 것으로 만든다는 것이다. 여기에서 비판자들의 그다지 비밀스럽지 않은 전략은, 귀류법에 의해, 과학 활동이 실상 비합리적이지 않으므로 쿤의 견해가 옳을 수 없다고 논증하는 것이다.

---

7 Lakatos (1970, 178)는 이런 류의 비판을 잘 대변한다.

이 열띤 논쟁에 대한 쿤의 입장은 무엇이었는가? 그에게는 명백히
두 가지 선택지가 있었다. 그중 한 가지는 과학 활동이 실상 그렇게 합
리적이지 않다고 말함으로써 정면 돌파하는 것이다. 쿤의 사회학적 추
종자들은 이 선택지를 선호했을지라도 쿤 자신은 그렇게 하지 않았다.
쿤이 선호한 다른 선택지는, 과학 활동이야말로 전형적으로 합리적이며
비판자들이 자신의 입장을 오해했다고 말하는 것이다. 그러나 자신의
과학관이 (T1)과 (T2)를 모두 반박하는 것처럼 보이는 상황에서 쿤이
과학은 합리적이라는 견해를 표방하는 것이 어떻게 가능한가? 이 막다
른 골목으로부터 쿤의 탈출구는 자신의 과학관이 아니라 과학적 합리성
의 개념에서 변화가 필요하다고 주장하는 것이다. 그럴 경우, 쿤은 과학
적 합리성에 대한 전통적 개념 대신 사람들이 채택하도록 설득할 수 있
는 대안적 개념을 제안하는 새로운 과제를 안게 된다.

5.2 쿤의 대안

과학적 합리성에 대한 쿤의 대안 개념은 무엇이며 그 타당성은 어떠
한가? 쿤도 과학적 합리성이 주로 이론 선택의 맥락에서 성립한다는
점을 부인하지 않을 것이다. 이 대목에서 쿤(1977, 321) 스스로 '좋은
과학 이론의 특징들은 무엇인가?'라는 질문을 제기한다. 이 질문과 관련
하여 쿤은 그 자신 이론 평가의 표준적 기준들로 간주하는 5가지 특징
들, 즉 정확성(accuracy), 정합성(consistency), 적용 범위(scope), 단순성
(simplicity) 및 다산성(fruitfulness)을 열거하면서, "동일한 부류의 다른
기준들과 더불어 이 다섯 가지 특징들은 이론 선택을 위해 과학자들이

공유하는 토대에 해당한다"[8]고 제안한다.

쿤(1977, 322) 스스로 인정하는 것처럼, 이론 평가를 위한 그의 기준들은 적어도 명목상으로는 전통적인 평가 기준들과 별로 다르지 않다. 그렇다면 이론 선택에 대한 쿤의 견해는 전통적인 견해와 어떻게 다른가? 전통적 견해에서와는 달리, 쿤의 관점에서 볼 때 이론 평가의 기준들은 "[이론] 선택을 결정하는 규칙들로 기능하는 것이 아니라 선택에 영향을 미치는 가치들로서 기능한다."[9] 가치에 기반한 쿤의 이론 선택론과 전통적인 대안의 주된 차이는, 전자가 후자와는 달리 이론 선택에서 과학자들 사이의 이견을 허용할 뿐만 아니라 그러한 이견을 합리적인 것으로 간주한다는 데 있다. 쿤은 그러한 결과가 가치에 기반한 이론 선택론의 단점이라기보다 이점이라고 생각한다. 이처럼 과학적 합리성에 대한 쿤의 대안은 전통적인 견해보다 훨씬 더 포용적이다.

이론 선택에서 과학적 가치들의 중요하면서도 비전통적인 역할이 인정된다 하더라도, 과학의 합리성을 확보하려는 쿤의 노력은 여전히 심각한 도전에 직면하는 것처럼 보인다. 그것은 쿤 자신의 공약불가능성 논제가 산출하는 것으로 간주되는 도전이다. 쿤의 공약불가능성이 경쟁 이론들 사이의 비교불가능성을 함축하는 것으로 이해되는 한, 합리적 이론 선택은 과학자들의 손을 벗어나는 것처럼 보이기 때문이다. 쿤은 공약불가능성 논제에 대한 이와 같은 부정적 이해에 대응하여, 4장에서 이미 언급된 것처럼, 비판자들이 자신의 진정한 의도를 오해했다고 반박했다. 쿤의 해명에 따르면, 그가 의도한 것은 국소적 공약불가능성이

라는 것이다. 그리고 쿤의 제안대로 경쟁 이론들 사이의 공약불가능성이 단지 국소적인 것이라면, 과학자들은 이론 평가를 위한 공통된 토대(특히 공통된 경험 자료)를 공유할 가능성이 많아질 것이다. 그렇다면 공약불가능성은 공통된 경험 자료를 토대로 하여 경쟁 이론들을 비교할 수 있는 가능성을 반드시 배제하지는 않는다. 사실상 우리는 그러한 비교의 가능성을 앞 장에서의 사례 연구들을 통해 확인할 수 있었다.

이처럼 쿤의 국소적 공약불가능성은 (T1)에 토대를 둔 전통적 형태의 과학적 합리성을 복원하는 것을 허용하는 듯하다. 그러나 그러한 외양이 과장되어서는 안 된다고 쿤은 경고할 것 같다. 왜냐하면 쿤의 입장에서 보면, 전통적 합리성을 원래대로 복원하려는 어떠한 시도에 대해서도 두 가지 중대한 장애가 가로놓여 있기 때문이다. 그중 하나는 앞 장에서 언급된 바 있는 쿤 손실(Kuhn loss)인데, 이는 과학혁명 이전의 정상과학에서 해결된 문제들 중 일부가 혁명 이후의 정상과학에서는 해결될 필요가 없는 것으로 간주되거나 그 역의 경우가 성립하는 상황을 말한다. 쿤 손실을 야기하는 것 역시 과학혁명 전후에 성립하는 정상과학들 사이의 공약불가능한 관계, 특히 경쟁 패러다임들을 채택하는 과학자들이 해결되어야 할 문제들의 목록에 대해 의견을 달리하는 상황이다. 그러면 우리는 왜 축적적 성장으로서의 과학적 진보라는 아이디어에 익숙해졌는가? 쿤의 논의 속에서 그 답을 찾는다면, "과학혁명에서 이득도 있지만 손실도 있는데 과학자들은 특히 손실에 대해서는 눈을 감는 경향이 있다"[10]는 그의 관찰이 일단 언급될 수 있다.[11] 그러

---

10 Kuhn (1962 / 2012), p. 165.
11 『과학혁명의 구조』에서부터 등장한 이러한 시각은 그 이후에도 지속적으로 유지된

나 그것이 사태의 전모라고 생각하는 것은 지나치게 소박한 관점일 것이다.

전통적 형태의 과학적 합리성을 복원하는 데 다른 한 가지 장애물은 과학적 가치들이 이론 선택에 영향을 미치는 방식이다. 전통적인 과학적 합리성을 뒷받침한 이론 평가의 기준들은 통상 각 이론이 그것과 유관한 경험적 자료에 의해 지지되는 정도를 계산하는 연산 규칙의 형태를 취함으로써 적어도 원리상 일의적 결정을 낳는 경우이던 것과는 달리, 이론 평가 기준들로서의 과학적 가치들은 다중적 기준들로 구성되기 때문에 각 기준에 따라 선호되는 이론이 달라지는 상황을 초래할 수 있다.[12] 쿤은 그 상황을 다음과 같이 서술한다.

> 개별적으로 그 기준들은 정확하지 않다. 개별 [과학자]들은 그것들이 구체적 사례들에 적용가능한가에 대해 적법하게 의견을 달리할 수 있다. 또한 그 기준들은, 함께 사용될 때, 서로 충돌한다는 것이 반복적으로 분명해진다. 예를 들어, 정확성이 한 이론의 선택을 요구하는 한편, 적용 범위는 그 경쟁 이론의 선택을 요구할 수 있다.[13]

그러나 이론에 대한 엇갈린 기준별 평가가 반드시 이론 선택에서의 차이를 산출할 필요는 없다. 왜냐하면 다양한 기준들에 의해 이론 평가가 이루어지는 상황에서 과학자는 기준별 평가들을 종합하여 최종 선택을

다. 참조: Kuhn (1989), pp. 88-89.
12 이론 평가에 대한 이 두 가지 관점을 대비시키는 쿤 자신의 논의를 위해서는, Kuhn (1970b, p. 134)을 참조.
13 Kuhn (1977), p. 322.

하게 될 것이고, 따라서 한 가지 가치 항목에서의 우세가 종합적 가치 판단에서의 우세를 함축하지는 않기 때문이다.[14] 다시 말해 과학자들이 이론 평가에서 적용되는 가치들에 대한 이해를 공유하고 그것들에 동일한 가중치를 부여하는 경우, 가치 항목별 평가에서 경쟁 이론들 사이의 우열이 엇갈릴지라도 종합적 평가에서는 그중 한 이론이 우세하다는 것으로 드러나고 이에 대해 과학자들은 의견을 함께할 수 있을 것이다. 그럼에도 불구하고 과학적 가치들의 다중성은 그 자체 이론 선택에서의 불일치를 함축하지는 않지만 과학자들이 과학적 가치들을 명목상으로 공유하는 상황에서도 그것들을 해석하는 방식이나 가중치를 부여하는 방식에 따라 서로 다른 이론들을 선택할 수 있는 여지를 열어 준다.

이론 선택에 대한 우리의 논의에는 두 가지 사안이 포함되어 있다. 한 가지 사안은 과학자들이 어떻게 이론 선택을 하는가이고, 다른 사안은 과학자들이 어떻게 이론 선택을 해야 하는가이다. 첫 번째 사안은 성격상 기술적인 데 반해 두 번째 사안은 규범적이다. 기술적 사안에 대한 쿤의 견해는, 과학자들이 이론 선택에서 때때로 의견을 달리하지만 대체로 의견을 함께한다는 것으로 보인다. 왜냐하면 그는 자신의 정상과학 / 과학혁명 구분이 기술적으로 옳다고 생각하기 때문이다. 그러면 과학자들이 이론 선택에서 의견을 같이하는 방식의 기술적 측면

---

14 이러한 종합적 평가를 공식화한다면 그것은 다음과 같은 식으로 표현될 수 있을 것이다. $V(T) = w_1V_1(T) + w_2V_2(T) + \cdots + w_nV_n(T)$. 여기에서 V_i는 가치 i의 평가 함수이고 w_i는 가치 i의 가중치를 나타낸다. 그리고 고려되는 과학적 가치들이 다섯 가지라면 n은 5가 될 것이다. 물론 과학적 가치들의 가중치나 평가 함수값을 계량화하는 절차를 명시적으로 제시하는 일이 성공하리라는 보장은 없으며, 따라서 가중치나 평가 함수값에 대한 논의는 일정한 수준의 불확실성과 애매성을 감수할 수밖에 없을 것이다.

에 관한 한, 쿤과 그 당시의 주류 과학철학자들은 별 이견이 없었을 것
으로 생각된다. 왜냐하면 라우든(1984, 3-13)이 적절하게 지적하는 것
처럼, 과학이 대체로 합의를 토대로 하여 이루어지는 활동이라는 견해
는 1940년대와 1950년대의 과학철학자 및 과학사회학자들에 의해 폭
넓게 받아들여졌기 때문이다. 그리고 그러한 개관은 그 당시 주류 과
학철학자들이 과학에서의 합의를 산출하는 데 주된 역할을 수행하는
것으로 간주된 과학방법론의 규칙들을 밝혀내기 위해 지속적인 노력을
기울인 정황뿐만 아니라, 흥미롭게도, 쿤의 정상과학 개념과도 잘 들어
맞는다. 나아가서, 양쪽이 과학에 대해 합의적 견해를 공유했다는 점을
감안하면, 과학자들이 이론 선택에서 어떻게 의견을 달리하는가에 대해
구태여 상이한 입장을 취할 것 같지 않다. 다시 말해, 그들은 사실상
과학자들이 이론 선택에서 때때로 의견을 달리한다는 점에 동의할 것
같다.

　그러면 이론 선택에서 과학자들이 의견을 같이하거나 달리하는 방식
에 대한 그들의 규범적 견해는 어떠한가? 쿤과 당시 주류 과학철학자들
이 의견을 달리할 대목은 바로 이 물음에 대한 답에서이다. 먼저 쿤의
전통적 적들은, 과학자들이 이론 선택에서 의견을 달리할 경우 그들 중
일부는 옳지만 나머지는 그릇되다고 생각할 것이다. 왜냐하면 주류 과
학철학자들이 기대하는 바대로 이론 평가를 위해 적절한 연산 규칙이
주어진다면, 경쟁 이론들 중 하나가 다른 것들보다 더 나은 것으로 밝혀
질 것이고 따라서 전자의 이론을 선택하는 것은 방법론적으로 정당하지
만 후자의 이론을 선택하는 것은 그렇지 못할 것이기 때문이다. 나아가
서 그러한 차별화야말로 과학방법론, 특히 이론 평가를 위해 적절한 연
산 규칙의 역할로 간주될 것이다. 이와 달리 쿤의 제안은 과학자들이

이론 선택에서 의견을 달리할 경우 양쪽 모두 옳을 수 있다는 것이다. 왜냐하면 그의 과학적 가치들을 토대로 하여 이론 평가를 할 경우, 경쟁 이론들 중 어떤 것이라도 그 나름의 근거 위에서 선호될 수 있고 그것을 선택하는 것은 방법론적으로 허용될 수 있을 것이기 때문이다. 그러나 그러한 허용은 방법론적으로 무책임할 뿐만 아니라 과학적 합리성을 포기하는 것과 마찬가지 아닌가? 쿤의 반박은 다음과 같을 것이다. 이론 선택에서 과학자들의 의견 불일치는 과학혁명의 전제 조건이다. 따라서 과학혁명이 과학의 발전을 위해 필수적이라면 어떤 허용가능한 방법론도 적절한 간격을 두고 이론 선택에서 그러한 의견 불일치를 산출할 수 있어야 한다. 나아가서 과학적 합리성에 대한 어떤 바람직한 개념도 이론 선택에서 그러한 의견 불일치를 합리적인 것으로 만들 만큼 포용적이어야 한다.

이론 선택에서 과학자들이 때때로 의견을 달리하는 것과 관련하여 쿤과 그의 철학적 적들 중 누구의 견해가 더 바람직한가? 양 견해 사이의 주된 차이는, 상대방의 견해가 경쟁 이론들 중 하나의 편을 들면서 다른 이론들을 배제하는 반면 쿤의 견해는 경쟁 이론들 모두에게 선택의 방법론적 근거를 제공한다는 것이다. 즉, 이론 선택의 맥락에서, 쿤의 견해는 방법론적으로 관대한 반면, 상대방의 견해는 방법론적으로 엄격하다. 기존 이론이 위기에 처한 상황에서 대안 이론이 등장하여 이론 간 경쟁이 발생하는 초기 단계에서는 방법론적 관대함이 선호된다고 상정하면, 우리는 "선택 기준들이 규칙으로서는 불완전하지만 가치로서 기능할 수 있다는 것을 인식하면 많은 놀라운 이점들이 있다. ⋯ [그러한 인식은] 표준적 기준들이 이론 선택의 가장 초기 단계, 즉 그 기준들이 가장 필요하지만, 전통적 견해에 따르면, 제대로 기능하지 못하거나 아예 기능하지 않는 시기에 완전하게 기능하는 것을 가능하게 한다"[15]
는 쿤의 주장에 동의할 수 있다.

5.3 대안의 문제점들 및 한계

그런데 이론 선택에 대한 쿤의 대안적 견해에 특징적인, 방법론적 관
대함이 항상 미덕은 아니며 그 나름의 문제들을 불러일으키는 것처럼
보인다. 그 문제들 중 하나는 이론 선택과 관련된 과도한 방법론적 방
임주의(excessive methodological permissivism)이다. 쿤(1977, 325)에 따
르면, "경쟁 이론들 사이의 모든 개인적 선택은 객관적 인자들과 주관적
인자들의 혼용, 또는 공유되는 기준들과 개인적 기준들의 혼용에 의존
한다." 여기에서 객관적 인자들은 명목상 공유되는 과학적 가치들이고,
주관적 인자들은 그 가치들에 대한 개인적 해석들 및 가중치들이다. 왜
이러한 주관적 인자들을 끌어들이는가? 공유되는 기준들이 "그 자체만
으로는 개별 과학자들의 선택을 결정하기에 충분하지 않기"[16] 때문이
다. 쿤은 각 개별 과학자가 어떤 해석 또는 가중치를 채택할지에 대해
그리고 어떤 이론을 선택할지에 대해 어떤 방법론적 제약도 부과하지
않는다. 더구나 모든 이론 선택은 그 나름의 방식으로 합리적이다. 그
러면 쿤의 의도와는 상관 없이, 최종적인 결과는 과도한 방법론적 방임
주의인 것처럼 보인다.

---

15 Kuhn (1977), p. 331.
16 Kuhn (1977), p. 325.

다른 연관된 문제는 앞서 언급된 의견 불일치 문제의 역전이다. 이 문제는 쿤의 정상과학에 대한 방법론적 요구로부터 비롯한다. 앞서 나는 이론 선택에서 발생하는 과학자들 사이의 의견 불일치가 과학혁명의 전제라고 말한 바 있다. 정상과학에 대해서는 그 역이 성립한다. 왜냐하면 정상과학은 이론 선택에서의 공동체적인 합의를 요구하기 때문이다. 그러면 질문은 과학자들이 과학혁명의 초기 단계에서 형성된 의견 불일치로부터 이론 선택에서의 합의를 어떻게 회복하는가이다.[17 · 18]

『과학혁명의 구조』 초판에서의 쿤에 따르면, "마지막까지 전향을 거부하는 과학자들이 죽은 후 그 분야의 모든 과학자들이 단일한 그러나 이전과는 다른 패러다임을 토대로 탐구 활동을 하게 될 때까지, 한 번에 몇 명씩 계속 전향이 일어날 것이다."[19] 그런데 그러한 전향은 어떻게 유도되는가? 쿤이 초기에 한 답은 다음과 같다. "개별 과학자들은 온갖 부류의 이유들 때문에, 보통 한 번에 여러 가지 이유 때문에 새 패러다임을 받아들이게 된다. 이 이유들 중 일부는 전적으로 분명한 과학 영역 밖에 속하는 것이다. 다른 이유들은 [과학자 개인의] 자서전이나 개성에 속하는 특이한 요소들에 의존함에 틀림없다. 심지어 혁신자나 그 스승들의 국적이나 과거 명성도 의미 있는 역할을 한다."[20] 여기에서 쿤

---

17 이 문제는 내가 최초로 제기하는 것이 아니다. 합의 형성의 문제를 논의한 선구적인 학자는 라우든이다. 참조: Laudan (1984), pp. 16-19; Laudan (1996), pp. 91, 234-235.

18 합의 형성의 문제 그리고 과학적 합리성과 관련된 다른 문제들을 해결하려고 시도하는 과정에서 라우든(1984)은 소위 과학적 합리성의 그물형 모형(reticulated model)을 제안하였다. 다음 장에서 나는 과학적 진보의 성격을 규명하는 문제와 연계하여 그물형 모형의 의의와 한계에 대해 좀 더 자세하게 논의할 것이다.

19 Kuhn (1962/2012), p. 152.

20 Kuhn (1962/2012), p. 153.

은 이론 선택에서 과학 외적 인자들의 필수적인 역할을 변론하는 것처럼 보인다.[21] 아마도 이런 진술들에 비추어 해킹(Ian Hacking, 1999)은 그 자신이 과학적 안정성에 대한 외재적 설명이라고 부르는 견해를 쿤이 채택한 것으로 간주한다. 해킹에 따르면, "[쿤과 같은] 구성주의자는 과학적 신념의 안정성에 대한 설명이 적어도 부분적으로 과학의 공언된 내용에 외재하는 요소들을 포함한다고 주장한다. 이 요소들은 전형적으로 사회적 요인, 이해, 네트워크 등을 … 포함한다."[22] 방금 인용된 해킹의 진술은 실상 과학자들이 과학적 신념들에 관한 자신들의 합의를 어떻게 유지하는가라는 물음에 대한 외재주의적 접근을 서술한 것에 해당한다. 그리고 합의 유지의 문제를 해결하는 데 그러한 접근 방식을 채택한다면, 합의 형성의 문제를 다루는 데도 같은 방식을 채택하는 것이 자연스러울 것이다. 아마도 이런 이유 때문에 레이(K. Brad Wray)는 "해킹에 따르면, [방금 인용된 그의 진술에 담긴 견해가] 과학에서의 합의 형성에 대한 쿤의 견해이다"[23]라는 결론을 내리게 된 것으로 보인다. 그러나 이론 선택에서 과학 외적 인자들의 역할에 대한 쿤의 제의는, 그것이 전적으로 수용된다 하더라도, 해당 인자들이 각 개별 과학자의 이론 선택에 영향을 미친다고 말하는 정도일 뿐 과학혁명의 과정에 연

---

21 이러한 논변은, 그의 실제 의도와는 상관없이, 그의 사회학적 추종자들로 하여금 이론 선택을 궁극적으로 결정하는 것은 사회적 인자들이라고 주장하도록 고무했다. 후에 쿤은 이 사회학적 급진론자들로부터 거리를 두고자 노력했다. 특히 Kuhn(1992)은 그러한 시도의 일환이다. 그럼에도 불구하고 『과학혁명의 구조』에서 그가 행한 논의들이 사회학적 외삽을 위한 많은 여지를 제공함으로써 오해를 자초한 면이 있다는 것은 부인하기 어렵다.

22 Hacking (1999), p. 92.

23 Wray (2011), p. 154.

루된 과학자들 모두 또는 대부분이 합의된 이론 선택에 도달하도록 다양한 과학 외적 인자들이 공조할 뿐만 아니라 공조할 수밖에 없다는 것을 보여 주지는 않는다.

아무튼, 이론 선택에 대한 사회적 인자들의 영향에 대한 쿤의 진술들에도 불구하고, 과학에서의 합의 형성에 관한 그의 견해를 외재주의로 해석하는 것은 당사자의 지지를 얻기 힘들 것 같다. 그러한 상황은 1995년에 이루어진 장시간의 면담에서 쿤이 "영국 사람들은 내가 내재주의자라는 사실에 대해 늘 놀라워한다"[24]고 술회하는 데서도 자못 분명하다. 사실상 이론 선택에 대한 쿤의 좀 더 정제된 논의는 과학적 가치들의 역할에 초점이 맞추어져 있다.[25] 그러면『과학혁명의 구조』2판 후기에 등장하는 과학적 가치들의 역할에 관한 쿤의 논의는 이 합의의 문제를 해결했는가? 그렇지 못했다. 그 사안에 대한 쿤 자신의 논의만으로는 문제 상황을 개선하는 데 크게 도움이 되지 않았다고 생각된다. 『과학혁명의 구조』초판의 독자들은, 각 패러다임이 이론 평가를 위해 그 자체의 기준들을 가지며, 따라서 자신들이 선택한 이론을 위한 과학자들의 변론은 순환적일 수밖에 없다는 인상을 받았다. 그 때문에 일부 학자들은 이론 또는 패러다임 선택에 대한 쿤의 견해가 과격한 상대주의를 불러들인다고 비판하였다. 이론 선택에서 가치들의 역할에 대한 쿤의 제안은 그의 원래 견해와 결부된 과격한 상대주의의 이미지를 완화하는 데 아마도 도움이 되었다. 왜냐하면 과학자들이 어떤 패러다임을 받아들이든 그들은 과학적 가치들을 이론 평가의 공통된 기준들로

---

24 Kuhn (1997), p. 287.
25 참조: Kuhn (1970a); Kuhn (1977).

공유한다는 제안을 그가 했기 때문이다. 그럼에도 불구하고 쿤의 제안이 거둔 성공은 제한적인 수준에 머물렀다. 왜냐하면 쿤이 가치들에 기반을 둔 이론 평가의 절차가 다음과 같이 진행되는 것으로 간주했기 때문이다. 과학자들이 과학적 가치들을 적어도 명목상으로는 공유할지라도 그 가치들의 적용은 개별 과학자의 해석이나 가중치 부여에 의존한다. 그런 까닭에 쿤의 가치들에 기반한 이론 평가 절차는 이론 선택에서 발생하는 과학자들 사이의 '합리적 의견 불일치'를 설명하는 데 상당히 성공적이지만 이론 선택에서 어떻게 '합리적 합의'가 복원되며 복원되어야 하는가를 설명하는 데는 성공적이지 못한 채로 남았다.

흥미롭게도, 가치에 기반한 쿤의 이론 선택론에 대한 나의 평가가 일부는 긍정적이고 일부는 부정적인 것과 달리, 레이는 쿤의 이론 선택론이 합의 형성의 문제를 해결하는 데 성공했다는 결론에 도달한 것처럼 보인다. 그의 지지 논변은 두 부분으로 구성되어 있다.[26] 먼저 과학적 가치의 적용에서 나타나는 개인 간 변이와 같은 주관적 인자들이 과학자들로 하여금 상이한 이론들을 채택하도록 유도한다는 것이다. 나아가서 그 상이한 이론들은 그중 어느 이론이 인식적으로 우월한지가 분명해지는 지점까지 발전한다는 것이다. 여기에서 레이의 논변 중 첫 번째 부분은 내가 앞서 과학자들이 과학적 가치 적용에서의 개인차 때문에 이론 선택에서 의견을 달리하게 된다고 언급한 그 과정과 다르지 않다. 반면에 그의 논변 중 두 번째 부분은 상세하게 제시되지 않고 있다는 점에서 문제가 있다. 이와 관련해 그는 "[경쟁 이론들이 발전하는] 과정에서 새로운 증거들이 축적되고, 시간이 경과하면서 인식적으로 우세한

---

26 참조: Wray (2011), p. 162.

이론이 승자로서 등장하게 된다"[27]고 말할 뿐이다. 이와 같은 진술은, 그의 의도와는 상관없이, 경쟁 이론들이 축적되는 증거에 의해 평가되는 전통적 구도를 연상시킨다. 그리고 이러한 상황은 레이가 너무 쉬운 해법에 의지한다는 우려를 자아낸다. 한층 더 납득하기 힘든 것은, 지금 검토되고 있는 지지 논변의 두 번째 부분에서 레이가 과학적 가치들 및 그 작용에 대해 거의 언급하지 않는다는 점이다. 다행스럽게도 호이닝엔-휘네(Peter Hoyningen-Huene, 1992)의 관련된 논의가 그러한 상황을 해명하는 데 도움이 된다.[28] 호이닝엔-휘네에 따르면, "의견 불일치의 단계를 거친 후, [경쟁 이론들 중] 하나를 지지하는 다수의 논거들이 쌓이면서 개별 과학자의 가치 체계가 어떠하든 모든 과학자들이 동일한 선택을 하게 된다."[29] 여기에서 호이닝엔-휘네는 다음과 같은 제의를 하고 있는 것처럼 보인다. 즉, 의견 불일치의 단계 동안 가치 적용에서의 개인차가 과학자들로 하여금 상이한 이론 선택을 하도록 유도하지만, 의견 불일치의 단계를 거친 후에는 특정 이론을 선호하는 '다수의 논거들' 때문에 과학자들은 가치 적용에서의 개인차와 무관하게 동일한 이론을 선택하게 된다는 것이다. 레이의 논의에서는 '다수의 논거들'이라는 표현 대신 '[증거를 토대로 작동하는] 인식적 인자들'이라는 표현이 사용되고 있다. 결국 호이닝엔-휘네는 이원적 이론 선택론, 즉 의견 불일치의 단계 동안에는 과학적 가치들이 이론 선택을 주도하지만, 의견 불일치의 단계가 끝난 후에는 논거와 같은 인식적 인자들이

---

27 Wray (2011), p. 162.

28 쿤의 이론 선택론에 대한 레이의 논의는 Hoyningen-Huene(1992)의 이 부분에 의존하고 있다.

29 Hoyningen-Huene (1992), p. 496.

이론 선택을 주도한다는 견해를 제시한 것처럼 보이며, 레이 역시 후일 그러한 견해에 합류한 것으로 이해된다. 내가 보기에, 쿤의 이론 선택론에 대한 그러한 이원론적 해석의 기저에 놓여 있는 것은 호이닝엔-휘네의 특이한 생각, 즉 정상과학의 시기에도 가치 적용에서의 개인차가 과학혁명의 과정에서와 마찬가지로 존재하지만 단지 잠재적인 형태로 존재한다는 점에서 다를 뿐이라는 생각이다.[30] 그러나 쿤이 자신의 이론 선택론에 대한 그러한 해석을 지지했을지는 의문이다. 왜냐하면 정상과학의 시기 동안 과학적 가치들로 하여금 휴면 상태에 있게 함으로써 가치에 기반한 쿤의 이론 선택론을 불완전하게 만드는 것은 그의 입장에서 보면 그렇게 선호할 일이 아닐 것이기 때문이다. 그렇다면, 과학적 가치들이 과학적 탐구에서 늘 작용하지만 정상과학의 시기 동안 존재하는 가치 적용에서의 개인차는 상이한 이론 선택을 초래할 만큼 그렇게 크지 않다고 말하는 것이 쿤의 입장에서는 더 선호할 만한 선택지일 것이다.

5.4 쿤의 대안에 대한 수정적 접근

이 장의 나머지 논의에서 나는 우선 가치들에 기반한 쿤의 이론 선택론에 대한 수정적 접근을 통해, 합리적 불일치의 문제(즉, 이론 선택에

---

30 참조: Hoyningen-Huene (1993), p. 235. 호이닝엔-휘네에 따르면, "비통상적 과학[즉, 과학혁명]에서의 의견 불일치는 정상과학에서 [잠재적으로] 존재하는 차이들의 발현이다."

서 합리적 의견 불일치를 산출하는 문제)를 다룰 때 그의 이론 선택론
이 보여 주는 원래의 이점을 유지하는 동시에, 과도한 방법론적 방임
주의의 문제(즉, 모든 이론 선택을 합리적인 것으로 간주하는 문제)와
합의 형성의 문제(즉, 이론 선택에서 합리적 합의를 복원하는 문제)를
해결할 수 있는지를 물을 것이다. 그런 다음 나는 그러한 수정적 접근
이 과학적 합리성의 본성, 나아가서 과학방법론에 대해 어떤 함의들을
가지는가를 모색할 것이다.

  먼저, 고려 중인 두 가지 문제들에 대해 진단해 보도록 하자. 내가
보기에 과도한 방법론적 방임주의의 문제와 합의 형성의 문제는 공동의
기원을 가지는 것 같다. 과도한 방법론적 방임주의의 문제는 개별 과학
자들에게 과학적 가치들을 해석하고 가중치를 부여하는 자유가 주어지
는 상황에서 비롯하는데, 쿤은 그러한 자유를 규제할 어떤 방법론적 제
약도 제공하지 않는다. 개별 과학자들이 각자 나름으로 가치들을 해석
하고 가중치를 부여하도록 허용하는 것은 이론 선택에서 의견 불일치를
유도하는 기제로서의 역할을 수행한다. 그러나 가치들의 적용에서 방법
론적으로 제약되지 않는 자유는 모든 이론 선택을 합리적인 것으로 허
용하는 결과를 낳으며, 그것이 바로 과도한 방법론적 방임의 문제에 해
당한다. 더구나 과학적 가치들을 다룸에 있어 그러한 제약되지 않는 자
유는 이론 선택에서 의견 차이를 산출하는 데 효과적일 수 있지만, 이론
선택에서 의견의 수렴을 산출하는 데는 넘기 어려운 장애를 만들어 낼
것 같다. 왜냐하면 이론 선택에서 의견 분산을 유발하는 다양한 개별적
해석 및 가중치 부여들이, 방법론적 제약 없이, 해당 분야의 모든 과학
자들 사이에 의견 수렴이 산출될 수 있도록 협동하는 것은 사실상 불가
능하기 때문이다. 이와 같이 개별 과학자들이 과학적 가치들을 적용하

는 과정에 대한 방법론적 제약의 결여가 과도한 방법론적 방임주의의 문제와 합의 형성의 문제 모두에 대해 주된 원인인 것처럼 보인다.

그러면 다음 질문은 가치에 기반한 쿤의 이론 선택론에 대한 어떤 수정안이 원안보다 앞서 언급된 두 가지 문제들을 더 잘 다룰 수 있는가 하는 것이다. 과연 그런 수정안이 있다면, 그것은 무엇일까? 두 가지 문제에 대한 앞의 진단에서 잠정적 해답이 그 모습을 이미 드러낸 것으로 보인다. 그것은 개별 과학자들이 과학적 가치들을 적용하는 방식에 대해 이유 있는 방법론적 제약들을 제시하는 것이다.

가치에 기반한 쿤의 이론 선택론에서 과학적 가치들을 해석하고 가중치 부여 방식을 결정하는 주체로 여겨지는 것은 바로 개별 과학자들이다. 그러한 추정은 부분적으로 옳다. 왜냐하면 기술적 수준에서 보면, 공유된 과학적 가치들을 그 나름으로 해석하고 가중치 부여를 하는 방식을 결정하는 것은 궁극적으로 개별 과학자이기 때문이다. 그리고 개별 과학자의 결정이 다양한 과학 내적 및 외적 인자들의 영향에 노출될 것이라는 것은 거의 확실하다. 그런데 쿤의 논의에서 현저하게 결여되어 있는 것은 사안의 규범적 수준에 대한 고려이다. 이 맥락에서 한 가지 규범적 물음은 다음과 같다. 공유된 과학적 가치들에 대한 어떤 해석 및 가중치 부여가 과학적 탐구의 주어진 단계에서 바람직하거나 필요할 것인가? 먼저, 과학적 가치들은 그 해석에서 각각 상이한 정도의 가변성을 가지는 것처럼 보인다. 예를 들어, 정확성, 특히 양적 정확성의 해석은 과학자들 사이에 최소한의 가변성을 가질 것 같다. 반면에 단순성의 해석은 상대적으로 높은 수준의 가변성을 가지는 것으로 알려져 있다. 그러나 지금부터 나는 논의를 위해 각 주어진 맥락에서 과학자들이 과학적 가치들에 대한 해석을 공유하는 것으로 상정하고, 우리의 논의를 과학적 가치들의 가중치와 그 변화의 문제에 한정할 것이다.

가중치 부여의 문제에 관해서도 명확하고 정량적인 답을 하는 것은 실제로 극히 어려운 일이다. 그러나 정성적이지만 등급을 구분하는 형태의 대답은 필요할 뿐만 아니라 가능할 것 같다. 예를 들어, 쿤이 말하는 정상과학의 위기로 돌아가면, 대안 이론의 필요성이 제기되는 상황이다. 과학적 가치들에 대한 기존의 가중치 부여가 그대로 유지되면서 과학자들의 이론적 상상력과 판단을 계속 엄격하게 제한하는 한, 어떤 대안 이론이 등장하는 것은 극히 어려울 것이다. 그러므로 기존 이론이 얼마나 심각한 곤경에 처해 있는가에 따라 과학적 가치들의 기존 가중치에도 대안 이론의 등장을 용이하게 하는 변화가 필요할 것이다.

앞서 언급된 규범적 물음에 동기를 부여하고 그것을 다루는 자연스러운 방안 하나는 과학 활동의 목표 지향적 성격에 주목하는 것이다. 만약 과학 활동이 목표지향적 성격을 가진다면, 그것은 과학공동체 전체에 의해 공유되고 과학 활동 일반에 특유한 것이어야 할 것이다. 과연 과학이 그러한 성격을 가지는가? 쿤은 이 물음에 긍정적으로 답할 것 같다. 『과학혁명의 구조』의 마지막 장에서 쿤은 과학 공동체의 '필수적인 특징들'에 대해 다음과 같이 상술한다.

과학자는, 예를 들면, 자연의 움직임에 관한 문제들을 해결하는 데 관심이 있어야 한다. 나아가서 자연에 대한 과학자의 관심은 그 범위에서 전반적일지라도, 그가 작업하는 문제들은 세부적인 것이어야 한다. 더 중요한 것은, 그를 만족시키는 해답들이 단순히 개인적인 것이어서는 안 되며

다수 [과학자들]에 의해 해답으로 받아들여지는 것이어야 한다. …. 과학
공동체들에 공통된 이 소수 특성들의 목록은 전부 정상과학의 활동으로
부터 이끌어내졌을 뿐만 아니라 그렇게 되어야만 했던 것이다. 과학자는
그러한 활동을 하도록 통상 훈련받는다. 그러나 이 공통된 특성들은, 그
수가 소수임에도 불구하고, 해당 공동체들을 다른 전문 집단들로부터 구
별하는 데 충분하다는 점에 주목할 필요가 있다. 덧붙여 이 공통된 특성
들은, 그 출처가 정상과학임에도 불구하고, 혁명의 과정, 특히 패러다임
논쟁의 과정에서 해당 집단의 반응이 드러내는 다수의 특별한 특징들을
설명한다는 점에도 주목할 필요가 있다. …. 과학 공동체는 패러다임 변
동을 통해 해결되는 문제들의 수와 정확성을 최대화하는 데 매우 효율적
인 도구이다.[31]

적어도 암묵적으로 쿤에게 있어 과학 공동체들에 의해 공유되는 그리고
과학적 탐구 일반에 특유한 기본적인 목표는 자연에 대한 탐구 과정에
서 등장하는 문제들 중 해결되는 문제들의 수와 정확성을 최대화하는
것이라는 결론을 앞의 진술들로부터 도출하는 것은 그렇게 어려운 일
은 아닐 것이다. 그러나 일부 학자들은 과학적 탐구에 목표 지향적 성
격을 부여하는 방안에 반대할 것이다. 예를 들면, 칸토로비치(Aharon
Kantorovich)는 목표 개념을 도입하지 않고 과학적 탐구의 본성을 이해
할 수 있으며 그러해야 한다고 제안한다.[32] 이러한 제안은 자연 선택을
본보기로 삼아 과학의 발전 과정을 이해하는 그의 진화론적 과학관에
기반하고 있는데, 이에 따르면 과학은 인간의 생물적 및 문화적 진화의

---

31 Kuhn (1962 / 2012), pp. 168-169.
32 참조: Kantorovich (1993), Chapter 4.

일환이다. 결과적으로 칸토로비치에 의하면, 생물적 진화가 목표 지향
적이지 않을 뿐만 아니라 그럴 필요가 없는 것처럼 과학적 탐구 역시
목표 지향적인 활동으로 간주될 필요가 없다. 아마도 칸토로비치는, 쿤
이『과학혁명의 구조』마지막 장에서 과학적 진보에 대한 진화론적 견
해를 제시했다는 점에 비추어, 그 또한 그러한 견해를 공유했다고 생각
할 것 같다.

   그런데 과학적 탐구의 본성을 이해하는 데 목표 개념이 사실상 필요
없는가라는 물음과 쿤이 그러한 입장을 취했는가라는 물음은 별개의 사
안이다. 따라서 이 장에서 나는 전자의 문제를 일단 제쳐 두고[33] 후자의
문제에 논의를 집중하고자 한다. 과학혁명의 본성과 필연성에 대한 길
고 열정적인 논의 후에 쿤이 과학적 진보에 대한 진화론적 이해를 촉구
하는 곤혹스러운 제안을 하는 것은 사실이다. 여기에서 내가 '곤혹스러
운'이란 표현을 사용한 이유는, 과학혁명에 대한 쿤의 논의가 과학 변동
의 혁명적인 성격을 오해의 여지없이 강조하는 상황에서 과학적 진보에
대한 그의 진화론적 제안은 그가 과학 변동이 점진적이라는 생각에 연
루되어 있음을 시사하기 때문이다. 그러나 그러한 외양은 아마도 오도
된 것이다. 왜냐하면 쿤이 두 부류의 과학적 탐구, 즉 정상과학과 과학
혁명 사이의 구분을 유지하는 한, 그가 생물적 진화의 점진주의적 성격
을 과학 변동에 대한 그의 견해 속에 포함시키는 것은 자멸적인 결과가
될 것이기 때문이다. 그렇다면, 과학적 진보에 대한 그의 논의에서 쿤이
과학적 탐구의 과정을 생물학적 진화의 과정에 문자 그대로 동화시키고

---

33 조인래 (2006)에서 나는 이 주제와 관련된 나의 입장을 다소 제한된 방식으로나마 제
시할 기회를 가졌다.

있다고 생각하는 것은 지나친 해석이 될 것이다.[34]

반면에 쿤이 명백히 거부한 것은 '과학이 자연에 의해 미리 설정된 어떤 목표에 끊임없이 다가가는 활동'[35]이라는 생각이다. 그리고 '자연에 의해 미리 설정된 어떤 목표'를 거부함에 있어 쿤이 특히 염두에 둔 것은 '자연에 대한 완전하고 객관적이며 참된 기술'과 같은 것이다. 이 대목에서 매우 비전통적인 과학적 진보의 개념을 제안하는 쿤의 입장을 포괄적으로 서술하는 한 가지 방안은 그가 과학적 탐구로부터 목표 지향적인 성격을 제거하고자 했다고 말하는 것일 수 있다. 그러나 내가 이미 언급한 것처럼, 쿤은 전문적인 과학자 공동체의 구성원이 되기 위해서는 "과학자는 자연의 움직임과 관련된 문제들을 푸는 데 관심을 가져야 한다"는 필수적인 전제 조건을 충족시켜야 한다고 말한다. 그리고 과학자들은 의식 없는 좀비들이 아니다. 그들은 의도적으로 과학적 문제들을 푸는 활동을 수행한다. 그렇다면 과학자들은 자연의 움직임에 대한 문제들을 푸는 목표를 추구한다고 말하는 것이 아주 적절해 보인다.

우리는 이 딜레마적 상황을 어떻게 해소해야 하는가? 먼저 왜 쿤이 과학적 탐구로부터 목표를 배제하게 되었는가를 살펴보는 것이 문제 상황의 해결에 도움이 될 듯싶다. 과학 활동을 위해 전통적으로 설정되어 온 가장 현저한 목표는 자연에 대한 참된 기술을 추구하는 것이었다. 그러나 쿤의 관점에서 보면, 이 전통적 목표는 공약불가능성을 포함하

---

34 쿤의 진화론적 유추를 둘러싼 최근의 학술적 논쟁을 위해서는, Renzi (2009)와 Reydon & Hoyningen-Huene (2010)를 참조.

35 Kuhn (1962/2012), p. 171.

는 과학 변동의 역사적 양식과 잘 들어맞지 않았고, 나아가서 문제 풀이 활동을 중심으로 하는 과학적 탐구의 실천을 위해서는 필요하지 않는 것처럼 보였다. 따라서 쿤은 자연에 대한 진리를 추구하는 전통적 목표를 과학적 탐구에서 제외하는 입장을 채택하게 되었다.[36] 흥미롭게도, 이 과정에서 쿤은 한걸음 더 나아가 목표 지향적인 성격 자체를 과학으로부터 배제하도록 유도된 것처럼 보인다. 그러나 내가 앞서 언급한 것처럼, 과학에서 문제 풀이 활동은 통상 수단-목적 관계에 대한 고려를 토대로 하는 과학자의 의도적 결정 및 행동을 통해 이루어진다. 그러면 과학적 문제들 및 해법들이 자연에 의해 미리 결정되기보다 기존의 과학적 탐구 활동으로부터 비롯한다는 점에서 그리고 문제 풀이 활동에서의 진보가 자연의 궁극적 진리들에 얼마나 다가섰는가에 의해서가 아니라 기존 과학의 문제 풀이 활동이 이룬 성취로부터 얼마나 더 나아갔는가에 의해 측정된다는 점에서 문제 풀이 활동이 진리 추구 활동과 다르다는 것을 인정하더라도, 문제 풀이 활동을 목표 지향적 활동으로 인정하지 않는 것은 '목표 지향적'이라는 표현의 용법에 대한 과도한 규제로 간주될 수밖에 없다.

그런 까닭에 과학으로부터 진리 추구적 성격을 배제하는 과정에서 목표 지향적 성격 자체를 배제하는 것은 목욕물과 함께 아기를 버리는 것과 별반 다를 바 없다. 따라서 이후의 논의에서 우리는 자연에 대해 점점 더 자세하고 세련된 이해의 획득, 달리 말해 자연의 움직임에 대한 해결된 문제들의 정확성과 수를 최대화하는 것이야말로 과학 활동의 역사적 전개 과정을 통해 그것에 내장된 기본적인 목표라고 상정할

---

36 이러한 행보에 반대하는 견해를 위해서는, Bird (2000)의 6장을 참조.

것이다.[37] 그러면 그러한 목표는 과학적 탐구의 과정에서 과학적 가치들의 적용 방식, 특히 가중치 부여의 방식이 왜 그리고 어떻게 변화해야 하는가라는 물음을 다루기 위한 근거의 역할을 할 것이다.

왜 과학적 가치들의 가중치 부여 방식이 변할 필요가 있는가? 그 주된 이유는 자연의 이해를 위해 해결된 문제들의 수와 정확성을 최대화하는 데 필요한 과학 활동에서의 변화들이 있을 것이기 때문이다. 그러면 앞서 언급된 과학의 목표를 달성하기 위해 과학 활동, 특히 과학적 가치들의 가중치 부여에서 어떤 변화들이 필요한가 하는 물음이 실질적인 물음으로 제기될 것이다. 이런 물음과 관련하여 우리는 과학적 가치들의 가중치 부여에서 필요한 전략적 변화들을 생각해 볼 수 있다.

앞서 언급한 대로, 쿤의 정상과학에 해당하는 기존의 과학 활동이 현저한 이상 현상들을 해결하는 데 계속 실패한다면, 이는 대안 이론의 필요성이 제기되는 상황이다. 그러한 필요성이 현실화되기 위해서는 새 이론의 등장을 봉쇄하는 데 기여해온 과학적 가치들의 기존 가중치에서 변화가 있어야만 할 것이다. 이런 상황에서는 방법론적 일탈의 전략(strategy of methodological divergence)이 채택될 필요가 있다. 여기에서 방법론적 일탈의 전략이란 기존의 정상과학적 활동이 주요한 이상 현상들의 해결에 의미 있는 진전을 보여 주지 못하는 상태가 장기화되는 상황에서 현상 타개를 위해 기존의 정상과학적 활동을 심각하게 훼손하지 않는 수준에서 소수의 과학자들이 새로운 대안 이론을 모색하는 것을 허용하거나 유도하는 방법론적 전략을 말한다. 이러한 전략의 실행을 위해서는 기존 정상과학에서 채택되고 있는 과학적

---

37   참조: Kuhn (1962/2012), pp. 168-170.

가치들의 적용 방식, 특히 과학적 가치들에 가중치를 부여하는 기존의
방식으로부터 벗어나는 일탈이 필요할 것이다. 그러나 과학적 가치들
의 기존 가중치로부터 벗어나는 모든 일탈이 허용된다는 말은 아니다.
과학적 가치들의 기존 가중치를 변화시키는 일부 특정한 전술들만이
괜찮은 전망을 가진 대안 이론을 허용하거나 심지어 유도할 현실적 필
요를 충족시킬 수 있을 것이다. 그렇다면 그러한 특정한 전술들은 무엇
일까?

쿤의 정상과학은 그것의 전개 과정에서, 즉 점점 더 많은 문제들(또
는 퍼즐들)을 해결하는 과정에서 이론을 포함하여 그 구성이 점차 복잡
해지는 일반적 경향을 나타낼 것이다. 따라서 단순성 가치의 가중치를
늘리는 것은 기존 이론의 독점적 지위를 약화시키는 데 기여할 뿐만 아
니라 새롭게 등장하는 대안 이론에게 상대적인 이점을 가져다줄 것이
다. 이와는 달리, 정합성 가치의 가중치를 줄이는 것이 바람직할 것이
다. 왜냐하면 과학자들이 처음부터 기존 이론과 완전히 다른 새 이론을
창안해 낼 것이라고 기대하는 것은 그다지 현실적이지 않기 때문이다.
통상 새 이론은 기존 이론의 단편적 변화들을 되풀이하는 과정을 거친
다. 그 과정에서 등장하는 새 이론의 과도적 형태들은 변화 전후의 요
소들 사이에 발생하는 부정합 때문에 내적으로 정합적이지 않을 것이
다. 따라서 새 이론이 내적 정합성을 확보하는 데는 시간이 걸린다.
더 문제가 되는 것은 기존의 주변 이론들과 새 이론 사이의 외적 비정
합성이다. 왜냐하면 새 이론은 기존 이론과 정합적이지 않고, 따라서
전자의 이론은 후자의 이론과 정합적이던 기존의 주변 이론들과 별로
정합적일 것 같지 않기 때문이다. 그리고 새 이론이 자신의 주변 이론
들과 외적 정합성을 확보하는 데도 통상 적지 않은 시간이 소요될 것이

다. 왜냐하면 기존의 주변 이론들도 그들 나름의 근거와 수명이 있기 때문이다.

과학적 가치들의 가중치를 변화시키는 이 두 가지 전술은 코페르니쿠스 혁명의 초기 단계에서 잘 예시된다. 16세기에 프톨레마이오스 천문학의 상태는, 쿤에 따르면, 스캔들에 해당하는 것이었다.[38] 시간이 경과함에 따라 지구 주위를 도는 행성들에 대한 관측 자료들은 점점 정확해졌고, 이러한 자료들에 부합하는 계산 결과를 산출하기 위해 더 많은 수의 주전원들이 추가되어야만 했다. 결과적으로 프톨레마이오스의 천문학은 매우 복잡해졌다. 코페르니쿠스적 전환, 즉 지구중심적 우주로부터 태양중심적 우주로의 전이는 사용되는 주전원들의 수를 줄이고[39] 다소 임의적인 보조 가설들의 수를 줄임으로써 의미 있는 이론적 단순성의 증가를 동반했다. 코페르니쿠스와 그의 초기 추종자들이 태양중심적 천문학에서 성취되는 이론적 단순성의 증가를 강조했다는 것은 꽤 일반화된 인식이다. 이는 이론 평가의 과정에서 단순성 가치의 증가된 가중치가 코페르니쿠스를 비롯하여 관련 천문학자들이 태양중심적 천문학을 채택하는 데 상당히 중요한 역할을 했음을 의미한다. 그러나 단순성의 가중치를 증가시키는 전술만으로는 태양중심적 천문학이 그 나름의 기회를 가지기에 충분하지 않았을 수 있다. 태양중심적 천문학은,

---

38 참조: Kuhn (1962 / 2012), p. 67. "프톨레마이오스 천문학은 코페르니쿠스가 [대안 이론을] 발표하기 전에 [이미] 수치스러운 상태에 있었다." 이 점에서 쿤은 홀(A. R. Hall, 1954, p. 16)과 의견을 같이한다.

39 프톨레마이오스 천문학과 코페르니쿠스 천문학에서 사용된 주전원들의 수를 둘러싼 논란을 감안하면, 이 대목에서 주원(deferent), 대주전원(major epicycle), 소주전원(minor epicycle), 이심(eccentric), 등각속도점(equant)과 같은 주요 수학적 장치들에서의 수적 변화(즉, 감소)에 대한 논의를 추가하는 것이 필요할 수도 있다.

그것이 문자 그대로 간주될 경우, 그 당시의 세계관이나 아리스토텔레스의 물리학 같은 연계 이론들과 전적으로 모순되는 경우였기 때문이다. 그러한 상황은 코페르니쿠스 천문학에 독특한 것이 아니다. 내부적으로 정합하지 않다거나 기존 이론들과 정합하지 않다는 위협에 직면하는 것은 혁명적인 새로운 이론들에 공통된 운명일 것이다. 그러므로 태양 중심적 천문학 같은 새 이론이 기존 이론과 경쟁할 수 있는 기회를 갖게 하려면 정합성의 가중치를 줄이는 방법론적 전술이 채택될 필요가 있다.

일단 새 이론이 등장해서 적어도 일부 과학적 가치들에 대해 기존 이론보다 더 나은 점수를 얻는다는 의미에서 존중할 만한 경쟁 이론의 위치를 점하게 되면, 앞서 새 이론의 등장을 유도하는 과정에서 채택된 방법론적 일탈의 전략은 과학적 가치들의 정상과학적 가중치가 복원되는 결과를 낳을 것으로 기대되는 방법론적 집중의 전략(strategy of methodological convergence)에 의해 점차 대체될 필요가 있을 것이다. 보다 구체적으로, 가치들의 가중치 변화와 관련해서 앞서 언급된 두 가지 전술, 즉 단순성 가치의 비중을 늘리는 전술과 정합성 가치의 비중을 줄이는 전술은 점차 반전될 필요가 있다. 그러한 전술들을 채택하는 방법론적 동기는 기존 이론이 곤경에 처한 상황에서 새 이론에게 기회를 주려는 것이었다. 여기에서 새 이론에게 기회를 주는 시도는 새 이론이 무엇이든 편을 들자는 것이 아니라 기존의 이론과 경쟁해 볼 기회를 주는 것뿐이다. 새 이론이 등장해서 기존 이론과 경쟁할 기회를 가지려면, 전자의 이론은 후자의 이론이 해결하는 데 계속 어려움을 겪던 현저한 이상 현상들 중 적어도 일부를 해결할 수 있다는 것을 보여 주어야 한다. 그러나 그것만으로는 새 이론이 기존 이론에 대해 존중할 만한 경쟁자로서의 지위를 유지하기에 충분하지 않다. 시간의 경과와 더불어 새 이론은 기존 이론이 해결한 것으로 간주되는 문제들의 대부분을 해결하는 모습을 보여 주어야 한다. 그런데, 새 이론과 기존 이론 사이의 경쟁이 진행됨에 따라, 단순성 가치의 가중치가 점차 줄어들 필요가 있다. 그렇지 않으면, 시간의 경과에도 불구하고 문제 해결에서 약속한 실적을 내지 못하는 새 이론이 단순하다는 이유만으로 계속 경쟁력을 인정받는 부당한 상황이 지속될 수 있기 때문이다. 그리고 시간이 경과함에 따라, 새 이론은 그 나름의 내적 및 외적 정합성을 확보할 수 있어야 하고, 그와 더불어 정합성의 가중치는 점차 늘어날 필요가 있다. 그렇지 않으면, 기존 이론과 새 이론 사이의 경쟁은 공정하지 않게 될 것이다. 왜냐하면 정합성의 가중치를 무기한으로 낮게 유지하는 것은 새 이론에 지나친 호의를 베푸는 결과가 될 것이기 때문이다. 그러므로 논의 중인 두 가지 전술을 반전시킬 방법론적 동기는 기존 이론과 새 이론 사이의 경쟁을 공정한 것으로 만드는 데 있다. 그리고 공정한 경쟁을 통해 한 이론이 다른 이론보다 문제 풀이 실적에서 우위를 점한다면, 그것은 과학 활동을 위해 한정된 자원들을 상대적으로 더 많이 지원받을 자격을 갖추게 될 것이다.

이제 앞서 논의된 방법론적 일탈 또는 집중의 전략들 그리고 그것들과 연계된 과학적 가치들의 가중치 조정 전술들의 성격과 지위에 대해 생각해 볼 시점이다. 이 전략들 및 전술들에 대해 논의하는 과정에서 우리는 과학 활동이 항상 목표로 삼는 것을 염두에 두고 있었다. 그 전략들 및 전술들이 자연의 이해를 위해 해결되는 문제들의 수와 정확성을 최대화하는 데 효과적이라면, 그것들은 방법론적 이유로 규범적 힘을 부여받게 될 것이다. 물론 그 전략들 및 전술들이 문제 풀이를 최대화하는 데 기여하려면, 그것들은 개별 과학자들에 의해 채택되고 실천되어야 할 것이다. 그러나 가중치 조정 전술들의 정당화는 그 전술들이 개별 과학자들에 의해 실천되는가 하는 것에만 의존하지 않을 것이다. 어떤 가중치 조정 전술들이 해결되는 문제들의 수와 정확성을 최대화하는 데 얼마나 효율적인가는 부분적으로 그 전술들을 채택한 결과로 선택되는 이론의 문제 해결 역량에 의존할 것이고, 부분적으로 그 전술들을 실천하는 개별 과학자들의 문제 해결 능력에 의존할 것이다. 그러면 상대적으로 더 큰 문제 해결 역량을 가진 이론을 선택하도록 과학자들을 유도하는 전략들이, 과학자들에 의해 실제로 채택되는가 하는 것과는 별개로, 방법론적으로 바람직할 뿐만 아니라 규범적 힘을 가질 것이다.

　방법론적 전략과 가중치 조정 전술들의 규범적 힘은 어떻게 작동하는가? 과학자들이 과학적 가치들의 아주 균질적인 적용을 공유하는 쿤 식의 정상과학을 출발점으로 삼자. 그러나 일단 정상과학이 쿤 식의 위기에 빠지면, 대안 이론의 필요성이 제기될 것이다. 그러한 필요성이 현실화되려면, 적어도 소수의 과학자들이 새 이론의 등장을 용이하게 하는 과학적 가치들에 대한 해석 및 가중치 부여를 채택해야 할 것이다. 이는 해당 분야의 과학자들에 의해 공유되는 과학적 가치들의 적용이 이질적이게 됨을 의미한다. 다수의 과학자들은 과학적 가치들의 기존 적용을 여전히 고수하는 상황에서 단지 소수의 과학자들이 과학적 가치들의 변화된 적용을 채택하는 위험을 감수할 것이다. 대안 이론의 필요성이 제기되는 쿤 식의 위기 상황에서, 과학적 가치들의 모든 변화된 적용이 적절한 것은 아니며 앞에서 언급된 방법론적 일탈의 전략 및 그것과 연계된 가중치 조정의 전술들, 특히 단순성의 가중치를 늘리는 전술 및 정합성의 가중치를 줄이는 전술과 부합하는 가치 적용에서의 변화가 적절한 대응 중의 하나가 될 것이다.

새 이론이 대안 이론으로서의 자격을 획득하려면 그것은 기존 이론에 대해 적어도 국소적(또는 부분적) 우위를 보여 주어야 할 것이다. 국소적 우위를 보여 주는 전형적 방식은 새 이론이 다년간 기존 이론을 곤경에 빠뜨려온 현저한 이상 현상들 중 적어도 일부를 해결할 수 있다는 것을 보여 주는 것이다. 이와 더불어 새 이론은 공유하는 과학적 가치들 중 적어도 일부에 대해 기존 이론보다 더 낫다는 점을 보여 줄 수 있어야 한다. 그런 까닭에 시작하는 단계에서 새 이론은 방법론적 일탈의 전략 그리고 그것과 연계하여 과학적 가치들의 가중치를 조정하는 특정 전술들로부터 혜택을 입을 수 있을 것이다. 그러나 이와 같은 혜택은 단지 일시적인 것이며 무기한으로 계속될 수는 없다. 왜냐하면 그러한 전략적 및 전술적 혜택의 방법론적 동기는 새 이론의 편을 들자는 것이 아니라 그것이 기존 이론과 공정한 경쟁을 할 수 있는 준비를 하는 기회를 제공하자는 것뿐이기 때문이다. 따라서 내가 앞서 제의한 대로, 방금 언급된 방법론적 전략 및 연계된 가중치 조정의 전술들은 적정한 때에 반전되어야 할 것이다. 그리고 시간이 경과함에 따라, 과학자들이 과학적 가치들을 적용하는 방식은 점점 균질적으로 되는 과정을 밟거나 그렇게 되어야 할 것이다.

가중치 조정 전술들의 반전은 왜 필요한가? 이 물음에 대한 답은 다음과 같은 고려에 토대를 둘 것 같다.

(1) 과학적 탐구의 기본적인 목표는 자연의 이해를 위해 해결되는 문제들의 수와 정확성을 최대화하는 것이다.

(2) 정상과학은 (1)의 목표를 달성하는 데 매우 효율적인 도구이다.

(3) 정상과학은 과학적 가치들을 적용하는 그 나름의 특징적인 형태를 구현한다.

(4) 과학적 가치들을 적용하는 정상과학적 형태는 (1)의 목표를 달성하는 데 현재로는 최선의 선택지이다.

(5) 그러므로, 기존 이론과 대안 이론 사이의 경쟁은 과학적 가치들을 적용하는 정상과학적 형태를 적정한 때에 공유하는 방식으로 진행되어야 한다.

그리고 과학적 가치들을 적용하는 정상과학적 형태를 공유하려면, 새 이론의 개발 및 수용을 유도하기 위해 채택된 가중치 조정 전술들의 결과에 해당하는 가치 적용 형태가 시간이 경과함에 따라 기존 이론의 정상과학적 가치 적용 형태에 수렴될 수 있도록 그 가중치 조정 전술들이 적정한 때에 반전될 필요가 있을 것이다. 나아가서, 과학적 탐구의 주요 목표가 자연의 이해를 위해 해결되는 문제들의 수와 정확성을 최대화하는 것이라는 점과 과학자들이 이론 선택을 위해 쿤 식의 가치에 기반한 평가 기제에 의존할 수밖에 없다는 점이 일단 인정되면, 과학적 가치들의 적용과 관련하여 앞서 언급된 방법론적 전략 및 연계된 가중치 조정 전술들은 과학의 주된 목표를 성취하기 위해 필요한 방법론적 제약의 역할을 해야 할 것이다.

과학적 가치들의 적용에서 방법론적 일탈 또는 집중의 전략 그리고 그것과 연계된 가중치 조정 전술들을 적시에 방법론적 제약들로 채택하는 결과는 무엇일까? 예를 들어, 방법론적 일탈의 전략 그리고 그것과 연계된 가중치 조정의 전술들, 특히 단순성의 비중을 증가시키는 전술 및 정합성의 비중을 줄이는 전술은 소수의 과학자들이 위험을 무릅쓰고 새 이론을 탐색하도록 유도하는 효과를 가질 것이다. 나아가서 이러한 전략 및 전술들은 기존 이론과 연계되어 있는 가치들의 적용 방식에 비추어볼 때 상대적으로 부정적인 평가를 받게 되는 새 이론이 보다 적극적으로 평가되는 가치들의 적용 방식을 산출함으로써 새 이론의 선택도 합리적인 것으로 인정받을 수 있는 방법론적 근거를 제공한다. 다시 말해 과학혁명의 초기 단계에서 방금 언급된 방법론적 전략 및 가중치 조정 전술들은 이론 선택에서 발생하는 과학자들의 의견 불일치를 제한된 범위 내에서 합리적인 것으로 인정하는 결과를 낳는다. 그런데 기존 이론이 곤경에 처한 상황에서 어떤 개별 과학자도 미지의 새 이론을 위해 기존 이론을 버리는 위험을 무릅쓰려 하지 않거나 너무 많은 수의 과학자들이 그러한 위험을 무릅쓰려 한다고 하자. 두 경우 모두 현재 논의 중인 방법론적 전략 및 가중치 조정의 전술들이 제공하는 방법론적 제약과 조화를 이루지 못한다. 다시 말해 과학적 가치들의 적용과 관련하여 특정한 방법론적 전략 및 연계된 가중치 조정 전술들이 방법론적 제약으로 작동하는 상황에서 모든 이론 선택이 합리적으로 간주되지는 않는다는 것이다. 이처럼 과학적 가치들을 적용하는 어떤 전략 및 전술들이 방법론적 제약들로 적절하게 채택되면, 이는 쿤의 방법론적 방임주의가 가지는 이점을 공유하는 동시에 그것의 폐단을 피할 수 있는 여지를 제공하는 것처럼 보인다. 비슷하게 단순성의 늘어난 비중 및 정합성의 줄어든 비중을 적시에 반전시키고 종국에는 과학적 가치들의 정상과학적 적용 형태에 수렴하는 결과를 낳는 방법론적 전략 및 전술들은 과학 공동체가 이론 선택에서 합의를 회복하도록 만드는 데, 따라서 합의 형성의 문제를 해결하는 데 기여할 것이다.

5.5 수정적 제안의 중요한 함축들

지금부터 나는 앞서 언급된 방법론적 전략들 및 연계된 가중치 조정 전술들이 방법론적 제약의 역할을 하는 방식에 주목하고자 한다. 무엇보다도 그 전략 및 전술들은 기본적으로 공동체 수준에서 작용한다. "공동체 수준에서 작용한다"에 의해 내가 의미하는 바는 다음과 같다. 예를 들어, 기존의 이론이 과학자 공동체의 기대에 부합하는 데 지속적으로 실패하면, 방법론적 일탈의 전략 및 연계된 가중치 조정 전술들은 해당 과학 공동체의 소수 구성원들만 새 이론을 탐색하는 것이 바람직하다고 제안할 뿐만 아니라 그러한 탐색을 유도하는 가치론적 환경을 조성한다. 그런데 문제의 전략 및 전술들은 그러한 제안을 개별 과학자들에게 직접 하는 것이 아니라 공동체 수준에서 한다.

구체적으로 다음과 같은 상황을 생각해 보자. 쿤 식의 위기가 도래한 상황에서 해당 정상과학의 어떤 과학자도 대안 이론을 모색하려 하지 않는다고, 달리 말해, 모든 과학자가 방법론적 일탈의 전략 그리고 그것과 연계하여 단순성의 비중을 늘리고 정합성의 비중을 줄이는 전술들을 채택하기보다 과학적 가치들을 적용하는 기존의 정상과학적 방식을 고수한다고 상정하자. 그러면 쿤적 위기에서 과학적 가치들의 적용과 관련하여 해당 방법론적 전략 및 전술들이 방법론적 제약으로 작용하는 상황에서, 관련된 과학 공동체는 전체로서 비난 받는 처지가 되겠으나 그 공동체의 특정 과학자가 개별적으로 비난 받는 경우는 여전히 아닐 것이다. 왜냐하면 해당 과학 공동체에 속하는 과학자들 중 절대 다수는 기존의 정상과학적 가치 적용 형태를 고수하도록 기대되는데, 그런 상황에서 특정 과학자가 새 이론을 탐색 및 수용하는 데 적합한, 변화된 가치 적용 형태를 택하는 부담을 짊어져야 할 이유는 없기 때문이다. 특정 과학자에게 운이 좋으면 영웅이 되지만 운이 나쁘면 희생양이 되는 길을 선택하도록 요구하는 것은 공정하지 않을 것이다.

과학적 가치들을 적용하는 방법론적 전략 및 연계된 전술들이 방법론적 제약들로 작동하는 방식에 대한 우리의 제안이 옳다면, 그러한 작동 방식이 과학적 합리성에 대해 어떤 함축(들)을 가지는가? 한 가지 함축은 개별 과학자들이 아니라 과학 공동체가 과학적 합리성을 부여받을 일차적 대상으로 간주되어야 한다는 것이다. 과학 공동체가 과학적 합리성의 일차적 단위라는 주장이 의미하는 바는 무엇인가? 앞서 언급된 대로, 쿤 식의 위기에서 소수의 과학자들이 새 이론을 탐색하고 채택하는 역할을 수행하도록 기대되지만, 특정 과학자가 그러한 역할을 감수하지 않은 데 대해 비난하는 것은 적절하지 않을 것이다. 그러나 만약 관련 과학 공동체의 누구도 과학적 가치들을 적용하는 기존의 형태를 조정하고 이와 연계하여 새 이론을 탐색하는 시도를 할 의사가 없다면, 그 과학 공동체를 합리성이 부족하다고 비난하는 것은 여전히 가능할 뿐만 아니라 적절할 것이다.

새 이론이 기존 이론의 문제 해결 실적을 따라잡으려고 계속 시도하는 과학혁명의 어느 단계에서 전자가 후자를 마침내 앞서는 일이 충분히 일어날 수 있다. 그런 상황에서는 특정 이론을 받아들이는 과학자들의 수를 포함해서 과학적 탐구의 자원들이 기존 이론과 새 이론의 문제 해결 실적에 대략 비례하여 적절하게 배분되는 것이 바람직하다. 그런데 두 이론에 배분되는 자원들의 비율이 그것들의 문제 해결 실적 비율과 현저하게 다른 상황이 전개된다고 상정하자. 그럴 경우 과학 공동체 전체가 그렇게 합리적이지 않은 데 대해서 일차적으로 비난받아 마땅할 것이다. 더불어 특정 이론의 문제 해결 실적에 비추어 적절한 과학자들의 수를 훨씬 넘어서서 그 이론에 헌신하는 과학자들은 개별적으로도 합리적이지 않다는 비난을 받을 수 있을 것이다. 그러나 방금 언급된 방식으로 특정 이론에 과도한 헌신을 하는 개별 과학자들을 비난하는 것은 비슷한 이유로 해당 공동체 전체를 비난하는 것에서 파생된 것에 불과하다. 이처럼 특정 이론에 대한 개별 과학자의 헌신을 그 이론에 대한 동료 과학자들의 헌신과 무관하게 평가하는 것은 어렵거나 심지어 불가능하다. 따라서 나의 결론은 이론 선택에서 과학 공동체의 합리성이 개별 과학자들의 합리성에 선행한다는 것이다.

이 장의 나머지에서 나는 과학적 가치들의 적용과 관련하여 제시된 방법론적 전략 및 전술들이 방법론적 제약으로 작용하는 방식에 대한 앞에서의 논의가 과학방법론의 성격에 대해 매우 흥미로운 함축을 가진다고 논증할 것이다. 쿤 이전의 주류 과학철학자들이 과학방법론에서 기대한 것은 이론 평가에서 유일한 결론을 산출하고 이를 근거로 삼아 이론 선택에서 전원 일치의 결정을 강제하는 것이었다. 그들은 그러한 방법론적 목표가 이론 평가의 연산 규칙과 그 적용에 의해 성취될 수 있다고 생각했다. 그러한 목표를 위해 다양한 제안들이 이루어졌으나 그렇게 성공적이지는 못한 것으로 드러났다. 그런데 쿤의 대안, 즉 그의 가치들에 기반한 이론 평가 및 선택 기제는 방금 언급된 기존 주류 과학철학자들의 방법론적 목표에 대해 등을 돌린다. 그의 대안은 과학자들이 이론 선택에서 의견을 달리하는 것을 허용하는 동시에 그것을 이점으로 간주한다. 그리고 쿤의 대안에 대한 나의 수정적 제안 역시 이론 선택에서 의견 불일치를 허용하지만 단지 제약된 방식으로 그렇게 한다.

즉 나의 수정적 제안에서는 방법론적으로 규범적인 힘이 이론 선택에서 과학자들이 의견을 달리하는 방식에 작용한다. 그것이 바로 방법론적 일탈의 전략 및 연계된 가중치 조정 전술들이 그 방법론적 역할을 발견하는 지점이다. 반면에 가치들에 기반한 쿤의 견해가 드러내는 문제점은 과학자들이 이론 선택에서 전반적인 합의를 회복하는 방식을 명시적으로 제시하지 못한다는 것, 즉 합의 형성의 문제를 제대로 해결하지 못한다는 것이다. 이와 관련하여 나의 수정적 제안에서는 방법론적 집중의 전략 및 연계된 가중치 조정 전술들이 이론 선택에서 과학자들이 적절한 때에 전면적 합의를 하도록 유도하는 역할을 할 것으로 기대된다. 그리고 내 생각이 맞다면, 합의 형성의 문제를 해결하는 과정에는 방법론적 제약으로 작용하는 과학적 가치 적용의 전략 및 전술들뿐만 아니라 과학적 탐구의 기본 목표, 즉 자연의 이해를 위해 해결되는 문제들의 수와 정확성을 최대화하는 목표가 관여한다.

이론 평가 및 선택의 맥락에서 방법론적 일탈 또는 집중의 전략 및 연계된 가중치 조정 전술들이 수행하는 역할에 대한 앞에서의 논의로부터 우리는 그 전략 및 전술들이 과학방법론을 위한 다음의 조건들을 충족시킨다는 결론을 이끌어 낼 수 있다.

(M1) 적합한 과학방법론은 과학혁명이 시작되는 단계의 이론 선택에서 과학자들이 제약된 방식으로 의견을 달리하는 것을 허용해야 한다.

(M2) 적합한 과학방법론은 자격을 갖춘 새 이론이 기존 이론과 공정한 경쟁을 할 수 있는 기회를 제공해야 한다. 여기에서 새 이론은 기존 이론이 반복된 시도에도 불구하고 해결하는 데 실패하는 현저

한 문제들 중 적어도 일부를 초기에 해결할 뿐만 아니라 기존 이
론이 해결하는 데 성공한 문제들의 해결에서 지속적인 진전을 보
일 때 대안 이론으로서의 자격을 갖추게 된다.

(M3) 적합한 과학방법론은 이론 선택에서 의견을 달리하던 해당 분야
의 과학자들이 적절한 때에 거의 전면적 의견 일치를 회복하도록
유도할 수 있어야 한다.

앞서 언급한 대로 쿤 이전의 주류 과학철학자들은 이론 평가에 대한 연
산적 접근을 통해 유일한 결론을 산출하고, 이를 근거로 삼아 이론 선택
에서 합의를 강제할 수 있기를 원했다. 그러한 연산적 접근을 구현하는
과학방법론은 강성 방법론(hard methodology)이라 불릴 만하다. 반면
에 쿤의 가치 기반 접근에 대한 나의 수정적 제안에서 비롯하는 과학방
법론은 과학 이론들이 입증되거나 용인되는 정도에 대한 정량적 계산에
의존하지 않는다.[40] 나아가서 그것은 경쟁 이론들 중 어느 이론이 더
나은지에 대한 비교 판단을 언제라도 원칙적으로 할 수 있으며 그러한
판단을 토대로 하여 개별 과학자들이 더 나은 이론을 선택하도록 언제
라도 강제할 수 있다는 주장도 포함하지 않는다. 그럼에도 불구하고,
그것은 이론 선택에서 과학자들이 적절한 때에 의견을 달리하거나 합
의하도록 유도하는 역할을 하는 방법론적 규범들로 구성되고, 따라서
앞서 제시된 적합한 과학방법론의 세 가지 조건, 즉 (M1), (M2) 및

---

40 그렇다고 해서 나의 수정적 제안이 이론 입증이나 용인에 대한 양적 측도들의 사용
을 배제하는 것은 아니다. 만약 그러한 측도들이 수중에 있게 된다면, 나의 수정적 제안
에 따른 이론 평가는 그 측도들의 사용을 포괄하는 방식으로 이루어질 것이다.

(M3)를 충족시킨다. 그러므로 나는 이러한 과학방법론을 연성 방법론 (soft methodology)이라고 부를 것을 제안한다.

6장

과학의 진보

Thomas
S. Kuhn

6.1 환원으로서의 진보

과학의 진보는 과학 변동의 양식에 해당한다. 그러나 1장에서 언급한 것처럼 과학 변동의 양식에 대한 물음은 애당초 쿤 이전의 주류 과학철학을 주도한 논리경험주의자들의 주된 관심사는 아니었다. 다수 논리경험주의자들의 주된 관심사는 과학의 논리를 규명하는 것이었고, 이는 과학 이론의 구성과 구조를 규명한다거나 경험 자료가 가설(또는 이론)을 지지 또는 거부하는 방식 및 정도를 규명하는 작업들로 나타났다. 그리고 과학의 논리를 규명하는 작업의 목표로 추구된 것은 비엔나 서클의 핵심 멤버들이던 노이라트와 카르납이 주창한 통일과학의 이념이었다.

경험 과학들을 통일하는 양식으로 등장한 것이 환원이었는데, 과학의 논리를 규명하는 작업이 과학의 언어적 측면을 주된 대상으로 삼던 것을 생각하면 환원이 주로 과학 이론들 사이에 성립하는 관계로서 설정된 것은 자연스러운 일이었다. 논리경험주의의 전통 속에서 과학 이론들 사이의 관계를 환원 개념에 의해 체계적이고 구체적인 방식으로 논구한 대표적 학자는 네이글(Ernest Nagel)이었다. 그런데 환원 개념이 일단 과학 이론들 사이의 관계로 제안되면, 그것의 적용은 공존하는 과학 이론들이 통합되는 방식을 포착하는 데 국한되지 않는다. 왜냐하면 환원 개념이 과학 이론들 사이의 통시적 관계, 즉 선행 이론과 후행 이론 사이의 관계에도 마찬가지로 적용될 수 있기 때문이다.

실제로 네이글은 역사 속에서 시차를 두고 등장한 과학 이론들 사이의 관계를 규명하는 데 환원 개념을 사용한다.[1] 네이글에 따르면, 이론 T_1이 이론 T_2로 환원된다는 것은 T_2를 구성하는 법칙들이 T_1을 구성하는 법칙들을 설명한다는 것이다.[2] 여기에서 네이글이 과학적 설명에 대해 어떤 입장을 채택하고 있는가는 환원의 "형식적 조건들"에 대한 그의 논의에서 확실하게 드러난다.[3] 네이글에 따르면, 이론 간 환원이 성립하려면 크게 두 가지 조건, 즉 도출가능성의 조건(condition of derivability)과 연결가능성의 조건(condition of connectability)이 충족되어야 한다. 그리고 두 조건을 굳이 차별한다면 도출가능성의 조건이 환원을 위해 일차적이다. 네이글이 제시하는 도출가능성의 조건이란 환원되는 이론의 법칙적 진술들이 환원하는 이론의 법칙적 진술들로부터 도출될 수 있어야 한다는 것이다. 이를 통해 우리는 네이글이 이론 간 환원은 이론 간 설명에 해당한다고 주장하고 있을 뿐만 아니라 과학적 설명에 대해서는 헴펠의 설명 개념 중 하나인 법칙적 정보에 기반한 연역적 도출로서의 설명 개념을 채택하고 있음을 알 수 있다.

연역적 도출로서의 환원은 통일과학의 구조에 대해서, 특히 과학 이

---

1 참조: Nagel (1961), 11장.
2 참조: Nagel (1961), p. 338. "환원이란 … [과학적] 탐구의 한 분야에서 확립된 이론 또는 일단의 실험적 법칙들을 항상은 아닐지라도 통상 어떤 다른 영역에서 세워진 이론에 의해 설명하는 것이다."
3 참조: Nagel (1961), 11장, 2절. 특히, pp. 352-354.

론들이 통일되는 양식에 대해서 분명한 아이디어를 제공한다. 통일된 과학을 구성하는 분야별 과학들은 수준을 달리하는 계층적 질서를 형성하는 것으로 상정되고, 상위 과학이 그 기저의 역할을 하는 하위 과학으로 환원된다는 것은 하위 과학의 법칙들로부터 상위 과학의 법칙들이 연역적으로 도출되는 것을 의미하게 된다. 연역적 도출이라는 관계의 두 관계 항이 부분과 전체의 관계에 해당하는 것으로 이해하면, 환원되는 상위과학은 환원하는 하위 과학의 부분으로 포함되는 경우가 된다. 경험과학들 사이에 실제로 이런 관계가 성립하는가는 별도의 문제이나, 그런 관계가 성립한다고 상정하면 이는 경험과학들 사이의 통일에 대해 매우 명료한 이해를 산출한다.

비슷한 논의가 과학 이론들 사이의 통시적 관계에 대해서도 가능할 것이다. 선행 이론 T_1이 후행 이론 T_2로 환원된다는 것이 T_2의 법칙들로부터 T_1의 법칙들을 연역적으로 도출하는 것을 의미한다면 이는 결과적으로 T_1이 이론적 수준에서 T_2의 부분으로 포함되는 관계에 있다는 것을 의미한다. 따라서 선행 이론과 후행 이론 사이에 연역적 도출로서의 환원이 성립한다는 것은 두 이론 사이에 강한 의미의 연속성이 성립한다는 것을 의미한다. 실제로 네이글은 역사 속의 과학 이론들 사이에 이러한 환원 관계가 성립한다는 것을 사례들에 의해 예시한다. 역사 속의 선행 이론들과 후행 이론들 사이에 네이글이 제안하는 대로 연역적 도출로서의 환원 관계가 성립한다면, 과학 변동은 선행 이론이 후행 이론에 포함되는 형태의 강한 연속성을 가지게 되고 결과적으로 과학에서는 아주 강한 형태의 진보가 성립하게 된다.

네이글의 이론 간 환원 개념이 역사 속에서 등장하는 과학 이론들 사이의 관계를 규명하기 위해 논리경험주의의 전통 속에서 등장한 유일

한 제안은 아니다. 케미니(John Kemeny)와 오펜하임(Paul Oppenheim)
은 네이글의 환원 개념에 대한 비판적 검토를 토대로 하여 대안을 제시
했다.[4] 그들이 보기에 네이글의 환원 개념은 지나치게 강해 역사 속에
서 그 실례를 찾아보기 쉽지 않았다. 이와 관련하여 케미니와 오펜하임
은 주로 두 가지 문제점을 지적한다.[5] 그중 하나는 선행 이론이 흔히
어떤 한계 안에서만 그것도 단지 근사적으로 성립한다는 것이다. 즉 설
사 후행 이론의 법칙들로부터 선행 이론의 법칙들과 유사한 결론들이
도출될 수 있다고 하더라도 선행 이론의 법칙들과 정확하게 동일한 것
들은 아니라는 것이다. 다른 하나는 네이글의 환원 개념에서 환원 관계
의 두 관계 항에 해당하는 선행 이론과 후행 이론 사이의 언어적 연결
고리 역할을 하는 쌍조건언들(biconditionals)을 찾아볼 수 없다는 것이
다. 대안으로 케미니와 오펜하임은 선행 이론 T_1이 후행 이론 T_2로 환
원되기 위해서는 T_2가 적어도 T_1만큼 체계적인 동시에 T_1이 설명하던
현상들을 포함해서 그보다 더 많은 현상들을 설명할 수 있어야 한다고
주장한다.[6]

　네이글이 제시한 환원 관계는 후행 이론이 선행 이론을 연역적 도출
에 의해 직접적으로 포괄하는 관계인 데 반해, 케미니와 오펜하임이 대
안으로 제시한 환원 관계는 선행 이론이 설명하는 경험 자료들을 후행
이론도 설명하나 그 역은 아닐 때, 즉 후행 이론의 설명력이 선행 이론
의 설명력을 비대칭적으로 포괄할 때 성립하는 관계라는 점에서 간접적

4　참조: Kemeny & Oppenheim (1956).
5　참조: Kemeny & Oppenheim (1956), p. 10.
6　참조: Kemeny & Oppenheim (1956), pp. 7, 13-15.

이다. 그러나 두 환원 개념이 전혀 무관하지는 않다. 만약 케미니와 오펜하임이 과학적 설명에 대해 네이글과 유사한 관점을 채택한다면, 후자의 환원 개념은 전자의 환원 개념의 특수한 경우가 될 것이다.[7] 왜냐하면 두 이론 사이에 네이글의 환원이 성립할 경우 케미니와 오펜하임의 환원 또한 성립할 것인 반면 그 역은 아니기 때문이다. 나아가서 케미니와 오펜하임의 환원 개념은, 네이글의 환원 개념이 제공하는 이론적 수준의 강한 연속성을 보장하지 않는 반면, 환원 관계가 성립하는 이론들에 의해 설명되는 경험 자료들 사이의 포괄 관계를 제공한다. 즉 케미니와 오펜하임의 환원은 이론 간의 직접적 연속성이 확보되지 않는 상황에서도 설명되는 경험 자료들 사이의 연속성을 포착한다. 따라서 역사 속의 이론들 사이에 케미니와 오펜하임의 환원이 성립한다면, 과학에서는 때때로 선행 이론이 후행 이론에 포괄되는 강한 형태의 진보가 성립하기도 하나 통상적으로 선행 이론에 의해 설명되는 경험 자료가 후행 이론에 의해 설명되는 경험 자료에 포괄되는 다소 약한 형태 (또는 낮은 수준)의 과학적 진보가 성립하게 될 것이다.[8]

6.2 파이어아벤트의 비판

네이글의 환원 개념에 대한 케미니와 오펜하임의 비판이 논리경험주

---

[7] 참조: Kemeny & Oppenheim (1956), pp. 15-16.

[8] 케미니와 오펜하임의 환원 개념을 통일과학의 기획을 해명하는 데 적극적으로 활용한 시도를 위해서는 Oppenheim & Putnam (1958)을 참조.

의의 전통 안에서 이루어졌다면, 파이어아벤트의 비판은 그 전통 밖으로부터 온 아마도 가장 영향력 있는 비판이었다.[9] 파이어아벤트의 주된 비판 중 하나는 연역적 도출로서의 환원 개념이 역사적으로 부적절하다는 것이었는데, 이는 크게 두 갈래로 진행되었다.

그중 한 갈래는 네이글이 구분하는 환원의 두 형태 중 하나인 동질적 환원에 대해서이다. 네이글의 동질적 환원은 환원되는 이론 T_2에 속하는 모든 기술적 용어들이 환원하는 이론 T_1 속에서 대략 같은 의미를 가지고 쓰이는 상황에서 성립하는 환원이다. 비판의 핵심은 후행 이론의 법칙들로부터 연역적으로 도출되는 결과들이 환원 대상인 선행 이론의 법칙들과 유사하기는 하나 네이글의 제안처럼 동일하지는 않다는 것이다. 예를 들어, 뉴턴 역학의 법칙들로부터 갈릴레오의 자유 낙하 운동 법칙과 유사한 것이 도출되기는 하지만 그것과 동일한 것은 아니라고 파이어아벤트는 지적한다.[10] 그 이유는 간단하다. 갈릴레오의 자유 낙하 운동 법칙에서는 가속도가 일정하게 유지되는 것으로 간주되는 데 반해, 뉴턴 역학의 법칙들로부터 도출되는 자유 낙하 운동 법칙에서는 낙하 과정에서 가속도가 미세한 정도로나마 꾸준히 변화하는 것으로 간주되기 때문이다. 낙하 운동과 관련하여 낙하한 거리, 낙하하는 데 걸리는 시간 등을 계산할 때 이 두 자유 낙하 운동 법칙들을 사용한 계산 결과들의 차이가 실제 측정을 통해 확인하기 어려울 정도로 미세하다 할지라도 두 법칙의 개념적 내용은 엄연히 다르다는 것이 파이어아벤트의 문제 제기이다.

---

9 참조: Feyerabend (1962).
10 참조: Feyerabend (1962), pp. 46-47.

역사적으로 부적절하다는 비판의 다른 갈래는 네이글의 이질적 환원에 대해서이다. 네이글의 이질적 환원은 환원되는 이론 T_2의 이론적 어휘 중 적어도 일부가 환원하는 이론 T_1의 이론적 어휘 속에 포함되지 않을 때 성립하는 환원이다. 이런 상황에서 두 이론의 법칙들 사이에 연역적 도출 관계가 성립하기 위해서는 T_2의 어휘에 속하나 T_1의 어휘에 속하지 않는 각 용어를 T_1의 어휘에 속하는 용어들과 연결시켜 주는 교량 원리들이 필요하다. 네이글 본인은 그 교량 원리들이 쌍조건언의 형태를 가진다는 입장을 취했다. 예를 들어, 열역학이 통계역학 및 물질의 운동론으로 환원되는 과정에서 열역학에 고유한 용어들(예로는 온도)을 물질의 운동론에 속하는 용어들과 연결시켜 주는 교량 원리들이 필요한데, "[열역학적] 온도는 분자들의 평균 운동에너지와 같다"는 쌍조건언으로 간주될 수 있는 진술이 그중 하나라는 것이다. 파이어아벤트가 보기에 네이글의 이질적 환원 개념이 직면하는 문제는, 우선 환원 대상인 선행 이론에 고유한 용어들에 쌍조건언의 형태로 연결되는 후행 이론의 용어들이 존재하지 않는 경우들이 잦다는 것이다. 예를 들어, 환원 대상인 기동력 이론에 고유한 용어인 '기동력(impetus)'에 쌍조건언의 형태로 연결될 수 있는 뉴턴 역학의 용어들은 존재하지 않는 것처럼 보인다.[11] 구체적으로, 쌍조건언의 성립을 위해 유력한 후보로 간주되는 뉴턴 역학의 용어들, 즉 '운동량'이나 '힘' 모두 '기동력'과 동일시될 수 없는 것으로 드러난다.

환원 대상인 선행 이론에 고유한 용어들에 쌍조건언의 형태로 연결되는 후행 이론의 용어들이 존재하지 않는 경우들이 있다는 파이어아벤

---

11 참조: Feyerabend (1962), pp. 52-58.

트의 비판을 인정하더라도 그것은 환원 개념의 적용가능성을 완전히 봉
쇄하지는 않는다. 네이글이 이질적 환원의 논의에서 사례로 제시하는
열역학의 경우, 환원 대상인 열역학에 고유한 용어들(예로는 온도)을
환원하는 이론인 물질의 운동론에 속하는 용어들과 연결시켜 주는 교량
원리들이 존재하는 것처럼 보이기 때문이다. 이 대목에서 네이글의 환
원 개념은 상당히 제한된 범위 내에서만 적용가능하다는 비판으로 논의
를 매듭지을 수도 있었을 것이다. 그러나 파이어아벤트는 그렇게 제한
된 비판에 머물지 않았다. 그는 역사적 사례들에서 용어의 의미가 변화
한다는 문제를 제기한다.[12] 먼저 선행 이론과 후행 이론이 공유하는 용
어들도 이론의 변화와 더불어 의미를 달리하게 된다는 것이다. 예를 들
어, 고전역학과 상대성 이론은 질량이라는 용어를 공유하지만, 그 용어
의 의미는 그것의 이론적 소속에 따라 달라진다는 것이다. 즉 고전역학
의 질량 개념과 상대성 이론의 질량 개념은 의미를 달리한다는 것이다.
나아가서 파이어아벤트는 환원 대상인 선행 이론에 고유한 용어들을 환
원하는 이론인 후행 이론에 속하는 용어들에 연결시켜 주는 교량 원리
들이 존재하는 것처럼 보이는 경우들조차 실상 그렇지 않다고 주장한
다. 그는 이러한 비판을 네이글이 이질적 환원의 대표적 사례로 생각
한 열역학에 대한 논의에서 전개한다. 즉 '온도＝분자들의 평균 운동에
너지'는 네이글이 보기에 이질적 환원의 토대를 제공하는 모범적인 교
량 원리이지만, 파이어아벤트는 열역학의 온도 개념과 분자들의 평균
운동에너지로 정의되는 온도 개념이 동일시될 수 없다고 문제를 제기
한다.

---

12 참조: Feyerabend (1962), pp. 76-81.

앞에서 언급한 바 있는 파이어아벤트의 의미론적 전체론이 이와 같은 문제 제기들의 주된 논거에 해당한다는 것은 그의 논의에서 자못 분명하다. 파이어아벤트에 따르면 이론적 용어의 의미는 그것이 다른 이론적 용어들과 맺는 관계에 의해, 즉 그것이 어떤 이론적 원리들에서 사용되는가에 의해 결정된다. 따라서 '질량'이라는 용어는 그것이 사용되는 이론적 원리들이 고전역학과 상대성 이론에서 상이하므로 두 이론에서 상이한 의미를 갖게 된다는 것이다. 마찬가지로 열역학의 온도 개념과 분자들의 평균 운동에너지로 정의되는 온도 개념은 그것들이 사용되는 이론적 원리들에서 차이가 있으므로 상이한 의미를 가진다는 것이다. 이처럼 역사 속에서 용어들의 의미가 변화한다는 파이어아벤트의 주장은 네이글의 동질적 환원과 이질적 환원을 아울러 비판하는 근거가 된다.

그런데 파이어아벤트의 비판은 이론 간의 직접적 환원에 해당하는 네이글의 환원 개념에 국한될 것 같지 않다. 앞에서도 논의된 것처럼 파이어아벤트는 의미론적 전체론을 채택한 경우일 뿐만 아니라 그것도 이론의 일부에서 일어나는 변화가 이론의 다른 부분 모두에 영향을 미친다는 의미에서 전면적 전체론에 해당한다. 나아가서 파이어아벤트에 따르면 이론적 원리들에서의 변화는 경험 자료를 서술하는 데 사용되는 용어들의 의미에도 영향을 미친다. 따라서 동일한 용어들로 서술된 관찰 보고의 경우에도 그 관찰 보고의 이론적 연계, 즉 그것이 어떤 이론적 원리들과 연계되어 있는가에 따라 그 의미가 달리 결정된다는 것이다. 예를 들어, "이 진자의 질량은 1kg이다"와 같이 간단한 측정 결과를 보고하는 수준의 진술도 그것이 사용된 이론적 맥락에 따라, 즉 고전역학의 맥락에서 사용된 경우인지 아니면 상대성 이론의 맥락에 사용된 경우인지에 따라 그 의미가 달라진다는 것이다.

만약 경험 자료를 서술하는 데 사용되는 용어나 진술들의 의미가 파이어아벤트의 주장대로 그것들의 이론적 연계에 따라 달라진다면, 선행 이론(가령 고전 역학)과 후행 이론(가령 상대성 이론)에 의해 설명되는 경험 자료는 그것이 동일한 용어들로 서술되는 경우에도 두 이론에 공통된 경험 자료라고 말할 수 없는 상황이 될 것이다.[13] 이처럼 선행 이론과 후행 이론이 그 이론적 차이 때문에 공통으로 설명하는 경험 자료를 확보할 수 없는 경우라면, 케미니와 오펜하임이 제안한 약한 환원 개념, 즉 선행 이론과 후행 이론에 의해 설명되는 경험 자료들 사이의 포괄 관계에 의존하는 환원 개념조차 성립할 수 없게 될 것이다. 왜냐하면 케미니와 오펜하임의 환원 개념은 선행 이론과 후행 이론이 설명하는 공통된 경험 자료의 존재를 전제하기 때문이다.

결과적으로 전면적인 형태의 의미론적 전체론과 역사적 사례 분석에 근거를 둔 파이어아벤트의 문제 제기는 네이글의 환원 개념에 대한 비판을 넘어서서 환원 개념 자체에 대한 포괄적인 거부로 귀착되는 것처럼 보일 뿐만 아니라 환원 개념에 의거해 과학적 진보의 정체를 명료하게 규명하려는 시도의 전망을 심각하게 훼손하는 것처럼 보인다.

---

13 참조: Feyerabend (1962), p. 94. "현재의 논문에서 논증된 바대로 어떤 이론을 위해 관찰이 수행되는 상황에서 관찰 용어들의 의미가 그 이론에 의존한다면, … 공약불가능한 이론들은 … 비교가능한 결과들을 전혀 갖지 못할 수 있다."

6.3 환원 문제에 대한 쿤의 입장

환원 개념을 둘러싼 논리경험주의 전통의 철학자들, 특히 네이글과 역사적 접근을 중시하는 파이어아벤트 사이의 논쟁에 대한 쿤의 입장은 무엇이었는가? 쿤 역시 역사적 접근을 중시하는 경우이므로 환원 문제와 관련해서 파이어아벤트에 동조하는 입장을 취했을 개연성이 많은 상황이라고 쉽게 추정할 수 있을 것이다. 실제로 이러한 추정은 별로 틀리지 않은 것으로 확인된다. 물론 쿤 자신이 철학자로서의 훈련을 받는 과정을 정식으로 거친 경우가 아니므로 환원 문제에 대해 파이어아벤트처럼 상대편의 견해를 체계적으로 분석하고 공략하는 방식의 논의를 제시하지는 않았으나, 파이어아벤트의 논문(1962)과 같은 해에 출간된 『과학혁명의 구조』에서 제시된 여러 가지 논의가 환원에 대해 비판적인 함축들을 지니고 있는 것은 분명하다. 환원에 대해 비판적이거나 비판적 함축을 지닌 쿤의 논의들에 대한 검토와 더불어 우리의 관심을 끄는 것은 환원 문제와 관련하여 쿤이 파이어아벤트와 의견을 달리하는 면이 있는가 하는 것이다.

『과학혁명의 구조』 9장에서 '과학혁명의 성격과 필연성'에 대해 논하면서 쿤은 패러다임 교체에 해당하는 과학혁명은, 정상과학과는 달리, 과학이 비축적적으로 발달하는 과정이라고 주장한다. 왜 비축적적인가? 그 이유를 설명하는 과정에서 우선 쿤은 과학혁명이 정치혁명과 유사하다고 말한다.[14] 그에 따르면, 기존의 제도가 어떤 사회의 문제들을 더 이상 적절하게 해결하지 못한다는 인식이 사회 구성원들에게 점차

---

[14] 참조: Kuhn (1962 / 2012), pp. 92-94.

늘어나면서 위기가 발생하여 심화됨에 따라 그 사회는 옛 제도들을 옹호하려는 집단과 새로운 제도의 수립을 추구하는 집단으로 나뉘어 대립하게 되고 종국에는 양립불가능한 두 정치체제 사이의 경쟁에서 새로운 체제가 구체제를 이겨 대체하는 과정이 정치혁명이다. 그리고 과학혁명도 정치혁명에서의 체제 전환과 마찬가지로 양립불가능한 두 패러다임 사이의 경쟁에서 새로운 패러다임이 옛 패러다임을 이겨 대체하는 과정이라는 것이다. 그런데 흥미로운 것은, 정치혁명의 경우 경쟁하는 두 정치체제의 양립불가능성이 당연한 것으로 여겨지는 반면, 과학혁명의 경우 선행 이론과 후행 이론 사이의 연속성이 심심찮게 언급된다는 것이다. 예를 들어, 비상대론적 고전 역학으로부터 상대론적 역학으로의 이행이 자주 과학혁명이라고 불림에도 불구하고, 교과서 수준의 논의에서조차 상대론적 역학의 운동방정식들이 제한된 조건($v \ll c$)에서는 고전 역학의 운동방정식들로 수렴한다는 지적이 거의 빠짐없이 등장하는 상황은 두 이론이 상당히 연속적 관계에 있다는 생각을 과학자들이 하는 것처럼 보이게 만든다.

쿤도 이러한 상황을 의식했던 것은 분명하다. 먼저, 과학혁명의 과정에서 경쟁하게 되는 두 이론이 과연 양립불가능한가라는 물음과 관련하여, 쿤은 기존 이론이 해결하지 못하는 이상 현상들을 새 이론이 해결한다면 그것은 기존 이론으로부터 도출된 예측들과 다른 예측을 어디에선가 할 것임에 틀림없고 그러한 예측에서의 차이는 두 이론이 논리적으로 양립가능하다면 생길 수 없었을 것이라고 논변한다.[15] 이러한 문제 제기에 대해 과학의 연속성을 옹호하는 전통적 입장에서 내놓을 만한

---

15 참조: Kuhn (1962 / 2012), p. 97.

해결책은, 기존 이론의 적용 범위를 제한함으로써 후속 이론의 예측들과 충돌하는 일이 생기지 않도록 하면 된다는 것이다. 쿤은 뉴턴 역학이 틀렸다는 것을 인식할 때만 아인슈타인의 상대성 이론을 수용하는 것이 가능하다고 지적함으로써 전통적 해법을 거부한다.[16] 그러나 제한된 조건(v≪c) 하에서 상대론적 역학의 운동방정식들로부터 뉴턴 역학의 운동방정식들이 도출될 수 있다는 교과서적 논의를 인정하면 두 이론 사이에 환원 관계가 성립하지 않는가라는 전통적 관점에서의 반박이 나올 수 있는 상황이다. 이러한 상황에서 쿤은 앞서 네이글의 환원 개념에 대해 파이어아벤트가 문제를 제기한 방식과 매우 흡사한 반론을 제시한다.[17] 즉 특정한 제한 조건 하에서 상대론적 역학으로부터 실제로 도출되는 방정식들은 뉴턴 역학의 방정식들이 아니라는 반박이 그것이다. 나아가서 쿤은 이런 지적을 하는 것에 머물지 않고 그러한 반박의 배경에 해당하는 주장, 즉 경쟁 패러다임들은 양립불가능할 뿐만 아니라 실상 공약불가능하다는 주장을 제시한다.[18] 돌이켜 생각해 보면, 네이글의 환원 개념에 대한 파이어아벤트의 비판은 쿤의 경우와 마찬가지로 경쟁 이론들의 공약불가능성에 대한 그의 견해를 근거로 삼고 있었던 것으로 이해할 수 있다.

그렇다면 쿤도 파이어아벤트처럼 단순히 네이글의 환원 개념, 즉 과학 이론 간의 직접적 환원에 대한 문제 제기를 넘어서서 환원 개념 자체를 포괄적으로 거부한 것으로 간주되어야 하는가? 이 물음에 대해서

---

16 참조: Kuhn (1962/2012), p. 98.

17 참조: Kuhn (1962/2012), pp. 101-102.

18 참조: Kuhn (1962/2012), p. 103.

는 단순한 긍정보다 좀 더 자세한 논구가 필요하다. 앞서 논의된 것처럼 쿤과 파이어아벤트가 경쟁 이론들의 공약불가능성에 대한 기본적인 아이디어를 공유함에도 불구하고 그것이 적용되는 범위에 대해서는 서로 견해를 달리하기 때문이다. 쿤의『과학혁명의 구조』에서만 하더라도 파이어아벤트와의 이러한 견해 차이가 그렇게 분명하게 드러나지 않았다. 오히려 분명한 해명이 없는 상황에서 쿤의 공약불가능성 논제는 파이어아벤트의 전면적 공약불가능성과 차이가 없는 것으로 흔히 이해되었다. 이러한 이해는 전면적 공약불가능성 논제의 급진적 함축들(예를 들어, 경쟁 이론들의 비교불가능성)에 대한 가열된 비판들을 불러일으켰고 급기야 쿤은 파이어아벤트와 차별화되는 자신의 입장을 밝히는 후속 논의를 내놓게 되었다.

앞서 논의된 바대로 국소적 공약불가능성이 파이어아벤트의 전면적 공약불가능성과 차별화되는 쿤의 입장이라는 것을 인정한다면, 환원에 대한 쿤의 입장은 어떻게 달리 이해될 필요가 있는가? 쿤에 따르면, 4장에서 논의된 것처럼 국소적 공약불가능성의 주장은 다음과 같다.

두 [경쟁] 이론에 공통된 용어들 중 대부분은 그 이론들 속에서 동일한 역할을 수행한다. 그 용어들의 의미는, 그것이 무엇이든지, 보존된다. 그것들에 대해서는 별도의 번역이 필요 없다. 번역가능성의 문제가 발생하는 것은 오로지 소수의 (보통 상호 정의되는) 용어들 및 그것들을 포함하는 문장들에 대해서이다.[19]

---

19 Kuhn (1983a), pp. 669-670.

쿤의 국소적 공약불가능성 논제는 두 경쟁 이론에서 사용되는 공통된
용어들 중 대부분은 동일한 의미를 보존한다는 것을 인정함으로써 경쟁
이론들의 비교가능성에 대한 불필요한 오해를 불식시키는 데 상당한 기
여를 한다. 그러나 동전의 다른 면은 공통된 용어들 중 일부에 대해서
는 비록 소수일지라도, 번역불가능성의 문제가 발생한다는 것이다. 그
런데 경쟁 이론들에서 사용되는 용어들 중 번역불가능한 일부 용어들의
범위가 어떻게 설정되는가라는 긴요한 물음과 관련해서 쿤이 자신의 견
해를 정리하는 데 상당한 시간이 소요된 것은 사실이다.[20]

　이 물음은 과학 이론의 정체성 내지 개별화의 문제와 밀접한 관련이
있다. 두 이론에서 공통으로 사용되는 용어임에도 불구하고 번역가능하
지 않다는 것은 그 용어가 각 이론에서 고유한 방식으로 사용되고 따라
서 그것이 두 이론에서 사용되는 방식의 차이에서 비롯되는 결과라고
생각되기 때문이다. 그런데 공통된 용어가 두 이론에서 사용되는 방식
이 다르다는 것은 좀 더 구체적으로 생각해 보면 결국 그 용어가 두
이론에서 사용되는 이론적 원리들의 차이로 귀착될 것 같다. 그렇다면
공통된 용어들이 고유하게 사용되는 방식을 결정하는, 즉 각 이론의 정
체성을 결정하는 이론적 원리들은 무엇인가? 이 물음에 대한 답은 특정
이론적 원리에서의 변화가 그것이 속한 이론의 정체성에 대해 어떤 영
향을 미치는가, 즉 소속된 이론의 정체성이 여전히 유지되는가 아니면
훼손되는가에 의해 결정될 것이다. 실상 지금 논의되고 있는 문제는 쿤
의 정상과학/과학혁명 구분에 대한 논의에서 등장한 문제, 즉 정상과학
을 유지하는 패러다임의 변화와 정상과학의 교체로 귀착되는 패러다임

---

[20]　이와 관련된 좀 더 자세한 논의를 위해서는 4장을 참조.

의 변화를 구분하는 문제와 다르지 않다.

여기에서 4장의 논의를 배경으로 하여 과학 이론의 정체성을 해치는 이론적 변화와 그렇지 않은 이론적 변화의 구분이 원칙적으로 가능하다고 상정하자. 이 구분은 쿤의 국소적 공약불가능성 논제와 관련해서 등장한 번역가능성이 문제가 되지 않는 용어들과 문제가 되는 용어들 사이의 구분 문제를 해결해 주는 결과가 될 것이다. 다시 말해, 선행 이론으로부터 후행 이론으로의 이행에서 일어난 이론적 원리들의 변화가 선행 이론의 정체성을 해치는 변화라면, 그러한 이론적 원리들에서 고유한 방식으로 사용되는 용어들은 상호 번역가능하지 않은 상황이 될 것이다. 환원에 대한 논의로 돌아가면, 후행 이론이 선행 이론의 정체성을 해치는 이론적 변화의 결과인 경우, 후행 이론의 정체성을 결정하는 이론적 원리들로부터 선행 이론의 정체성을 결정하는 이론적 원리들이 도출될 수 없을 것이다. 결국 쿤의 공약불가능성 논제는, 그것의 발생 범위가 국소적인 것으로 인정되는 경우에도, 네이글의 환원 개념, 즉 공통된 용어들의 의미 보존 및 용어들 사이의 번역가능성을 전제로 하는 이론 간 직접적 환원에 대해 여전히 부정적인 함축을 가지는 것으로 귀착된다.

그러나 쿤의 국소적 공약불가능성이 환원 개념 자체에 대한 포괄적인 거부를 지지하는가는 별개의 문제이다. 앞서 논의된 것처럼, 케미니와 오펜하임은 네이글의 환원 개념에 대한 대안으로 두 이론에 의해 설명되는 경험 자료들 사이의 포괄 관계에 해당하는 환원 개념을 제시하였다.[21] 이러한 환원 개념은 환원의 관계항들인 두 이론에 공통된 경험

---

21 참조: Kemeny & Oppenheim (1956), p. 16. "어떠한 번역의 방법 없이도, 한 이론이

자료의 존재를 전제한다. 파이어아벤트의 전면적 공약불가능성 논제는 그러한 전제를 거부하는 것으로 흔히 이해한다. 이제 문제는 쿤의 국소적 공약불가능성 또한 그러한 전제를 거부하는가 여부이다. 파이어아벤트의 전면적 공약불가능성이 환원의 관계 항들인 두 이론에 공통된 경험 자료의 존재를 거부하는 것으로 간주된 주된 이유는 두 이론에 공통된 용어들조차 모두 그것들의 이론적 소속에 따라 의미를 달리한다는 함축 때문이었다. 그런데 쿤의 국소적 공약불가능성은 두 이론에 공통된 용어들의 대부분이 의미를 보존한다고 말한다. 그런 상황에서 경험 자료를 서술하는 데 사용되는 용어들이 의미를 보존하는 공통된 용어들의 집합에 속할 것으로 간주하는 것은 무리가 없어 보인다. 그렇다면 케미니와 오펜하임의 환원 개념이 필요로 하는 전제 조건은 두 이론이 공약불가능한 상황에서도 충족될 수 있을 것처럼 보인다. 한 가지 우려는 케미니와 오펜하임의 경우 논리경험주의의 전통 속에서 경험 자료를 기술하는 데 사용되는 용어들이 이론독립적인 지위를 가지는 것으로 간주했다는 점이다. 그러나 쿤은 경쟁 이론들의 공약불가능성이 국소적이라는 입장을 취했음에도 불구하고 관찰에 이론이 적재된다는 견해를 계속 유지했던 것은 분명하다. 이런 상황에서 경험 자료를 기술하는 데 사용되는 용어들이 이론독립적이라는 주장이 케미니와 오펜하임의 환원 개념이 성립하기 위한 필요 조건이라면 쿤은 그렇게 약한 환원 개념마저 거부해야 하는 상황이 되었을 것이다.

그런데 경험 자료를 기술하는 데 사용되는 용어들의 이론독립성이

또 다른 이론에 의해 설명될 수 있는 모든 사실들을 설명할 수 있어야 한다는 것은 전적으로 가능하다."

과연 필요 조건에 해당하는지는 의문스럽다. 두 이론 T_1과 T_2 사이에 케미니와 오펜하임의 환원이 성립하기 위해 필요한 조건은 그 이론들에 의해 설명되는 공통된 경험 자료가 존재하는 것이고 이와 연계하여 그 경험 자료를 기술하는 데 사용되는 공통된 용어들이 이론적 소속과는 무관하게 의미를 보존한다는 것이다. 다시 말해 T_1과 T_2에 의해 설명되는 공통된 경험 자료를 기술하는 데 사용되는 용어들의 의미는 적어도 T_1과 T_2로부터 독립적일 필요가 있다는 것이다. 이러한 조건이 충족된다는 것은 공통된 경험 자료를 기술하는 데 사용되는 용어들의 의미가 제3의 이론으로부터도 독립적이라는 것을 요구하지는 않는다. 비슷한 논의가 T_2와 T_3, T_3와 T_4, … , T_{n-1}과 T_n 등 이론들의 각 쌍에 대해서도 적용된다고 하자. 이러한 상황 설정은 쿤의 국소적 공약불가능성과도 양립가능할 것이다. 그러면 경험 자료를 기술하는 데 사용되는 용어들의 의미가 방금 언급된 각 쌍이론에 대해 유지가 되고 그런 의미에서 이론독립적인 상황은 그 용어들의 의미가 T_1, T_2, … , T_n의 이론 모두에 대해 유지되고 그런 의미에서 이론독립적인 상황을 함축하는가? 그렇지는 않을 것이다. 방금 언급된 후자의 상황이 케미니와 오펜하임의 환원 논의에서 상정되는 경험 자료를 기술하는 데 사용되는 용어들의 의미가 이론독립적인 지위를 가지는 상황과 동일하지는 않을지라도 전자의 상황보다 그것에 훨씬 근접해 있는 경우라는 것을 감안하면, 경험 자료를 기술하는 데 사용되는 용어들의 의미가 모든 이론으로부터 독립적인 지위를 가지는 상황은 케미니와 오펜하임의 환원이 성립하기 위해 필수적인 전제 조건은 아니라고 판단된다.

결론적으로 말하면, 케미니와 오펜하임의 환원이 성립하기 위한 최소한의 전제 조건은 경험 자료를 기술하는 데 사용되는 용어들의 의미가 환원 논의의 대상인 두 이론에 대해 동일하다는 의미에서 국소적으로 (또는 맥락적으로) 이론독립적이라는 것이며, 이 조건은 공약불가능성 과 관찰의 이론적재성에 대한 쿤의 견해가 허용하는 것이다. 반면, 케미니와 오펜하임의 환원에 대한 논의에서 암암리에 상정되고 있는 전제조건은 경험 자료를 기술하는 데 사용되는 용어들의 의미가 모든 이론 으로부터 독립적이라는 것으로 보이는데, 이 조건은 쿤의 관련된 견해가 허용하지 않는 것이다. 그렇다면 쿤이 국소적 공약불가능성과 관찰의 이론적재성을 주장하는 상황에서도 방금 언급된 최소한의 전제 조건과 결합된 케미니와 오펜하임의 환원 개념을 허용하거나 채택하는 것은 가능한 선택지이다.

다만 두어 가지 유보적인 언급이 대기 중이다. 하나는, "최소한의 전제 조건"과 결합된 케미니와 오펜하임의 환원 개념을 채택할 경우, 역사 속에서 계기하는 이론들의 쌍, 즉 $\langle T_i, T_{i+1} \rangle$(여기에서, i=1, 2, ⋯ n-1) 에서 설명력의 포괄이 일어나는 것으로 확인된다 하더라도 그러한 포괄 들이 이행적인가에 대해서는 의문이 생긴다는 것이다. 이러한 의문이 해소되지 않는 한 설명력의 완전한 포괄을 통한 지속적 진보는 보장되지 않을 것이다. 다만 설명적 포괄의 이행성이 완벽한 방식으로 확보되지 않는다고 해서 케미니와 오펜하임 식의 환원 개념이 과학의 진보 양식을 해명하는 데 전혀 무용하다는 결론을 내리는 것 또한 성급한 추론이 될 것이다. 다른 하나는 과학혁명의 과정에서 일어나는 것으로 간주되는 쿤 손실이 현재 논의되고 있는 환원 개념에 미치는 부정적 영향이다. 선행 이론으로부터 후행 이론으로의 이행 과정에서 쿤 손실과 같은 것이 발생한다면, 케미니와 오펜하임의 환원 개념이 요구하는 설명력의 포괄은 완전한 형태로는 일어날 수 없고 일부 손실을 감수하는 방식으로만 가능하게 될 것이다.

　방금 언급된 두 가지 유보 사항이 공통적으로 시사하는 바는 선행 이론과 후행 이론 사이에 설명력의 포괄이 완전한 형태로 일어나기는 어렵다는 것이다. 그런데 흥미롭게도 쿤은 그러한 상황을 명시적으로 인정하면서도 여전히 과학은 진보한다는 입장을 제시한다.

6.4 쿤의 진보 개념

　과학의 진보에 대한 질문은 기본적으로 두 가지이다. 하나는 과학이 과연 진보하는가 하는 것이다. 다른 하나는, 과학이 이왕 진보한다면, 그 진보의 정체는 무엇인가 하는 것이다. 첫 번째 질문에 대한 쿤의 답은 기존 주류 과학철학자들의 그것과 다르지 않다. 과학은 진보한다는 것이다. 그러나 그 답의 근거에 대한 견해는 서로 다르다. 과학이 진보한다는 주장의 근거에 대한 보다 전통적인 견해는 진보의 특정한 기준에 비추어볼 때 시간이 경과함에 따라 과학적 탐구의 성과가 그 기준을 점점 더 충족시킨다는 것이다. 예를 들어, 세계에 대한 과학적 주장들이 진리에 점점 더 근접한다거나 경험적으로 적합한 정도가 점점 더 높아지기 때문에 과학은 진보한다고 할 합당한 이유가 있다는 것이다. 이러한 접근 방식은 특정 진보의 기준에 비추어볼 때 과학이 진보하지 않는 것으로 밝혀질 가능성을 열어놓는 경우이다. 그런데 쿤이 『과학혁명의 구조』에서 제시한 접근 방식은 상당히 다르다. 그에 따르면, 과학이 진보하는 것으로 간주되는 이유는 '과학'이라는 용어가 명백히 진보하는 분야들에 한정하여 사용되기 때문이다. 다시 말해 진보한다는 것이 '과학'

이라는 용어의 의미에 포함되어 있다는 것이다. 이러한 견해는 비트겐슈타인으로부터의 영향을 추정하게 만드는 대목이다.

첫 번째 질문에 대한 답과 그 근거에 대한 논의를 이런 식으로 처리한다 하더라도 두 번째 질문, 즉 진보의 기제를 해명하는 과제가 여전히 남는다. 두 번째 질문에 대한 쿤의 답은 크게 두 부분으로 구성될 수밖에 없는 상황이다. 쿤이 주장하는 바대로 과학 활동이 이질적인 두 부류의 활동, 즉 정상과학과 과학혁명으로 구성된다면, 그 두 부류의 활동에서 진보가 일어나는 방식이 동일할 개연성은 매우 낮을 것이기 때문이다. 그러면 정상과학에서 진보가 일어나는 방식에 대해 먼저 생각해 보기로 하자. 앞 장에서 언급된 대로, 쿤이 과학적 진보에 관한 논의에서 목표 개념의 사용에 대해 부정적인 입장을 취하는 것처럼 보이는 상황임에도 불구하고, 나는 그 역시 과학이 자연에 대한 이해의 증진을 위해 해결되는 문제들의 수와 정확성을 최대화하는 것을 추구하는 활동일 뿐만 아니라 그렇게 하는 데 매우 성공적이었다고 생각한다는 점에서 과학의 목표지향적 성격을 암암리에 인정하고 있는 경우라고 생각한다. 그런 관점에서 본다면, 쿤의 정상과학에서 진보가 일어난다는 것은 의심의 여지가 별로 없다. 정상과학이 쿤의 말대로 퍼즐 풀이 활동이라면, 시간의 경과에 따라 자연에 대한 이해의 증진을 위해 해결되는 문제들의 수와 정확성은 꾸준히 증가할 것이기 때문이다. 쿤이 보기에 정상과학은 방금 언급된 과학의 목표를 매우, 아마도 가장, 효율적으로 성취하는 탐구 형태이다. 그 이유는 크게 두 가지이다. 한 가지 이유는, 다른 분야의 경우 공동체들이 서로 대립하면서 상대방의 토대 그 자체를 문제 삼는 반면, 성숙한 과학 활동의 대부분을 차지하는 정상과학에서는 토대가 당연시되므로 세부적 문제들의 해결에 노력을 집중할 수 있

다는 것이다. 다른 이유는, 성숙한 과학공동체의 활동인 정상과학의 경
우 외부 사회의 요구들로 차단되어 있다는 것이다.[22] 즉, 공학자, 의학
자 또는 신학자들과는 달리, 과학자들은 긴급한 해결이 필요하다는 이
유로 문제 해결을 위한 방편들이 수중에 있는가를 고려하지 않고 문제
를 선택하지는 않는다는 것이다. 쿤이 서술하는 바대로 해당 분야에서
독점적인 지위를 가지는 패러다임을 토대로 하되 외부의 요구들에 흔들
리지 않고 과학공동체의 모든 자원이 집중되는 방식으로 탐구 활동이
이루어진다면, 그러한 정상과학이야말로 자연에 대한 이해의 증진을 위
해 해결되는 문제들의 수와 정확성을 최대화하는 목표를 달성하는 데
매우 효율적인 도구가 되리라는 것에 대해서는 별 의심의 여지가 없어
보인다. 그리고 쿤의 말대로 이렇게 문제들을 해결한 결과가 진보여야
한다는 것은 불가피해 보인다.[23]

  과학의 진보에 대한 쿤의 논의에서 훨씬 더 어려운 과제는 과학혁명
의 과정에서도 진보가 일어난다는 것을 보여 주는 일이다. 쿤의 과학관
에서 과학혁명은 패러다임 교체가 일어나는 과정이다. 따라서 과학혁명
의 과정에서 일어나는 변화가 진보적이라는 것을 보여 주는 일은 새 패
러다임이 기존 패러다임보다 더 낫다는 것을 보여 주는 일이다. 결국
우리에게 던져진 질문은 과학혁명에서 패러다임 교체가 일어날 때 새
패러다임이 기존 패러다임보다 더 낫다는 것을 보여 줄 수 있는가 하는

22 참조: Kuhn (1962/2012), p. 164.
23 참조: Kuhn (1962/2012), p. 166. "[정상과학에서] 과학적 공동체는 그것의 패러다
임이 정의하는 문제 또는 퍼즐들을 해결하는 데 대단히 효율적인 수단이다. 더구나 이러
한 문제들을 해결하는 결과는 당연히 진보로 간주되어야 한다. 이 대목에서는 문제가 될
게 없다."

것이다.

　이 사안과 관련하여 회의적이거나 부정적인 의견들이 다수 개진되었다. 그러한 반응에 대하여『과학혁명의 구조』가 상당히 책임이 있음은 부인하기 어렵다. 예를 들어, 쿤(1962/2012, 94)은 과학혁명 과정에서의 패러다임 평가는 순환적일 수밖에 없다고 말한다. 과학자들은 특정 패러다임을 옹호하는 과정에서 옹호 대상인 패러다임에 의존할 수밖에 없기 때문에 그러하다는 것이다. 뒤이어 그는 이러한 순환적 논증의 지위가 설득이 될 수밖에 없다고 말한다. 왜냐하면 순환적 논증에 의해 옹호되는 패러다임을 받아들이지 않는 과학자들에게 그 논증은 논리적인 힘을 가질 수 없기 때문이다. 나아가서 쿤(1962/2012, 152)은 과학자가 기존 패러다임을 버리고 새 패러다임을 받아들이는 과정을 지칭하면서 '전향(conversion)'이라는 표현을 사용한다. 이러한 표현의 사용은 과학자가 기존 패러다임을 버리고 새 패러다임을 선택하는 과정이 합리적으로 해명될 수 없음을 쿤이 인정하는 것으로 읽혔다. 파이어아벤트(1970)가 쿤의 방식으로 보게 되면 혁명이 보다 나은 어떤 것을 낳는다고 말하는 것은 불가능하다고 비판한 것도 패러다임 평가와 관련하여 방금 언급된 쿤의 진술들을 배경으로 하여 나온 것으로 이해될 수 있다.

　이러한 부정적 반응을 예상한 것처럼 쿤은『과학혁명의 구조』의 마지막 장에서 "과학혁명들을 통한 진보"를 다루면서 과학적 진보에 대해 일대 사고의 전환이 필요하다는 입장을 피력하였다. 이를 위해 쿤은 패러다임 변동들을 통해 우리가 진리에 점점 가까워진다는 생각을 포기해야 한다고 제안한다. 그 대신 과학의 발전 과정은 우리가 자연에 대해 점점 더 세부적이고 정련된 이해를 가지게 되는 진화의 과정에 해당하며, 이러한 과정을 개념적으로 제대로 이해하기 위해서는 우리가 알기

원하는 것을 향한 진화 개념(evolution-toward-what-we-wish-to-know)
을 우리가 아는 것으로부터의 진화 개념(evolution-from-what-we-do-
know)으로 대체할 필요가 있다고 제안한다.[24]

결국 쿤은 과학 활동을 문제 풀이 활동으로 보는 관점에서 과학의 진
보를 자연에 대한 이해의 증진을 위해 해결되는 문제들의 수와 정확도
에서의 증대로 간주하는 방안을 제시하는 것으로 보인다. 그러면 과학혁
명들이 자연에 대한 이해의 증진을 위해 해결되는 문제들의 수와 정확
도를 증대시킨다는 보장이 있는가? 이에 대해 쿤은 과학혁명의 과정에
서 기존 패러다임의 문제들 중 일부는 제거되고 공동체의 관심 범위도
자주 줄어들겠지만, 이러한 손실에도 불구하고 과학에 의해 해결되는 문
제들의 수와 정확도는 점점 증가할 것이라고 답한다.[25] 그러나 쿤이 이러
한 낙관적 전망의 근거를 제대로 제시했는가는 논란거리로 남아 있다.

6.5 라우든의 비판과 대안

라우든(Larry Laudan)은 현대 과학철학에서 쿤과 더불어 역사적 접근
을 공유하는 동시에 과학 활동을 문제 풀이 활동으로 보는 입장을 채택

---

24 참조: Kuhn (1962/2012), pp. 170-171.

25 참조: Kuhn (1962/2012), p. 170. 특히 『과학혁명의 구조』 2판의 후기에서 쿤은 다
음과 같이 덧붙여 말한다. "[과학적 가치들의 목록]이 완성될 수 있다면, 과학적 발전은
생물학적 발전의 경우처럼 단향적이고 비가역적인 과정이다. 후행하는 과학 이론들은 선
행 이론들과 아주 다른 환경 속에서 적용되는 일이 잦지만 그런 경우에도 퍼즐 풀이에서
후자의 이론들보다 낫다. 이러한 입장은 상대주의적 입장과는 다르며 내가 어떤 의미에서
과학적 진보를 확고하게 믿는가를 드러낸다."(1970/2012, 206)

한 대표적인 학자이다.[26] 이처럼 과학에 대한 철학적 논의에서 쿤과 아주 유사한 접근 방식 및 입장을 취했음에도 불구하고 라우든은 쿤의 과학철학에 대해 매우 심각한 문제를 제기한 경우이다.

라우든에 따르면, 문제의 발단은 쿤의 과학철학이 논리경험주의가 주도한 전통적 과학철학과 더불어 과학 논쟁의 구조에 대한 위계적 모형(hierarchical model)을 공유한다는 데 있다.[27] 여기에서 위계적 모형이란, 과학에서의 논쟁이 주로 세 수준, 즉 목표의 수준, 방법의 수준, 그리고 사실의 수준에서 일어나는데, 사실 수준에서의 논쟁(예를 들어, 이론 선택을 둘러싼 의견 불일치)은 그 논쟁과 관련된 방법론적 규칙들에 관한 과학자들 사이의 합의를 기반으로 하여 해소되며, 방법 수준에서의 논쟁(즉, 방법론적 규칙 및 그 적용 방식을 둘러싼 논쟁)은 과학자들에 의해 공유되는 목표들을 성취하는 데 어떤 규칙이 더 효율적인가를 따짐으로써 해결된다는 주장들로 구성된다.[28] 라우든(1984, 42-43)이 보기에, 이 위계적 모형의 주된 문제점은 다음과 같다.

(H) 위계적 모형에서는 과학자들이 기본적인 인식적 목표들에 대해 의견을 달리할 경우 합리적으로 합의에 도달할 수 있는 길이 막혀 있다.[29]

---

26 Bird (2007)는, 과학적 탐구를 문제 풀이 활동으로 보는 관점에서 과학의 진보에 대한 개념적 규명을 시도하는 쿤과 라우든의 접근 방식을 기능적-내재주의자 접근(functional-internalist approach)이라고 부르면서 비판하는 한편, 과학의 진보를 과학적 지식의 증대로 보는 전통적인 관점을 옹호한다. 나는 이 장에서 이 '기능적-내재주의자' 접근의 가장 그럴듯한 형태를 내부적 시각에서 모색하는 데 주력하고, 외부적 비판들과 대안 견해들에 대한 포괄적 논의는 다음 기회로 미룰 것이다.

27 참조: Laudan (1984), pp. 69-70.

28 참조: Laudan (1984), pp. 23-26.

29 이 부분은 위계적 모형(hierarchical model)의 문제점에 해당하므로 지칭하는데 이니

물론 과학자들이 기본적인 인식적 목표들에 대해 의견을 달리한다는 주장은 논란의 여지가 있다. 그러나 논의를 위해 그 주장에 잠정적으로 동의하도록 하자. 그러면 (H)에 의해 과학 활동은 비합리적인 것이 된다.[30]

과학 활동이 결국 비합리적이라는 결론을 피할 수 있는 방안은 과학의 목표들에 대한 평가의 가능성을 확보하는 것이다. 라우든은 인지적 목표를 비판할 수 있는 일반적 방법 두 가지가 있다고 제안한다.[31] 그중 한 가지는 과학의 인지적 목표들이 성취가능해야 한다고 요구하는 것이다.[32] 다른 하나는 과학의 인지적 목표들이 우리가 승인하는 공동체적 실천 및 판단에 함축되어 있는 가치들과 일치해야 한다고 요구하는 것이다.[33]

라우든의 제안처럼 과학의 목표들에 대한 평가가 가능하다면, 과학의 합리성에 대한 위계적 모형에는 변화가 필요하다.[34] 그가 제시하는 변화는 다음과 같다.[35] 첫째, 우리의 사실적 신념은 어떤 부류의 방법이 실행 가능한지 그리고 어떤 부류의 방법이 어떤 부류의 목표를 실제로 증진시키는지에 대한 우리의 견해를 철저하게 결정한다. 둘째, 우리는 탐구를 위해 사용가능한 방법들에 대한 지식을 제안된 인지적 목표들의 실현가능성을 평가하는 도구로 사용할 수 있다. 셋째, 어떤 이론들이 받아들일 만한가에 대한 우리의 판단을 우리의 명시적 가치들에 대립시

셜의 대문자 H를 사용하였다.

30 참조: Laudan (1984), p. 47.
31 참조: Laudan (1984), pp. 50-62.
32 참조: Laudan (1984), pp. 50-53.
33 참조: Laudan (1984), pp. 50, 53-61.
34 이후의 두 단락은 조인래 (2006), IV.2에서 가져온 것이다.
35 참조: Laudan (1984), p. 62.

킴으로써 우리의 암묵적 가치들과 명시적 가치들 사이의 긴장 관계를
드러낼 수 있다.

이러한 주장들이 실제로 성립한다면, 이는 과학의 목표, 방법 및 이론
이 일방적이고 수직계열적인 관계가 아니라 쌍방적이고 수평적 관계에
있음을 말해준다. 다시 말해, 과학 활동의 세 주요 요소들은 위계적 구
조가 아니라 일종의 삼각 그물망을 형성하게 된다. 그리고 이 그물형
모형(reticulated model)에서 과학의 목표, 방법, 이론 사이에는 상호조
정과 상호정당화의 복잡한 과정이 진행된다. 구체적으로 라우든이 제안
하는 세 요소 사이의 관계는 다음과 같다.[36]

(1) 위계적 모형에서처럼, 목표는 방법을 정당화하고 방법은 이론을 정
    당화하는 역할을 한다. 나아가서, 목표는 이론들과 조화를 이루어야
    하며 이는 쌍방적인 관계이다.
(2) 또한 위계적 모형에서와는 달리, 이론은 방법을 제약하며 목표는 그
    것을 실현할 수 있는 방법들이 존재해야 한다.

이 그물형 모형을 통해 라우든은 과학의 세 수준이 상호 평등한 관계에
있다고 주장한다. 그중 어느 하나도 다른 것들보다 특권적이거나 더 근
본적인 위치에 있지 않다는 것이다.

과학 논쟁에 대한 위계적 모형이 산출하는 또 다른 문제는 '공변
(covariance)의 위협'이라 불리는 것이다.[37] 위계적 모형에서 과학의 목

---

36 참조: Laudan (1984), p. 63.
37 참조: Laudan (1984), p. 43.

표, 방법 및 이론은 목표가 방법을 결정하고 방법이 이론을 결정하는
수직적 결정의 관계를 가진다. 이러한 결정의 구조에서 목표의 변화가
일어난다면, 방법 및 이론도 대응하여 변화할 것이다. 즉, 과학의 목표,
방법 및 이론은 공변하는 관계에 놓일 것이다. 실제로 라우든은 쿤의
경우 패러다임의 구성 요소들이 공변한다는 견해를 채택했다고 생각한
다.[38] 물론 쿤이 『과학혁명의 구조』에서 패러다임 교체 과정에 대해 서
술할 때 패러다임 변동의 전체론적 성격을 시사하는 대목들이 없지 않
다.[39] 그러나 쿤이 말하는 혁명적 변화의 과정을 지나치게 시간상으로
압축해서 생각하는 것은 그의 입장을 오해하거나 왜곡하는 결과가 될
수도 있다.[40] 따라서 쿤이 라우든이 말하는 공변 가정을 채택했는가는
해석의 차원에서 논란의 여지가 있을 수 있는 상황이나, 일단 논의를
위해 라우든의 비판적 해석이 옳다고 상정하기로 하자. 그러면 공변의
가정이 적용되는 상황에서 과학의 목표들에 대한 평가는 그 목표들이
구성 요소로 포함된 패러다임을 받아들이는 과학자들에게만 유효한 것
이 된다. 결과적으로 패러다임의 요소들이 공변하는 상황에서 성립하
는 이론 선택은 각 패러다임에 한정된(paradigm-bound) 정당성을 가질
수밖에 없다. 그리고 그렇게 제한된 정당성을 가지는 이론 선택에 의
존하는 과학적 진보 역시 특정 패러다임에 한정된 진보가 될 수밖에
없을 것이다.

---

38 참조: Laudan (1984), pp. 43-44.

39 과학혁명, 즉 패러다임 교체의 전체론적 성격을 강조하는 쿤의 대표적인 논의를 위해
서는, Kuhn (1987)을 참조.

40 쿤 스스로 이러한 취지의 해명을 하는 것처럼 보이는 논의를 위해서는, Kuhn (1992,
113)을 참조.

이제 과학 활동의 상이한 수준들에서 일어나는 변화들 사이에 어떤 놀랄 만한 공변의 관계도 존재하지 않는다는 역사적 관찰을 토대로 하여 라우든은 과학 변동이 전체론적 모형에서 제시되는 것보다 훨씬 더 부분적으로 일어난다는 단계적(stepwise) 변화론을 제안한다. 그물형 모형을 통해 일반적 수준에서 생각해 보면[41] 실제로 일어나는 변화는 다음과 같이 단계별로 진행된다는 것이 라우든의 생각이다.[42]

(1) 임의의 시점에 어떤 분야의 과학적 탐구는 가치, 방법, 이론의 어떤 집합으로 구성될 것이다. 그것을 각각 A_1, M_1, T_1, 그리고 C_1이라고 하자. 이 요소들은 복잡한 상호정당화의 관계 속에 있을 것이다. 즉 A_1은 M_1을 정당화하고 T_1과 조화할(harmonize) 것이며, M_1은 T_1을 정당화하고 A_1의 실현가능성을 제시할(exhibit the realizability of A_1) 것이며, T_1은 M_1을 제약하고 A_1을 예화할(exemplify) 것이다.

(2) 새 이론 T_2가 제안된다고 하자. 그리고 M_1에 의해 T_1보다 T_2가 선호된다고 하자. 그러면 우리는 T_1을 T_2에 의해 교체할 것이다.

(3) 그 이후 어떤 과학자가 새로운 방법론 M_2를 제안한다고 하자. 그러면 우리는 A_1과 T_2에 호소해, M_1과 M_2 둘 중 어느 것이 A_1을 실현하는 데 더 효율적인가를 따질 것이다. 평가 결과 M_2가 M_1보다 우수하다면 우리는 M_1을 M_2에 의해 교체할 것이다.

(4) 뒤이어 가치 A_1에 대한 도전이 생긴다고 하자. 즉 그동안 개발된 이론들이 모두 A_1을 예화하는 데 실패한다고 하자. 그러면 과학자

---

41 참조: Laudan (1984), pp. 75-78.
42 참조: 조인래 (2006), pp. 92-93.

들은 A_1 대신 대안 가치인 A_2를 택할 것이다.

라우든의 그물형 모형은 적어도 다음의 두 가지 점에서 특기할 만하다.[43] 첫째, 위계적 모형에서와는 달리, 과학의 목표들에 대한 평가를 할 수 있는 근거와 방식이 제시된다. 즉, 과학의 인지적 목표는 무엇이 가능하고 무엇이 가능하지 않은지에 대해 우리가 가진 최선의 믿음을 반영해야 하며, 그것을 실현할 수 있는 방법이 제시되어야 하며, 방법이나 실험에 암묵적인 가치들과 조화를 이루어야 한다.[44] 둘째, 쿤과 같은 역사주의자들의 제안과는 달리 과학 변동이 단계적으로 이루어지는 까닭에 과학 활동의 각 단계에서 변화하지 않는 요소들(즉, 합의된 부분들)에 근거하여 그 단계에서 변화 여부가 문제시되는 요소(즉, 합의되지 않은 부분)를 평가할 수 있고, 따라서 경쟁 패러다임들 사이의 평가가 가능하다. 물론 합의된 부분들이 때로는 논쟁을 종식시키기에 충분하지 않을 수 있다. 그러나 이는 합의에 근거하여 논쟁을 종식시킬 수 없다는 쿤 식의 주장과는 상당히 거리가 있다.[45]

6.6 그물형 모형의 한계와 극복

과학의 합리성에 대한 위계적 모형과 그물형 모형의 주된 차이는, 위계적 모형에서와는 달리, 그물형 모형에는 과학의 목표들에 대한 평가

---

[43] 조인래 (2006), p. 93, 마지막 단락.

[44] 참조: Laudan(1984), pp. 63-64.

[45] 참조: Laudan(1984), pp. 84-85.

절차가 포함되어 있다는 것이다. 이러한 차이점은 그물형 모형이 과학의 진보에 대해 보다 적극적이고 긍정적인 제안을 가능케 하는 이론적 토대 역할을 할 것이라는 기대를 갖게 한다. 그러나 이러한 기대와는 달리 라우든의 그물형 모형은 그 나름의 한계를 드러낸다.[46] 원래 라우든의 그물형 모형은 과학의 목표들이 변하는 상황에서 과학자들이 합리적 합의에 어떻게 도달할 수 있는가 하는 문제를 해결하는 방안으로 제시된 것이다. 그런 상황에서 라우든은 과학자들이 과학의 목표들을 안정적으로 공유하는 가능성을 적극 모색하지 않는다. 이 점은 그의 그물형 모형이 과학의 진보를 해명하는 문제를 해결하는 해법으로서 그 나름의 한계를 갖게 하는 요인이기도 하다.[47]

라우든의 그물형 모형이 과학의 진보를 개념적으로 해명하는 데 한계를 드러내는 이유는 그렇게 복잡하지 않다. 그물형 모형에 의해 제시되는 과학 변동의 주된 양식은 과학 활동의 주요 요소들, 즉 목표, 방법 및 이론이 모두 가변적이지만 함께 변화하지 않고 단계별로 변화한다는 것이다. 예를 들어, 특정 시점 t_1에 과학 활동을 구성하는 주요 요소들이 목표 A_1, 방법 M_1 그리고 이론 T_1이라고 하면, 이론 T_1에 대한 대안 이론 T_2가 제시되는 상황에서 두 경쟁 이론 T_1과 T_2에 대한 평가 및 선택은 A_1과 M_1을 토대로 하여 이루어질 수 있는 여건이 제공된다. A_1과 M_1을 토대로 한 평가를 통해 T_2가 더 우월하다는 판단이 시점 t_2에 내려졌다고 하자. 시점 t_2 이후의 과학 활동은 A_1, M_1 그리고 T_2를 중심으로 하여 진행될 것이다. 이후 시점 t_3에 목표 A_2가 대안 목표로 등장

---

46 조인래 (2006), p. 94.
47 조인래 (2006), p. 97.

하여 두 목표 A_1과 A_2에 대한 상대적 평가가 필요한 상황에서는 M_1과 T_2가 그 토대를 제공하는 상황이 될 것이다. 방법 M_1도 유사한 방식으로 상대적 평가를 받는 과정을 거칠 것이다. 이러한 단계적 변화의 과정은 각 단계에서 이루어지는 특정 요소에 대한 평가 및 선택의 합리성을 확보해 줄 뿐만 아니라 그 단계에서 일어나는 변화의 진보성을 담보해 주는 결과를 산출할 수 있을 것으로 기대된다. 그런데 과학을 목표 지향적인 활동으로 보는 관점에서의 진보는 목표 상대적인 것이다. 그렇다면 목표 A_1에 상대적인 진보와 목표 A_2에 상대적인 진보 사이에는 연속성이 보장되지 않는다는 문제가 발생한다. 다시 말해 이론 T_1으로부터 이론 T_2으로의 변동이 목표 A_1에 대해서는 진보일 수 있겠으나 동일한 이론상의 변동이 목표 A_2에 대해서도 진보라는 보장이 없다는 것이다. 따라서 라우든의 그물형 모형이 제공하는 과학의 진보는 일시적(transient) 진보에 해당한다.

라우든의 그물형 모형이 과학적 진보의 연속성을 담보하지 못하는 주된 이유는 과학의 목표들이, 비록 단계적인 방식이기는 하나, 방법이나 이론과 마찬가지로 변화한다는 데 있는 것으로 드러났다. 이제 우리는 과학의 목표들이 변화하는 양식에 대한 새로운 조망을 시도할 것이다. 그리고 그러한 조망의 결과가 과학의 진보에 대해 지니는 함축을 살펴볼 것이다.[48]

과학의 발전 과정에서 어떤 목표들이 등장하여 어떤 변화의 과정을 겪게 되었는지에 대해 살펴보자. 서양 과학의 발전 과정에서 선두 분야의 위치를 차지했던 천문학을 논의의 출발점으로 삼으면, 두 가지

---

[48] 이 장의 나머지 부분은 조인래 (2006, 99-102)를 일부 수정 및 보완한 것이다.

상이한 목표, 즉 설명력(explanatory power)과 경험적 적합성(empirical adequacy)이 과학의 주된 목표로 등장하게 된 것처럼 보인다. 먼저 경험적 적합성은 바빌로니아 천문학의 맥락에서 생겨났다. 바빌로니아 천문학은 정확한 예측을 위해 가능한 경제적으로 현상들을 조직화하는 것을 목표로 삼았던 과학적 전통의 시작에 해당한다. 이 전통은 이후 프톨레마이오스 천문학에 의해 계승되고 고도로 발전되었다. 반면 설명력의 목표, 즉 현상들을 그 원인들에 의해 설명하는 목표는 고대 그리스의 천문학 전통 속에서 등장했다. 예를 들어, 아리스토텔레스는 에우독소스(Eudoxus)에서 유래하는 동심 천구 체계가 경험적 적합성에서 프톨레마이오스 천문학보다 훨씬 뒤짐에도 불구하고 행성들이 왜 관측되는 방식으로 운동하는가를 설명하기 위해 좀 더 고도화된 동심 천구 체계를 채택하였다. 그러나 근대에 들어와 코페르니쿠스, 케플러, 뉴턴을 거쳐 천문학의 혁명이 일어날 때까지, 천문학자들은 설명력과 경험적 적합성의 두 목표를 함께 성취하는 데 성공적이지 못했다. 설명력과 경험적 적합성의 목표들이 논란의 여지가 없는 방식으로 함께 성취된 것은 뉴턴이 그의 역학에 토대를 두고 새로운 세계 체계를 제시하면서였다.[49]

유사한 발전 과정이 경험과학의 모든 분야에서 뒤이어 일어났다고 말할 수는 없다. 그러나 뉴턴의 자연철학이 과학의 이상으로 간주되면서, 경험적 적합성과 설명력의 목표가 과학 일반의 일차적 목표로서 자리잡게 되었다고 말하는 데는 무리가 없다. 특히, 뉴턴의 역학 사례를

49 참조: McMullin (1984).

통해 우리가 목격하게 된 것은 설명력의 목표와 경험적 적합성의 목표 사이의 건설적 포용 관계이다. 근대 이전의 천문학에서 두 목표는 다소 배타적이고 양자택일적 관계에 있는 것으로 보이는 반면, 근대 이후의 성숙한 천문학에서는 두 목표 중 어느 하나의 추구는 다른 하나의 추구에 의해 지지될 뿐만 아니라 요구되는 것처럼 보인다. 즉 뉴턴 역학의 근본적 원리들은 설명력의 목표를 추구하는 과정에서 필요했던 것이지만 결과적으로 경험적 적합성의 현저한 향상을 산출하였다. 역으로 근대 역학 분야에서 경험적 적합성의 추구는 뉴턴 역학의 근본적 원리들의 도입을 필요로 했을 뿐만 아니라 이러한 도입은 설명력에서의 현저한 향상을 동반하였다.

이러한 역사적 관찰을 통해 볼 때, 오늘날의 과학 활동에서 설명력이나 예측을 포함하는 경험적 적합성 등이 탐구의 주된 목표들로 통용되는 것은 단순한 우연도 아니고 과학자들이 자의적으로 채택한 규약의 결과도 아니다. 그것은 과학적 탐구가 오랜 역사를 통해 많은 시행착오를 거치면서 일구어낸 가치론적 성과라고 보아야 한다.

경험적 적합성과 설명력 외에도 여러 가지 전체적 목표들이, 유통 범위와 강도에서는 편차가 있을지라도, 과학에서 추구되어왔다. 정합성, 통합력, 단순성 등이 그것이다. 그러면 이 다양한 전체적 목표들은 서로 어떻게 관계되는가? 그것들은 자체적으로 계층적 질서를 형성하게 된 것처럼 보인다. 특히 수단-목적의 관계가 설명력과 경험적 적합성 같은 일차적 목표들과 다른 전체적 목표들 사이에 성립하는 것처럼 보인다. 우리의 논의를 인식적 목표들에 한정하면, 경험적 적합성과 설명력 이외의 인식적 목표들은 과학자들로 하여금 일차적 목표들을 실현하는 이론들을 개발하고 선택하도록 유도하는 데 기여한다는 의미에서 수단의

역할을 수행하는 것처럼 보인다.[50]

그렇다면 과학자들이 다양한 목표를 채택하는 것처럼 보이는 이유는 무엇인가? 과학자들은 분야와 주제에 따라 다양한 내용의 목표들을 추구하는 것처럼 보인다. 그런데 우리의 논의에서 중요한 것은 목표의 구체적 내용이 아니라 그 유형이다. 목표의 유형에 주목하면 목표들의 목록은 현저하게 줄어들 것이다. 예를 들어 과학자들은, 각기 자신의 분야 및 관심 영역에 속하는 상이한 현상들을 연구 대상으로 삼으며 따라서 추구하는 목표의 세부 내용을 달리하지만, 그 현상들을 자기 나름의 가설, 모형 또는 기제를 통해 설명한다는 유형상 동일한 목표를 공유하는 것이 보통이다. 물론 설명력의 추구를 목표로 삼는 경우에도 만족스러운 과학적 설명이 갖추어야 할 요건들에 대해 과학자들이 의견을 달리할 수 있을 것이다.[51]

그런데 과학의 목표들이 유형상 구분될 때 그 수가 상당히 한정된다고 하더라도 과학자들이 서로 다른 목표들을 추구하는 일은 흔히 일어나지 않는가? 과학 활동을 공동체적 관점에서 보면, 상이한 목표들을 추구하는 것처럼 보이는 다양한 탐구 활동들이 목표들의 수준에서 밀접하게 상호 연계되어 있음을 확인할 수 있다. 과학의 다른 목표들과 전혀 동떨어진 목표가 추구되는 경우는 찾아보기 어려울 것이다. 그렇지만 과학의 목표들이 역사를 통해 형성되는 과정을 거친다면, 현재까지

---

50 소버(Elliott Sober, 2015)는 이와 유사한 견해를 단순성에 대하여 피력한다. 즉, 그에 따르면, "단순성은 그것 자체로 인식론적 목표가 아니다. 오히려 때때로 더 궁극적인 목표의 수단이다."(2015, 199)

51 이러한 상황과 관련하여 전체적 목표의 존재를 부인하는 논의를 위해서는, Grantham (1994)을 참조.

형성된 목표들과 상당히 다른, 심지어 무관한 목표들이 형성될 가능성을 배제할 수 있는가? 논리적 가능성은 배제할 수 없으나 현실적으로 그 개연성이 지극히 낮다. 특히 과학의 목표들이 많은 시행착오를 거쳐 설명력과 경험적 적합성을 중심으로 네트워크를 형성하면서 공고화되어 온 상황에서는 더욱 그러하다. 이 과정에서 규약의 역할도 무시할 수 없다. 지적 활동에서 분야 간 구획은 역사적 과정을 통해 지형도가 변화하는 모습을 보여 주지만 분야적 정체성의 성립과 유지라는 측면에서는 각 분야의 활동에 참여하는 구성원들 사이에 이루어지는 명시적 또는 암묵적 형태의 규약이 보완적 역할을 한다. 어떤 분야의 성립과 유지에서 규약적 요소는 그 분야에서 추구되는 목표들의 변화가 분야적 정체성을 해치지 않는 범위에서 일어나도록 제어하는 역할을 한다. 만약 어떤 분야의 목표들이 기존 규약의 허용 범위를 현저하게 벗어나는 방식으로 변화한다면, 이는 단순히 그 분야의 목표들이 바뀐 것이 아니라 새로운 분야가 생겨난 것을 의미하게 된다. 쿤이 과학 분야는 그가 과학적 가치라고 부른 것들에 의해 다른 분야들로부터 구분된다고 말했을 때, 그 역시 유사한 상황을 염두에 두었다고 생각된다. 반면 라우든의 그물형 모형은 규약적 요소를 전적으로 배제하는데, 이는 과학의 목표들이 역사적 과정을 통해 일정한 네트워크를 공고히 하는 측면을 간과한 데서 비롯하는 것처럼 보인다.

오랜 역사를 통해 설명력과 경험적 적합성 같은 기본 목표들을 중심으로 하여 공고히 형성된 과학적 목표들의 통합적 네트워크가 분야적 정체성을 결정하는 요소로 과학 활동의 중심에 자리잡게 되었다는 제안이 과학의 진보에 대해 가지는 함축은 무엇인가? 과학의 목표들이 역사적 연계성 및 연속성을 가지고 변화하면서 그 나름의 네트워크를 공고히 하는 상황에서는 각 단계에서 일어나는 과학적 진보가 해당 단계를 넘어서서도 인정받을 수 있는 여지가 생긴다. 왜냐하면 각 단계에서 추구되는 목표들이 다른 단계의 목표들과 무관하지 않고 상당한 연속성을 가지기 때문이다.

7장

에필로그

『과학혁명의 구조』의 출간을 시발점으로 해서 쿤의 과학철학이 기존의 과학철학계에 막대한 영향을 미쳤다는 점에 대해서는 별 논란의 여지가 없다. 그러나 쿤의 유산은 무엇인가라는 물음은 별개의 사안이다. 이 물음에 대한 버드의 답은 "쿤의 유산이 존재하지 않거나 미약하다"는 것이다. 그러나 학문적 유산의 존재가 학파의 존재를 전제로 하지 않는다면, 실질적인 물음은 쿤의 과학철학 중 지속적인 의의를 가지는 내용이 존재하는가일 것이다. 이제 이 책의 논의를 마무리하는 단계에서 나는 이 '실질적인 물음'에 대한 답이 무엇일까에 대해 되돌아보는 기회를 가지고자 한다.

7.1 정상과학의 의의

『과학혁명의 구조』라는 제목은 쿤의 주된 논의 대상이 과학혁명들일 것이라는 추측을 가능케 한다. 그러한 추측은 크게 틀린 것이 아니다. 그러나 그것은 절반의 진실에 불과하다. 쿤의 관점에서 보면, 성숙한 과학은 정상과학과 과학혁명이라는 두 개의 바퀴로 굴러가는 마차와 같다. 정상과학 없는 과학혁명이란 시도조차 할 수 없는 헛된 구호에 불과한 반면, 과학혁명 없는 정상과학은 제자리 걸음이나 되풀이하는 지적 수렁에 불과할 것이기 때문이다. 게다가 쿤의 과학사적 관찰에 따르면 성숙한 과학 활동의 대부분을 차지하는 것은 정상과학이다. 과학혁명은 간헐적으로 그리고 상대적으로 짧은 기간에 걸쳐 진행되는 활동이고, 나머지는 모두 정상과학에 해당하기 때문이다. 이런 상황에서 쿤의 정상과학이 기존의 주류 과학철학에서 논의해온 과학 활동과 다르지 않다고 하자. 그리고 그의 과학철학이 새롭고 독창적인 점은 정상과학과 성격이 매우 다른 과학혁명이 과학 활동의 일부로서 간헐적으로 일어나는 데 있다고 하자. 그럴 경우, 그의 과학관은 과학 활동의 절반에 훨씬 못 미치는 부분에 대해서만 새로우며 나머지는 기존 과학관과 별반 다르지 않다는 평가를 받는 데 그쳤을 것이다. 그런데 흥미롭게도 1965년 런던에서 개최된 국제 과학철학 콜로키움(The 1965 International Colloquium in the Philosophy of Science)의 일환으로 기획된 심포지움 '비판과 지식의 성장(Criticism and the Growth of Knowledge)'에서의 발표와 토론을 토대로 하여 라카토슈와 머스그레이브(Alan Musgrave)가 편집한 학술대회 논문집[1]에 실린 논문들을 보면, 쿤의 주제 발표 논문「발견의 논리 또는 연구의 심리학?(Logic of Discovery or Psychology of Research?)」에 대한 7편의 토론 논문들 중 3편의 논문들이 그의 정상과학 개념에 집중된 비판이었다.[2] 만약 쿤의 정상과학이 기존의 주류 과

---

1 Lakatos, Imre & Alan Musgrave (eds.)(1970), *Criticism and the Growth of Knowledge*, Cambridge: Cambridge University Press.

2 세 편의 논문들은 왓킨즈(J. Watkins)의「정상과학에 대한 반론(Against 'Normal Science')」, 포퍼의「정상과학과 그것의 위험들(Normal Science and its Dangers)」, 그리

학철학에서 논의해온 과학 활동과 별반 다르지 않았다면, 이러한 일은 결코 일어나지 않았을 것이다. 비판의 포화가 쿤의 정상과학론에 집중되었다는 것은 그의 정상과학 개념이 매우 특별하다고 상정할 때만 설명될 수 있는 사태이다. 그렇다면 정상과학의 특별함이란 무엇인가?

3장에서의 논의에 따르면, 쿤의 정상과학은 해당 분야에서 독점적 지위를 가지는 패러다임을 의문시하지 않고 공유하는 과학자들의 공동체에 의해 수행되는 탐구 활동이다. 이러한 정상과학에 대해 당시 주류 과학철학자들(특히 포퍼나 그의 영향을 받은 과학철학자들)이 즉각적으로 문제 삼을 부분은 과학자들이 해당 분야에서 채택되고 있는 패러다임을 의문시하지 않는다는 점이다. 포퍼 같은 주류 과학철학자들의 입장에서 보면, 패러다임을 의심하지 않는 정상과학적 태도는 사이비과학들의 전형적인 특성이고 따라서 쿤의 정상과학론은 사이비과학으로부터 과학의 차별화를 포기하는 선언과 다르지 않다. 앞서 언급된 정상과학에 대한 개념적 규정만 놓고 보면 쿤이 과학의 합리성에 대한 주류 과학철학의 전통적 명분에 역행하는 무리수를 둔 것으로 보일 수 있다. 그러나 정상과학론의 진면목은 정상과학이 퍼즐 풀이 활동에 해당한다는 쿤의 제안에서 드러난다. 이 제안은 물리과학자를 양성하는 전형적인 교육 및 훈련 과정을 직접 그리고 제대로 거치지 않은 과학철학자는 하기 어려운 독창적인 제안이다. 이론을 토대로 한 문제 풀이가 여의치 않을 경우 주류 과학철학의 관점에서는 통상 이론에 비난의 화살이 향하는 반면, 과학적 탐구가 퍼즐 풀이 활동으로 진행되는 상황에서는 문제 풀이가 여의치 않을 경우 이론이나 패러다임이 아니라 관련 과학자

고 파이어아벤트의 「전문가를 위한 위안(Consolations for the Specialist)」이다.

의 능력이 시험대에 오르게 된다. 그러한 역발상이 국외자의 입장에서는 선뜻 납득되지 않을 수도 있겠으나 과학 활동의 내부자에게는 '바로 그거야(Eureka)!'라는 생각을 들게 만들 것 같다. 그리고 내부자의 동의는 정상과학론에 일단 유리한 요소이다. 정상과학론이 일차적으로 과학 활동이 실제로 어떻게 진행되는가에 대해 서술하는 작업에 해당하기 때문이다. 그뿐만 아니라 쿤의 정상과학론은, 3장에서 언급된 것처럼, 과학자들의 직업적 열정과 헌신이라는 현상을 설명하는 데 주류 과학철학보다 유리한 고지를 점하는 것처럼 보인다. 진리의 추구라는 추상적 동기보다 개인적 능력을 인정받으려는 심리적 동기가 과학자들의 행위를 유발하는 데 훨씬 더 직접적이고 현실적인 유인이 되리라는 것은 분명해 보이기 때문이다.

 그러나 쿤의 정상과학론이 당시 주류 과학철학보다 과학 활동의 현실을 기술하거나 설명하는 데 유리하다고 해서 전자가 과학에 대한 철학적 견해로서 후자보다 우월하다는 결론이 바로 도출되지는 않는다. 과학에 대한 철학적 견해는 과학 활동을 사실적 차원에서 서술하는 부분도 있지만 과학 활동이 어떻게 이루어져야 하는가라는 물음과 관련하여 규범적 제안을 하는 부분도 있기 때문이다. 이 대목에서 쿤의 대응은 자신의 정상과학론이 서술적인 동시에 처방적이라는 것이다. 즉 정상과학론이 주장하는 바는 성숙한 과학에서의 탐구 활동이 정상과학의 형태로 수행될 뿐만 아니라 그러해야 한다는 것이다. 정상과학론이 처방적 성격도 가진다는 주장의 근거는, 쿤이 자세하고 체계적인 논변을 제시하지는 않지만, 정상과학이 문제 풀이에서 효율적일 뿐만 아니라 더 나은 대안이 없다는 것이다. 정상과학이 문제 풀이 활동에서 효율적인 이유는 그것이 과학자들로 하여금 문제 풀이에 집중할 수 있는 여건을 제공한다는 데 있다. 즉 채택되고 있는 패러다임이나 이론이 옳은지를 따지지 않거나 따질 필요가 없는 환경 속에서 그것을 적용해 문제들을 푸는 데만 집중하면 된다는 것이다. 게다가 문제가 잘 풀리지 않으면 이론이 아니라 과학자 본인이 비난을 받게 되는 상황이므로 과학자들은 문제 풀이에 더 적극적이 되고 때로는 결사적이 된다.

혹자는, 파이어아벤트의 견해에 동조하여, 경쟁 패러다임이나 이론의 존재가 문제 풀이 활동을 더욱 활성화하고 효율적이게 하지 않겠느냐고 반문할 수 있다. 그러나 쿤의 정상과학, 즉 성숙한 과학이 역사적 실체가 있다면, 그러한 과학 활동의 우월적 성공은 정상과학과 연계된 방법론적 전략이 현실적으로 더 효율적임을 이미 입증한다고 볼 수 있다. 물론 정상과학의 역사적 실체와 관련하여 논란이 있을 수 있다. 한 가지 가능한 반론은 정상과학의 독점적 구도가 쿤이 말하는 것처럼 그렇게 선명하지 않은 것이 역사적 현실이라는 것이다. 이러한 논란과 관련하여 한 가지 유의할 점은, 쿤의 정상과학론이 역사적 서술의 모습을 보이지만 상당히 일반적 수준에서의 논의이고 따라서 이론적 성격을 가지는 까닭에 불가피하게 이상화를 동반한다는 것이다.[3]

또 다른 가능한 문제 제기는, 정상과학론이 이왕 규범적 성격을 가진다면 주류 과학철학의 연산 규칙에 의거한 방법론적 제안이 더 선명한 규범적 내용을 가지므로 더 선호될 이유가 있지 않는가라는 것이다. 연산 규칙에 의거하는 이론 평가 및 선택이 규범적 내용면에서 더 선명하다는 지적은 맞다. 그러나 과학적 탐구에서 규범적 제안에 대한 평가는

---

3 이 점에 대해서는 버드 역시 유사한 관점을 채택하고 있다. 참고: Bird (2000), pp. 29-30.

규범을 따르는 것 자체에 의의가 있는 것이 아니라 현실적인 성과를 얼마나 산출하는가에 의해 이루어질 수밖에 없다. 따라서 규범적 제안의 성공 여부는 내용면의 선명성보다 현실적 적용가능성과 성과에 의해 좌우될 것이다. 그런 까닭에 연산 규칙에 기반한 기계적인 추론에 의존하는 주류 과학철학의 방법론적 제안보다 과학 활동의 주체인 과학자들의 심리나 사회적 관계 같은 현실적 여건들을 적극적으로 활용하는 정상과학론이 훨씬 더 고차적인 방법론적 제안에 해당한다.

쿤의 과학철학에 대한 논의에서 정상과학론은 과학혁명론에 비해 주목을 받지 못한 것이 현실이다. 그러나 쿤의 관점에서 볼 때 정상과학은 과학혁명 못지않게 중요하다. 오히려 전자는 후자보다 더 근본적이고, 후자는 전자의 결과에 해당한다. 따라서 쿤의 정상과학론에 대해서는 더 많은 관심을 기울일 필요가 있고, 그런 점에서 그것은 쿤적 유산의 주요한 부분으로 남아 있다.

7.2 패러다임 대신 범례?

『과학혁명의 구조』에서 용어 '패러다임'은 명실공히 핵심어에 해당했다. 그러나 '패러다임'은 2장에서 논의된 것처럼 태생적인 결함을 지닌 용어이다.[4] 『과학혁명의 구조』 2판의 후기에서 쿤은 '패러다임'의 두 가지 용법을 구분하는 방식으로 상황을 수습하는 시도를 했지만 이는 미

---

4 좁은 의미의 패러다임으로부터 넓은 의미의 패러다임으로 용법이 확장된 과정에 대한 쿤 자신의 술회를 위해서는, Kuhn (1977, xix-xx)을 참조.

봉책에 불과하다. 하나의 용어가 넓은 의미와 좁은 의미를 가지면서 후자가 전자의 한 요소인 관계를 맺는 것은 매우 이상한 상황이다. 이런 상황에서 쿤이 일찍부터 용어 '패러다임'을 사용하지 않기로 한 것은 학문적인 관점에서 보면 이유 있는 합당한 결정이다. 왜냐하면 그 용어의 사용에서 빚어지는 혼동을 해소하는 방안은 그것을 넓은 의미와 좁은 의미 둘 중의 하나에 국한해서 사용하는 것일 텐데, 두 방안 중 어느 것도 만족스럽지 않기 때문이다. 먼저 '패러다임'을 넓은 의미로의 사용에 국한한다면, 이는 그것의 일반화된 사용과는 부합할 것이나 쿤 본인이 원래 그 용어를 도입한 이유, 즉 범례를 지칭하는 용도로 '패러다임'을 도입한 사유와 부합하지 않는 결과가 될 것이다. 반면, '패러다임'을 좁은 의미로의 사용에 국한한다면, 이는 그것의 일반화된 용법, 즉 넓은 의미로의 사용과 부합되지 않아 많은 혼란을 야기하게 될 것이다. 그런데 현실 속에서는 '패러다임'이 쿤의 과학철학을 대변하는 용어로 간주될 뿐만 아니라 날로 확대 적용되는 추세를 보이는 것은 아이러니이다. 결국 쿤 본인이 폐기처분한 용어가 오용 내지 남용되는 형국이 계속되고 있는 것이다. 그러나 적어도 학술적인 영역에서는 불가피한 경우를 제외하고 그 용어를 사용하지 않는 것이 원사용자(the original user)의 결정을 존중하는 방안일 것이다.

용어 '패러다임'이 사용되는 과정에서 혼선이 빚어졌고 급기야 쿤이 더 이상 그 용어를 사용하지 않기로 결정했다고 해서 그 용어의 사용을 통해 제시하고자 한 아이디어 자체에도 문제가 있었다는 결론이 뒤따르는 것은 아니다. 용어 '패러다임'의 두 가지 용법을 통해 쿤이 제시하려고 한 아이디어들은 각기 그 나름의 생명을 가지고 제 갈 길을 가게 된 것으로 보는 것이 현실적이다. 먼저 『과학혁명의 구조』 초판의 출간 이후로 다수의 학자들 및 일반 지식인들의 관심을 끈 것은, 아마도 쿤 자신의 의도 내지 기대와는 달리, 넓은 의미의 패러다임이었다. 넓은 의미의 패러다임은 대충 말하면 특정 정상과학에 동참하는 과학자들이 의문시하지 않고 공유하는 과학 활동의 주요 구성 요소들의 복합체이다. 2장에서 언급한 바대로 쿤은 그 주요 구성 요소들로 기호적 일반화, 모형, 가치 및 범례를 제시한다. 그리고 그는 「후기-1969」에서 넓은 의미의 패러다임을 대체하는 표현으로 '전문분야 행렬'을 제시했는데, 그후 쿤 자신도 그 표현을 거의 사용하지 않았다. 이러한 상황은 쿤 자신의 입장에서는 넓은 의미의 패러다임에 대한 관심이 많이 줄어들었거나 그러한 개념의 적극적 사용에 대해 유보적이 되었다는 추론을 가능하게 한다. 이와는 달리 넓은 의미의 패러다임은 쿤을 떠나서는 지속적인 관심의 대상이 되었다. 우선 넓은 의미의 패러다임은 쿤과 역사적 접근을 공유하는 다른 주요 과학철학자들의 논의에서 표현을 달리 하여 중심 개념으로 등장한다. 이 책의 머리말에서 언급된 것처럼, 라카토슈의 '연구 프로그램', 라우든의 '연구 전통', 키처의 '합의적 실천' 등이 그 주요 사례이다. 나아가서 넓은 의미의 '패러다임'은 다수의 사회과학자들 및 일반 지식인들이 선호하고 애용하는 용어로 자리 잡았다. 결과적으로 '패러다임'은 쿤 자신의 의도와는 달리 변용, 오용, 또는 남용되는 과정을 밟게 된 것이 현실이다.

이와는 달리 좁은 의미의 패러다임, 즉 범례로서의 패러다임은 원래 의도한 용법인 까닭에 '패러다임' 대신 '범례'를 사용해서 관련된 논의를 진행하는 데 무리가 없다. 2장에서 서술된 것처럼, 과학적 탐구에서 범례들의 긴요한 역할에 대한 쿤의 견해는 그의 과학철학에서 핵심적인 아이디어이다. 쿤은 1974년의 논문 「패러다임에 대한 재고(Second Thoughts on Paradigms)」에서 이 아이디어에 대한 가장 확장된 논의를 제공한다. 그런데 그후에는 이와 관련하여 더 진전된 논의를 찾아보기 힘들다. 버 드가 쿤의 과학철학이 전개되는 과정에 대해서 실망감을 표시하는 부분 이 바로 이 대목이다. 그의 지적은, 과학적 탐구에서 범례들이 수행하는 역할을 새롭게 부상한 연결주의의 연구 성과를 활용하여 규명하는 자연 주의적 기획을 쿤이 적극적으로 추구함으로써 그 자신이 『과학혁명의 구조』에서 채택하고 실천한 자연주의적 접근을 계속 발전시키는 대신, 공약불가능성을 산출하는 언어적 기반(예를 들어, 렉시콘)에 대한 선험 적 성격의 탐구에 주력하는 그릇된 방향 전환을 함으로써 1970년대부 터 영미철학계에서 유력한 흐름을 형성하게 된 자연주의적 접근에 역행 했고, 그 결과 자신의 학문적 유산을 남기는 데 실패했다는 것이다.[5]

나는 버드의 이러한 비판적 평가에 일면 동의한다. 나 역시 버드와 마찬가지로 쿤이 1970년대부터 인지과학 분야의 연구 성과에 지속적으 로 관심을 가지고 그것을 활용하여 범례들의 역할에 대한 자신의 독창 적인 제안을 더 발전시키는 작업을 하지 못한 데 상당한 아쉬움을 가진다. 그런데 이런 류의 평가는 일이 다 진행된 후의 뒤늦은 깨달음(hindsight) 에서 비롯하기 쉽다. 다시 말해, 일이 진행되는 과정에서 당사자들이 직면하는 장애들과 의사 결정의 어려움에 대한 이해의 부족에서 나오는 순진한 평가일 개연성이 많다는 것이다. 특히 철학자의 입장에서 보면 자신이 다루는 문제와 관련된 경험과학적 성과가 상당히 미진한 상황에 서 진전이 있기를 마냥 기다리기보다 다른 접근 방식을 모색하는 것은 현실적으로 요구되는 결정이다. 게다가 쿤의 과학철학에서 가장 많은

---

5 참조: Bird (2002).

주목을 받은 공약불가능성 논제와 관련하여 경쟁 이론들에 공통된 이론
적 용어들 중 일부는 그것들이 사용되는 이론적 원리들에 의해 의미가
결정되기 때문에 의미의 변화가 일어난다고 주장하는 것만으로 문제가
모두 해결되는 것은 아니다. 이와 관련해서 좀 더 심층적인 설명이 요
구되는 상황에서 쿤이 공약불가능성의 언어적 기반에 대해 관심을 가지
고 논구를 한 것은 그 자체로서 비난받을 일은 아니다. 연구자가 한 가지
과제와 관련하여 진전된 논의가 여의치 않은 상황에서 다른 과제에 대
한 연구에 노력을 기울이는 것은 으레 있는 일이기 때문이다. 나아가서
공약불가능성과 관련하여 쿤이 언어적 측면의 후속 논의만 한 것은 아니
다. 비록 완결도가 높은 수준에서는 아니라고 하더라도 쿤은 1990년대
에 들어오면서 혁명적 과학 변동이 흔히 전문화(specialization)를 통해
일어나며 이 과정에서 공약불가능성이 발생한다는 주장을 제시하면서
이를 진화론적 관점에서 해명하려는 시도를 하였는데,[6] 이는 그 나름으
로 자연주의적 접근의 일환이다. 따라서 쿤이 자연주의적 접근을 포기
했다는 점에서 그릇된 방향 전환을 했다는 평가는 과도한 비판으로 들
린다.

　다만 과학적 탐구에서 범례들의 역할에 대한 쿤의 주목할 만한 논구
가 1970년대 이후로 별다른 진전을 보이지 못한 것은,[7] 설사 뒤늦은 깨
달음에서 비롯한 평가일지라도, 아쉬운 점이다. 이와 관련하여 버드는
연결주의적 성과를 활용한 후속 논구를 제안한다. 나는, 그러한 후속

6　참조: Kuhn (1991); Kuhn (1993).

7　앞서 언급된 논문 「패러다임에 대한 재고」도 1974년에 출판되었지만 「후기-1969」와
비슷한 시기에 쓰인 것으로 알려져 있다.

논의가 의미 있고 유용할 것임을 인정하면서도, 버드와는 다른 경로를 따르는 후속 논구를 이 책의 2장에서 시도한 바 있다. 쿤에 따르면, 과학적 탐구는 과학자들이 범례들의 학습을 통해 그것들 사이의 유관한 유사성들을 인지할 수 있는 능력을 획득하고 그러한 능력을 활용하여 새로운 문제들을 해결하는 과정이다. 그런 까닭에, 쿤에게 있어, 범례들의 활용은 과학적 탐구에 필수적이고 따라서 범례들이 사용되는 과정을 규명하는 것은 과학 활동의 본성을 이해하고자 하는 과학철학의 필수적 과제이다. 그런데 쿤은 그러한 원론적 주장에 그치지 않는다. 그는 과학적 탐구에서 범례들이 규칙들이나 일반화들에 우선한다는 주장으로까지 나아간다.[8] 이러한 주장은 과학적 탐구를 규칙들에 기반한 활동으로 보는 기존의 주류 과학철학으로부터 쿤의 대안적 과학철학을 선명하게 차별화하는 데 상당히 도움이 될 수 있는 주장이다. 그러나 그러한 이점에는 부담도 동반한다. 방금 언급된 범례들의 우선성에 대한 쿤의 주장은 상당히 일반적인 주장으로 이해되는데, 규칙들을 강조하는 주류 과학철학이 논의의 한쪽 극에 위치한다면 쿤의 주장은 반대 쪽 극에 위치한다는 점에서 매우 강한 주장이다. 두 견해의 극단성은 개념적 인지 활동에 대한 현대 심리학의 연구 성과들을 중간 평가하는 과정을 통해 드러난다는 것이 나의 생각이다. 2장에 논의된 것처럼, 개념 및 개념적 인지 활동에 대해 혼합형 이론들과 마셔리의 이질성 가설 사이에 논란이 진행되고 있는 상황에서 두 입장의 공통분모에 해당하는 견해가 내가 '최소한의 이질성 가설(MHH)'이라고 부른 것이다. MHH에 따르면, 인간의 개념적 인지 활동들은 상이한 유형들의 지식, 즉 원형, 범례 및

8 이것이 『과학혁명의 구조』 5장("패러다임들의 우선성")의 주된 논지이다.

이론을 토대로 하여 이루어진다. 그러한 견해가 시사하는 바는, 특정 유형의 지식(예를 들면, 범례)이 다른 유형들의 지식(예를 들면, 원형과 이론)에 항상 우선한다는 주장은 성립하기 어렵다는 것이다. 달리 말하면, 어떤 유형의 지식이 상대적으로 우선적이며 그것이 얼마나 큰 비중을 차지하는가는 맥락에 의해 결정될 사안이라는 것이다.

결과적으로 개념적 인지 활동에 대한 현대 심리학의 연구 성과들을 중간 평가함으로써 우리가 얻게 되는 교훈은 다음과 같다. 먼저 인지 활동의 일환인 과학적 탐구에서 범례들이 중요한 역할을 한다는 쿤의 제안은 과학적 탐구를 규칙들에 기반한 인지 활동으로 보는 접근이 압도적이던 상황의 편향성에 대해 문제를 제기했다는 점에서 그 의의가 적지 않다. 그러나 범례들이 항상 규칙들에 우선한다는 주장은 오히려 역전된 편향성을 야기할 수 있기 때문에 과학적 탐구에서 상이한 유형들의 지식(즉 원형, 범례 및 이론)이 수행하는 역할에 대해 균형 잡힌 시각을 가질 필요가 있다는 것이다.

7.3 공약불가능성 논제의 허와 실

『과학혁명의 구조』를 통해 제시된 쿤의 공약불가능성 논제는 과학혁명 전후의 경쟁 패러다임들(또는 이론들)이 공약불가능하다는 주장에 해당한다. 쿤은 공약불가능성이야말로 『과학혁명의 구조』가 발간된 후 30년 동안 그가 가장 깊은 관심을 가진 사안이라고 말한다.[9] 이는 공약

---

9 참조: Kuhn (1991), p. 91.

불가능성 논제가 쿤의 과학철학에서 핵심적인 주장임을 웅변한다. 공약 불가능성 논제가 쿤의 과학철학에서 핵심적인 요소가 될 수밖에 없는 이유는, 선행 패러다임과 후행 패러다임 사이에 공약불가능한 관계가 성립함으로써 전자로부터 후자보의 변화가 혁명적인 것이 되기 때문이다. 다시 말해 공약불가능성 없이는 과학혁명도 성립하지 않는 상황이 되는 것이다. 실제로 공약불가능성 논제는 쿤의 과학철학과 관련하여 아마도 가장 논란이 많았던 사안이다. 이는 공약불가능성 논제 자체의 추정된 함축들이 기존 철학계에 커다란 충격으로 다가왔음을 말해준다. 추정된 함축들 중에서도 경쟁 이론들 사이의 비교불가능성이 가장 격렬한 비판들을 야기했다고 생각된다. 공약불가능성이 비교불가능성을 함축한다는 널리 통용된 해석에 대해, 3장에서 언급된 것처럼, 쿤은 자신의 견해에 대한 오해에 불과하며 자신은 공약불가능한 경쟁 이론들이 비교불가능하다고 주장한 바 없다고 반박한다. 그 과정에서 쿤은 처음부터 자신이 의도한 것은 국소적 공약불가능성이라고 해명한다. 두 경쟁 이론들 사이에 성립하는 공약불가능성이 전면적인가 또는 국소적인가 하는 것은 그 이론들이 비교가능한가라는 물음과 관련하여 1차적인 분기점에 해당한다. 국소적이라면, 4장에서 논의된 것처럼, 경쟁 이론들이 그것들에 국한하여 공통된 경험 자료를 토대로 비교될 수 있는 여지가 열리기 때문이다.

그런데 공약불가능성의 성립 범위에 대한 '오해'를 순전히 비판자들의 탓으로 돌릴 수 있을지는 의문이다. 왜냐하면 1980년 이전까지 쿤은 중립적인 관찰 언어의 부재에 의해 공약불가능성을 해명하는 방식을 유지했는데, 이는 경쟁 이론들에 공통된 관찰 자료가 존재하지 않는다는 입장으로 읽히기 때문이다. 그리고 후자의 입장은 전면적 공약불가능성

을 암암리에 전제하는 것으로 보인다. 이런 정황을 감안하면, 공약불가
능성의 성립 범위에 대해 '오해'가 빚어진 것과 관련해서는 쿤이 자초했
다는 추궁을 면하기 어렵다고 생각된다.

1980년 이후에 쿤이 국소적 공약불가능성의 채택을 명백히 한 이상,
실질적인 물음은 중립적인 관찰 언어의 부재라는 다수 비판자들의 주목
을 끌었던 옵션을 버린 후에 공약불가능성의 정체와 그 의의는 무엇인
가 하는 것이다. 공약불가능성이 국소적이라는 주장의 요체는, 쿤 자신
의 언급처럼, 두 이론에 공통된 용어들 중 대부분의 의미는 보존되고
각 이론의 구성적 일반화들에 의해 상호 정의되는 소수의 용어들에서만
의미 변화가 일어난다는 것이다. 다시 말해, 선행 이론과 후행 이론 사
이에 일어나는 구성적 일반화들에서의 변화가 두 이론에 공통된 모든
용어들의 의미 변화를 초래하지는 않는다는 것이 쿤의 생각이다. 물론
이런 상황에서도 구성적 원리들에서의 변화에 따라 의미가 달라지는 일
부 이론적 용어들이 경험 자료의 서술에서도 필수적으로 사용된다면 두
이론에 공통된 경험 자료의 확보가 어려워질 수 있고 그러한 가능성을
원리상 배제하기 어렵겠지만, 현실적으로는 통상 그렇지 않다는 것이
사례 연구들을 통해 확인될 수 있다. 따라서 공약불가능성으로 인해 경
쟁 이론들이 비교불가능하게 된다는 방법론적 우려는 그것의 국소화와
더불어 현저하게 완화되는 것으로 보인다.

중립적 관찰 언어의 부재에 의지하는 것을 그만두었을 때, 공약불가
능성은 오로지 경쟁 이론들의 상호 번역불가능성 또는 제3언어로의 번
역불가능성에 의해 해명된다. 4장에서 언급된 것처럼, 여기서의 번역은
통상적인 느슨한 번역이 아니라 쿤이 제시하는 엄격한 의미의 번역이
다. 그러면 수정된 해명 이후의 공약불가능성이 가지는 의의는 무엇인

가? 버드에 따르면, 공약불가능성 논제는 쿤이 주장한 철학적 의의를
더 이상 가지지 않는다.[10] 그의 부정적 평가는 쿤의 학문적 유산이 존재
하지 않거나 미약하다는 주장의 일환이다. 그런데 이러한 평가의 근저
에는 다음과 같은 상황 판단이 자리잡고 있다. 즉, 버드에 따르면, 쿤은
이론적 용어의 의미가 그것의 이론적 맥락에 의해 결정된다는 견해를
채택한 경우인데,[11] 1970년대 들어오면서 크립키(Saul Kripke)와 퍼트남
이 제안한 인과적 지시론(causal theory of reference)이[12] 이 이론적 맥
락론(theoretical-context account)을 약화시켰을 뿐만 아니라 공약불가
능성 논제를 우회할 수 있게 해주었다는 것이다.[13] 쿤이 이론적 용어들
의 의미와 관련하여 이론적 맥락론을 채택했으며 인과적 지시론이 유력
한 대안적 관점으로 부상했다는 것은 대체로 맞는 지적이다. 그러나 쿤
도 지적한 것처럼[14] 고유명사들의 지시 문제와 관련해서는 인과적 지시
론이 상대적으로 우월적인 지위를 점하게 된 상황은 인정될 수 있을지
라도 그러한 평가가 자연종 용어들에도 확대 적용될 수 있는가에 대해
서는 논란의 여지가 많다.

　이러한 유보적 평가와 관련하여 버드는, 이론적 용어들에 관한 한 인
과적 의미론이 그렇게 성공적이지 않음을 인정하면서도, 지시의 연속
성 논제(the Continuity of Reference thesis)와 지시의 유의성 논제(the
Significance of Reference thesis)가 유효하기 때문에 공약불가능성 논제

10　참조: Bird (2002), p. 444.

11　참조: Bird (2002), p. 452.

12　참조: Kripke (1972 / 1980); Putnam (1975b).

13　참조: Bird (2002), p. 456.

14　참조: Kuhn (1990).

는 여전히 약화된 상태에 있으며 따라서 쿤의 유산 또한 미약한 상태에 있을 수밖에 없다고 말한다.[15] 여기서 버드가 말하는 지시의 연속성 논제는 두 이론에 공통된 용어가 그 이론들이 상이한 패러다임들과 연계되는 경우에도 동일한 존재자 또는 동일한 종을 지칭한다는 주장이다. 버드의 생각으로는, 이론적 용어의 지시체를 고정하기 위해 이론적 맥락의 어떤 부분에 의해 주어지는 그 용어의 의미를 필요로 한다 하더라도 문제의 부분이 지시체의 인과적 역할을 주장하는 부분인 한에서 지시 이론의 인과적 요소는 유지되며, 이렇게 지시체의 고정에 필요한 이론의 부분을 제외한 나머지 부분에서의 변화는 지시체의 변화를 야기하지 않는다. 문제는 지시체가 인과적 역할을 수행하는 것으로 상정하는 부분에 대한 이론적 주장이 참이라고 믿음에 있어서 정당화될 수 있어야 하는데 그 정당성이 어떻게 확보될 수 있는가 하는 것이다. 다시 말해, 이론적 용어의 지시체가 연루된 인과적 설명의 참됨이 어떻게 확보될 수 있는가 하는 것이다. 여기서 이 사안에 대한 본격적인 논의를 하고자 하는 것은 아니나, 그 부분을 당연시할 수 없다는 점에 대한 지적은 필요하다고 생각된다.

지시의 유의성 논제는, 이론 비교에서 관건은 지시의 연속성이며 따라서 지시의 연속성 논제에 의해 이론 변화의 과정에서도 지시의 연속성이 보장되는 한 이론 변화에 의해 야기되는 이론 비교의 문제는 존재하지 않는다는 주장이다. 이 주장과 관련하여 버드가 상정하고 있는 상황은 다음과 같다. 먼저, 이론적 맥락에 의해 이론적 용어가 결정된다는 견해에서 비롯하는 공약불가능성은 이론 비교의 문제를 야기할 뿐만 아

---

15 참조: Bird (2002), pp. 457-458.

니라 해결에 어려움을 겪는다. 이에 반해, 이론 변화의 과정에서 지시의 연속성이 확보되는 한 이론 비교의 문제가 아예 발생하지 않는 데다 인과 기술적 지시론에 따르면 지시의 연속성이 확보되므로 이는 후자의 이론을 선호할 이유이다. 나아가서 다른 이유들에 의해 후자의 이론이 지지된다면 지시의 연속성이 확보되므로 이론 비교의 문제가 발생하지 않을 뿐만 아니라 이론 비교의 문제를 산출하는 공약불가능성 및 이론적 맥락 의미론을 의문시할 이유가 된다. 버드의 이러한 상황 설정과 관련하여 쿤의 입장에서 인정하기 어렵거나 인정할 필요가 없는 부분은 공약불가능성이 이론 비교를 불가능하게 한다는 가정 내지 단정이다. 따라서 이론 비교의 문제는 지금 논의 대상인 두 의미 이론 중 하나를 선호할 이유로는 제외될 필요가 있다. 그렇다면 두 의미 이론들에 대한 평가는, 이론 비교의 문제와는 별도로, 각 이론을 지지하는 이유들에 의해 이루어져야 하므로 아직 더 많은 논의를 필요로 하는 열린 문제이다. 그 연장선상에서 공약불가능성 논제에 대한 평가의 문제 그리고 쿤의 유산 유무에 대한 평가의 문제 또한 열린 문제들이다.

7.4 과학적 합리성에서의 쿤적 전환

쿤의 과학철학에 대한 비판 중 가장 감성을 자극하는 것은 그것이 과학을 비합리적인 것으로 만든다는 비판이다. 누군가 과학 활동은 군중 심리에 의해 좌우되는 비합리적 활동이라고 말한다면 그 활동의 당사자인 과학자들부터 크게 분개할 것이기 때문이다. 그런데 이런 식의 비판을 한 대표적인 학자가 라카토슈이다. 이런 사실이 시사하는 바는,

쿤의 과학철학이 기존의 주류 과학철학자들로부터뿐만 아니라 그와 역사적 접근을 공유했던 철학자들로부터도 공격을 받았다는 것이다. 그리고, 잘 알려진 것처럼, 쿤은 자신을 추종한다고 선언하다시피 한 일부 사회과학자들(특히, 새로운 과학사회학자들)에 대해서는 그 스스로 등을 돌림으로써 학문적 연대를 거부했다. 이러한 상황은 쿤이 학문적으로 매우 협소한 경로를 밟았음을 말해준다. 그러한 선택의 기저에는 과학적 합리성에 대한 그의 색다른 견해가 자리잡고 있다.

먼저 당시 주류 과학철학자들은 가설 또는 이론을 평가하고 선택하는 절차에서 과학의 합리성을 찾았다. 1장에서 언급한 것처럼 경험 자료를 토대로 하면서 입증이나 반증 같은 논리적 정당성이 확보될 수 있는 추론에 의해 평가하는 절차가 그것이다. 특히 그들은 그러한 이론 평가의 절차를 논리적 또는 확률론적 연산 규칙에 의해 포착하고자 하였다. 이러한 접근의 출발점에는 과학의 특별한 성공이 놓여 있다. 과학적 탐구 활동이 놀라운 성공을 거둔 것은 어떻게 가능했는가? 이 물음에 대한 답을 주류 과학철학자들은 합리성에서 찾았다. 그런데 서양 지성사에서 합리성의 학문적 정수는 논리학이고 따라서 과학의 특별한 성공은 이론 평가 및 선택이 논리적 규칙들의 규제에 따라 이루어진 데에서 비롯한 것이며 앞으로도 그러해야 한다는 것이 그들의 판단이었다.

주류 과학철학의 이러한 접근과 관련하여 제기될 수 있는 물음은 두 가지 부류이다. 하나는 이론 평가를 위해 제안된 특정 연산 규칙(들)이 적합한가라고 묻는 내재적 질문(internal question)이요, 다른 하나는 이론 평가의 절차를 연산 규칙들에 의해 제시하는 방식이 적절한가라고 묻는 외재적 질문(external question)이다. 물론 주류 과학철학자들이 던진 물음은 예외 없이 첫 번째 부류의 질문, 즉 내재적 질문들이다. 이에 반해 쿤이 『과학혁명의 구조』에서부터 제기한 물음은 두 번째 부류의 질문, 즉 외재적 질문에 해당한다. 여기서 두 번째 부류의 질문이 어떻게 초기 타당성(initial plausibility)을 가질 수 있는가라는 의문이 생길 수 있다. 과학의 특별한 성공이 합리성에서 비롯하는 것이고 논리성이 합리성의 정수라면 두 번째 부류의 질문은 애당초 설 자리가 없다는 판단이 그럴듯해 보이기 때문이다. 그러나 우리는 논리적 정당성과 방법론적 실효성은 반드시 동행하지 않는다는 점에 유의할 필요가 있다. 양자 사이에 괴리가 발생할 수 있는 소지는 전자가 동기를 중시하는 성격을 가진 반면 후자는 결과를 중시하는 성격을 가진다는 데 있다. 따라서 후자의 관점에서 보면, 어떤 방법론적 규범이 원리상 완벽한 정당성을 가진다고 하더라도 현실적 여건들 때문에 그 실효성이 의문시된다면 수용되기 어려운 상황이 될 것이다.

쿤이 보기에 주류 과학철학에서 제시되는 방법론적 규칙들은 높은 수준의 논리적 정당성을 가지지만 과학적 탐구의 현실 속에서 그 실효성이 매우 제한적이다. 이러한 상황은 그 규칙들이 과학자들에 의해 잘 준수되지 않는다는 역사적 현실에 의해 드러난다. 방법론적 규칙들도 규범들인 한 완벽하게 지켜지지 않는 것이 보통이다. 규범들의 존재 이유는 규범들과 실천들 사이의 괴리에서 비롯하기 때문이다. 그러나 합리적 규범들의 준수가 성공의 비결이라면 규범들과 성공적인 실천들 사이의 괴리는 문제가 된다. 쿤이 주목하는 것은 바로 이 부분이다. 즉 주류 과학철학에서 제시되는 방법론적 규칙들과 과학의 성공적 실천 사례들 사이에 현저한 괴리가 과학사적 관찰을 통해 확인된다는 것이다.

대안은 무엇인가라는 추궁이 나올 수밖에 없는 상황에서 쿤이 제시하게 된 대안은 과학적 가치들의 역할이다. 논리학과 같은 특별한 연원이 제외된 상황에서 과학적 가치들이 그 자리를 대신하는 것은 무슨 근거에 의해서인가? 쿤이 주류 과학철학을 문제 삼은 방식을 감안할 때 그 답은 자연스럽게 역사적 연원이 될 수밖에 없을 것이다. 다시 말해 과학의 성공적 사례들을 살펴보면 자신이 열거하는 과학적 가치들이 이론 평가와 선택의 근거로서 작용하는 것을 확인할 수 있다고 말하는 것이 그것이다. 그런데 이 제안의 중요성을 감안하면 이를 지지하는 쿤의 논변은 소략하다.[16] 과학적 가치들의 작용과 관련하여 쿤이 주목하는 대목은 정상과학이 위기에 봉착한 상황에서 생기는 과학자들 사이의 의견 분열을 허용할 뿐만 아니라 상이한 이론 선택들에 나름의 합리성을 인정한다는 점이다. 이와 같은 합리적 의견 불일치의 허용을 쿤은 과학적 가치들에 근거한 이론 선택 절차의 주요 장점으로 간주한다. 결국 방법론적 규칙들 대신 과학적 가치들에 근거한 이론 선택이 이루어져 왔을 뿐만 아니라 필요하다는 것이 쿤의 입장인데, 이것이 바로 내가 과학적 합리성에서의 쿤적 전환이라고 부른 것이다.

과학적 가치들의 적용이 합리적 의견 불일치를 허용하는 것은 그것의 이원적 작용 방식에 기인한다. 즉, 5장에서 비교적 자세히 논의한 바대로, 과학적 가치들은 적어도 명목상으로는 상이한 패러다임(또는 이론)을 채택하는 과학자들에 의해 공유되는 한편, 그것들에 대한 해석이나 가중치 부여에서는 개별적 차이가 인정된다. 그런데 가치에 기반한 쿤의 이론 선택론은 합리적 의견 불일치를 허용하는 장점에도 불구하고 그 나름의 의도하지 않은 문제들을 산출하는 것처럼 보인다. 그중

---

16 이 공백을 메우는 역할을 한다고 볼 수 있는 것이 라우든과 맥멀린의 관련된 작업이다. 참조: Laudan (1984); McMullin (1984).

하나는 이론 선택과 관련된 과도한 방법론적 방임주의이다. 즉 그것은 개별 과학자가 어떤 해석 또는 가중치를 채택할지에 대해 그리고 어떤 이론을 선택할지에 대해 어떤 방법론적 제약도 부과하지 않음으로써 모든 이론 선택을 그 나름의 방식으로 합리적이게 만든다. 다른 문제는 그것이 새로운 정상과학의 성립에서 요구되는 과학자들 사이의 합리적 합의를 산출하는 데 실패한다는 것이다. 나의 해법은, 5장에서 논의된 것처럼, 가치들에 근거한 이론 선택 절차의 규범적 성격을 어느 정도 강화하는 것이었고, 따라서 방법론적 일탈 및 집중의 전략들과 그것과 연계된 가중치 조정의 전술들을 채택하는 방안이 하나의 시안으로 제시되었다.

가치에 기반한 쿤의 이론 선택론이 나의 수정적 제안에 따라 그것의 규범적 제약을 강화한다면, 그것은 적어도 두 가지 의미심장한 함축들을 가지게 될 것처럼 보인다. 하나는 이론 선택에서 과학자 공동체의 합리성이 개별 과학자의 합리성을 선행한다는 것이다. 이는 합리성 부여 주체에 대한 전통적 관점을 180도 뒤집는 것이다. 우선 주류 과학철학에서는 두 이론 중 어느 하나가 더 많은 경험적 지지를 받는 것으로 밝혀진 경우 그 이론을 선택하는 것이 합리적이다. 그리고 이론을 선택하는 주체는 일단 개별 과학자이므로 그 이론을 선택하는 개별 과학자의 행위 및 행위 주체로서의 개별 과학자가 우선적으로 합리성을 부여받게 된다. 나아가서 그러한 합리적 행위를 하는 개별 과학자들로 구성된 과학자 집단은 파생적으로 합리성을 부여받게 된다. 그런데 가치에 기반한 쿤 식의 이론 선택론이 나의 수정적 제안을 따를 경우, 합리성이 부여되는 방식은 아주 달라진다. 먼저 과학혁명기에 두 이론이 경합하는 상황에서 그중 어느 하나를 선택하는 것이 획일적으로 옳지는 않다.

쿤이 강조하는 바대로 합리적 의견 불일치가 허용되는 상황이 된다. 따라서 경합의 초기 단계에서는 새 이론도 매우 제한된 몫을 부여받을 권리를 지닌다. 그리고 적정한 기간에 걸쳐 공정한 경쟁을 할 수 있는 기회가 주어지는 것이 바람직한데 이 과정에서도 새 이론은 그것의 성과에 따라 부여되는 몫이 달라지는 상황이 될 것이다. 여기서 주목할 점은 새 이론에게 부여되는 합리적 몫이라는 개념이 집단을 대상으로 하여 성립하는 개념이라는 것이다. 다시 말해, 인적 자원을 포함하여 연구 자원의 합당한 몫이 새 이론에 주어질 때 해당 과학자 집단은 우선적으로 합리성을 부여받게 된다. 나아가서, 이론 선택을 하는 주체인 개별 과학자들은 파생적으로 합리성을 부여받게 된다. 예를 들어, 경쟁 과정의 초기 단계에서 새 이론의 합리적 몫이 1/10이라고 하자. 그 이론을 선택한 과학자들의 비율이 해당 과학자 집단 전체의 1/10에 아직 미달하는 상황에서 그 이론을 추가로 선택하는 개별 과학자는 합리성을 인정받게 되겠지만, 그 이론을 선택한 과학자들의 비율이 1/10을 이미 초과한 상황에서 그 이론을 추가로 선택하는 개별 과학자는 합리성을 인정받기 어려울 것이다.

　다른 한 가지 함축은 이론 선택과 관련하여 강성 방법론으로부터 연성 방법론으로의 전환이다. 주류 과학철학이 추구한 강성 방법론은 이론 평가를 위한 연산 규칙에 의해 유일한 이론 선택과 합의를 산출하는 결과를 낳을 것으로 기대된 반면, 가치에 기반한 이론 선택을 통해 제시되는 연성 방법론은 합리적 의견 불일치의 허용, 이론 간 공정한 경쟁의 기회 제공, 합리적 합의의 복원 등의 조건들을 충족시키는 것을 목표로 한다는 점에서 강성 방법론과 차별화되는데, 이는 상당히 획기적인 방법론적 전환에 해당한다. 그렇다고 해서 연성 방법론이 연산 규칙에 의한 이론 평가의 절차를 전적으로 배제한다고 예단할 필요는 없을 것이다. 제한적 수용의 여지는 열려 있다고 생각되는데 이에 대해서는 추가로 논구가 필요하다.

7.5 과학의 진보는 연속적인가?

과학의 진보에 대한 질문은 기본적으로 두 가지이다. 하나는 과학이 과연 진보하는가 하는 것이다. 다른 하나는, 과학이 이왕 진보한다면, 그 정체는 무엇인가 하는 것이다. 첫 번째 질문에 대한 답은 기존 주류 과학철학자들과 쿤 모두 진보한다는 것이다. 따라서 우리의 마무리 논의는 자연스럽게 두 번째 질문에 초점을 맞추기로 하자.

과학의 진보에 대한 주류 과학철학의 견해는 두 가지 형태로 제시되었다. 그중 하나는 네이글이 주도한 이론 간 환원에서 비롯한다. 이론 간 환원은 두 이론을 구성하는 이론적 원리들 사이의 연역적 도출에 해당하므로 강한 형태의 또는 높은 수준에서의 과학적 진보를 산출한다. 그뿐만 아니라, 네이글이 명시적으로 논의하지는 않을지라도 그러한 이론 간 환원이 과학 변동의 과정에서 지속적으로 이루어진다고 상정되므로, 그의 이론 간 환원론은 연속적인 과학의 진보를 주장하는 것으로 이해된다. 이러한 이론 간 환원론에 대해 아마도 가장 체계적이고 상세한 비판을 제시한 학자는 파이어아벤트이다. 그는 크게 두 가지 유형의 비판, 즉 역사적 및 의미론적 비판과 방법론적 비판을 제공하였는데 여기서는 전자에 집중하도록 하자. 먼저 네이글의 이론 간 환원이 성립하려면 연역적 도출의 관계를 갖는 이론적 원리들에서 사용되는 용어들이 동일한 의미를 가지는 것으로 확인될 수 있어야 한다. 그런데, 파이어아 벤트에 따르면, 역사적 사례들에서 관련된 용어들의 의미 분석을 해본 결과 그러한 조건이 충족되지 않는 것으로 밝혀지며 따라서 후행 이론 의 이론적 원리들로부터 연역적으로 도출되는 법칙적 진술들과 선행 이 론을 구성하는 법칙적 진술들이 외형상 동일해 보일지라도 개념적으로 상이하다. 즉, 네이글의 주장과는 달리, 이론 간 환원을 위해 필요한 연 역적 도출은 실상 성립하지 않는다는 것이다. 쿤 역시 상대적으로 훨씬 간결하지만 내용상 유사한 비판을 『과학혁명의 구조』에서 역사적 사례 들에 대한 논의를 통해 제시한다. 파이어아벤트와 쿤에 공통된 이러한 역사적 비판의 기저에 의미론적 전체론과 공약불가능성 논제가 자리잡 고 있음은 어렵지 않게 확인될 수 있다. 결론적으로, 쿤은 파이어아벤트 와 함께 네이글의 이론 간 환원론을 거부하는 경우이며, 따라서 그것과 연계된 강한 형태의 또는 높은 수준의 과학적 진보를 거부하는 입장으 로 이해될 수 있다.

주류 과학철학에서 제시된 또 다른 형태의 과학적 진보는 케미니와 오펜하임이 제안한 설명력의 포괄로서의 환원 개념을 통해서이다. 케미 니와 오펜하임의 환원은 기본적으로 선행 이론이 설명하는 관찰 자료들 을 후행 이론도 설명할 수 있지만 그 역은 아닐 때 성립한다. 따라서 이러한 환원은 약한 형태의 또는 낮은 수준에서의 과학적 진보를 산출 한다. 그뿐만 아니라, 케미니와 오펜하임의 원래 입장에서는 관찰 자료 들이 이론 독립적 지위를 가지는 것으로 간주되므로 설명력의 포괄에 의한 환원이 연쇄적으로 일어나는 것을 막을 요인이 따로 없고 따라서 그것은 낮은 수준에서나마 연속적인 과학의 진보를 산출하는 것으로 이 해될 수 있다.

여기서 우리의 관심사는 이러한 형태의 과학적 진보가 파이어아벤트나 쿤의 입장에서 보면 어떻게 평가될 것인가 하는 것이다. 먼저 파이어아벤트의 경우, 그가 채택하는 의미론적 전체론은 흔히 전면적인 것으로 해석된다. 이러한 해석이 맞다면, 관찰 자료에는 이론이 적재될 뿐만 아니라 환원 논의의 대상이 되는 두 이론들이 각기 관찰에 적재되는 상황이 되고 따라서 두 이론에 공통된 관찰 자료는 더 이상 성립하지 않게 된다. 따라서 파이어아벤트가 전면적인 의미론적 전체론을 채택하는 한 그것은 관찰의 강한 이론적재성(즉, 환원 논의의 대상인 이론들이 직접 관찰에 적재되는 상황)을 동반하게 되고, 그가 케미니와 오펜하임 식의 환원, 나아가서 그것과 연계된 낮은 수준의 과학적 진보마저 거부하는 것은 불가피해 보인다. 다음으로 쿤은, 파이어아벤트와 달리, 국소적인 의미론적 전체론을 채택하는 경우로 이해된다. 따라서 그 역시 관찰의 이론적재성을 주장하지만 그것은 통상 환원 논의의 대상인 이론들이 직접 관찰에 적재되지 않는 약한 형태에 해당하므로, 모든 이론으로부터 독립적인 관찰 자료는 성립하지 않을지라도 특정 맥락에서 환원 논의의 대상이 되는 두 이론들에 대해서는 중립적인 관찰 자료가 허용될 수 있다. 결과적으로, 쿤의 과학철학은 케미니와 오펜하임 식의 환원이 맥락 상대적인 방식으로 성립하는 것을, 나아가서 그것과 연계하여 맥락 상대적인 낮은 수준의 과학적 진보를 허용하는 것으로 이해된다. 남는 물음은, 쿤의 입장에서도 연속적인 과학의 진보가 성립하는가 하는 것이다.

『과학혁명의 구조』 마지막 장에서 쿤은 과학의 진보를 인정하면서도 그것에 대해 일대 사고의 전환이 필요하다고 주장한다. 즉 그는 우리가 과학 활동을 통해 진리에 점점 다가간다는 생각을 포기하는 대신 자연에 대해 점점 더 세부적이고 정련된 이해를 가지게 되는 진화의 과정으로 생각할 것을 제안한다. 이러한 제안을 하는 과정에서 쿤은 목표 개념의 사용에 대해 부정적인 입장을 취하는 것으로 보이지만, 과학이 자연에 대한 이해의 증진을 위해 해결되는 문제들의 수와 정확성을 최대화하는 것을 추구하는 활동이라고 생각한다는 점에서 과학의 목표지향적 성격을 암암리에 인정한다. 그러면 과학혁명들이 자연에 대한 이해의 증진을 위해 해결되는 문제들의 수와 정확도를 증대시킨다는 보장이 있는가? 이에 대해 쿤은 과학혁명의 과정에서 기존 패러다임의 문제들 중 일부는 제거되고 공동체의 관심 범위도 자주 줄어들겠지만, 이러한 손실에도 불구하고 과학에 의해 해결되는 문제들의 수와 정확도는 점점 증가할 것이라고 답한다. 그런데, 이 책의 여러 장에서 논의된 것처럼, 과학자들의 패러다임 또는 이론 선택은 그들이 공유하는 과학적 가치들을 기반으로 하여 이루어진다는 것이 쿤의 핵심적인 제안 중 하나이다. 그렇다면, 과학이 자연에 대한 이해의 증진을 위해 해결되는 문제들의 수와 정확성을 최대화하는 것을 추구하는 활동이라는 쿤의 주장과 과학자들은 그들이 공유하는 과학적 가치들을 추구하는 관점에서 이론 선택을 한다는 그의 제안은 어떤 관계에 있는가? 쿤이 과학적 가치들을 패러다임의 주요 요소 중 하나로 인정하고 이론 선택에서 그것들의 역할을 강조함으로써 과학에 대한 가치론적 논의가 진일보한 것은 분명하나, 방금 언급된 것처럼 그가 암묵적으로 인정하는 과학 활동의 일반적 목표와 과학적 가치들의 관계 설정과 같은 문제는 여전히 제대로 정리되지 않은 채로 남아 있다.

이런 상황에서 쿤의 과학철학이 논리경험주의가 주도한 전통적 과학철학과 더불어 과학 논쟁의 구조에 대한 위계적 모형을 공유하며 위계적 모형에서는 과학자들이 기본적인 인식적 목표들에 대해 합리적으로 합의에 도달할 수 있는 길이 막혀 있어 과학 활동은 비합리적인 것이 되고 만다는 라우든의 비판은 주목할 만하다. 그의 해법은 과학 활동의 세 가지 주요 요소들, 즉 과학의 목표, 방법 및 이론이 위계적 구조가 아니라 일종의 삼각 그물망을 형성하고 상호 평등한 관계 속에서 상호 조정 및 상호 정당화의 과정을 거치면서 변화한다는 관점을 채택하는 것이다.

라우든의 그물형 모형은 원래 과학적 합리성에 대한 모형으로 제시된 것인데, 과학의 합리적 변동을 통해 과학의 진보가 산출되므로 그 모형은 과학적 진보의 모형이기도 하다. 그런데 그물형 모형이 과학적 진보의 모형으로 간주될 때 그것이 드러내는 문제는, 6장에서 지적된 것처럼, 과학적 진보를 일시적인 것으로 만든다는 것이다. 그 문제의 연원은 라우든의 그물형 모형에서 과학의 목표가 방법 및 이론과 마찬가지로 계속 변화하는 것으로 간주된다는 데 있다. 그 이유는, 진보라는 것이 설정된 목표를 달성함으로써 획득되는 성과에 해당하는데 목표가 지속적으로 변한다면 선행 단계의 목표를 달성함으로써 얻어진 성과와 후행 단계의 목표를 달성함으로써 얻어진 성과 사이의 연속성, 즉 진보의 연속성이 확보된다는 보장이 없을 것이기 때문이다. 라우든의 그물형 모형이 드러내는 이러한 한계에도 불구하고 우리는 그것으로부터 과학의 목표에 대한 논구 방식과 관련하여 중요한 교훈을 얻을 수 있다. 그것은 과학의 목표들이 과학적 탐구의 다른 요소들, 즉 방법 및 이론과의 상호 관계 속에서 역사적으로 형성된다는 것이다.

과학의 발전 과정에서 어떤 목표들이 등장하여 어떤 변화의 과정을 겪게 되었는지에 대해 살펴보면, 고대 천문학의 경우 두 가지 상이한 목표, 즉 설명력과 경험적 적합성이 서로 다른 경로를 밟아 탐구의 주된 목표로 등장하지만 다소 배타적이고 양자택일적 관계에 있던 것으로 보이는데 근대 이후의 성숙한 천문학에 오면 두 목표 중 어느 하나의 추구는 다른 하나의 추구에 의해 지지되고 요구되는 포용적 관계를 형성하면서 안정화되는 양상을 보인다. 이러한 역사적 관찰을 통해 볼 때, 오늘날의 과학 활동에서 설명력이나 경험적 적합성이 주된 목표들로 널리 통용되는 것은 단순한 우연이나 자의적인 규약의 결과가 아니며, 과학적 탐구가 역사를 통해 시행착오들을 거치면서 일구어낸 가치론적 성과에 해당한다.

쿤의 경우로 돌아오면, 그가 사실상 과학적 탐구의 일반적 목표로 언급하는 '자연에 대한 이해의 증진'은 이해의 주된 채널이 설명임을 감안하면 '자연에 대한 설명력의 증대'로 해석해도 별 무리는 없을 것 같다. 그럴 경우 이는 과학의 기본적 목표들에 대한 앞에서의 논의를 크게 벗어나지 않는다. 그가 제시한 과학적 가치들도 내용면을 들여다보면 설명력이나 경험적 적합성과 긴밀한 연관이 있는 것으로 확인된다. 예를 들면, '정확성'은 무엇보다도 경험적 적합성의 목표를 달성하는 데 긴요한 가치이다. '정합성'은 설명이나 예측이 논리적 추론을 통해 이루어지는 상황에서는 거의 전제 조건에 해당하는 가치이다. '적용 범위'의 가치에 따르면 이론은 그것이 본래 설명하고자 고안된 관찰들, 법칙들, 하부 이론들을 넘어서서 적용되어야 한다는 것인데, 이는 설명력의 확장에 필요한 가치이다. '단순성'의 가치에 따르면 이론은 그것 없이는 고립되어 있을 현상들에 질서를 부여하는 것이어야 하는데, 이는 설명적 통합을 위해 필요한 가치이다. 마지막으로 '다산성'의 가치는 이론이 새로운 현상들을 드러내거나 이미 알려진 현상들 사이에 성립하지만 이전에는 알려지지 않은 관계들을 드러내야 한다고 요구하는데, 이는 주로 경험적 적합성의 증대에 기여하는 가치이다. 결과적으로 쿤의 과학적 가치들은 부분적으로 설명력 및 경험적 적합성의 목표에 포함되기도 하고 부분적으로는 후자의 목표들을 추구하는 데 긴요한 수단의 역할을 하는 것처럼 보인다.

이렇게 보면, 과학의 일반적 목표 및 과학적 가치들에 대한 쿤의 논의는 내용면에서 통상적인 논의의 틀을 크게 벗어나지 않는다. 다만 쿤의 과학적 가치들은, 그가 강조하는 바대로, 방법론적인 작용 방식과 그 결과들에서 주류 과학철학의 방법론적 규칙들과 의미심장한 차이가 있다. 이 대목에서 쿤의 과학적 가치들에 대해 논리적 또는 확률 이론적 분석이 가능하지 않을까라는 물음이 성립할 수 있다. 그리고 이러한 물음에 긍정적으로 답해 보려는 시도들도 없지 않았다. 그러나 나는, 그러한 시도들의 부분적 성공에도 불구하고, 전면적 또는 궁극적 성공가능성에 대해서는 아직 유보적인 입장이다.

참고문헌

조인래 (1996), 「공약불가능성 논제의 방법론적 도전」, 『철학』 47, pp. 155-187.

조인래 (편역)(1997), 『쿤의 주제들 : 비판과 대응』, 이화여자대학교 출판부.

조인래 (2006), 「과학적 합리성에 대한 재고」, 『철학사상』 22, pp. 75-106.

조인래 (2015), 「도전받는 과학방법론」, 『철학사상』 56, pp. 255-290.

천현득 (2014), 『과학적 개념에 대한 인지적 메타정보 이론』, 서울대학교 박사학 위논문.

Achinstein, Peter (1968), *Concepts of Science*, Baltimore: The Johns Hopkins Press.

Achinstein, Peter (2000), "Proliferation: Is It a Good Thing?", in J. Preston, G. Munevar and D. Lamb (eds.), *The Worst Enemy of Science? Essays in Memory of Paul Feyerabend*, Oxford: Oxford University Press, pp. 37-46.

Bird, Alexander (2000), *Thomas Kuhn*, Princeton: Princeton University Press.

Bird, Alexander (2002), "Kuhn's wrong turning", *Studies in History and Philosophy of Science* 33: 443-463.

Bird, Alexander (2004 / 2011), "Thomas Kuhn", in *The Stanford Encyclopedia of Philosophy*, https://plato.stanford.edu/entries/thomas-kuhn/.

Bird, Alexander (2007), "What Is Scientific Progress?", *Noûs* 41: 92-117.

Brewster, David (1838), "Review of Comte's Cours de Philosophie Positive", *Edinburgh Review* 67: 279-308.

Bridgman, Percy (1927), *The Logic of Modern Physics*, New York: The MacMillan Company.

Campbell, Norman (1920), *Physics: The Elements*, Cambridge: Cambridge University Press.

Cantor, Geoffrey (1990), "Physical Optics", in R. Olby, G. Cantor, J. Christie &

M. Hodge (eds.)(1990), *Companion to the History of Modern Science*, Routledge, pp. 627-638.

Carnap, Rudolf (1928/1961), *Der logische Aufbau der Welt*, 2nd ed.. Translated by R. George in 1967 as *The Logical Structure of the World*, Berkeley and Los Angeles: University of California Press.

Carnap, Rudolf (1932a/1934), "The Physical Language as a Universal Language", in Carnap (1934), pp. 67-75.

Carnap, Rudolf (1932b/1987), "On Protocol Sentences", *Nous* 21: 457-470.

Carnap, Rudolf (1934), *The Unity of Science*, London: Kegan, Paul, Trench Teubner & Company.

Carnap, Rudolf (1936), "Testability and Meaning", *Philosophy of Science* 3: 419-471.

Carnap, Rudolf (1937), "Testability and Meaning—Continued", *Philosophy of Science* 4: 1-40.

Carnap, Rudolf (1939), *Foundations of Logic and Mathematics*, Chicago: University of Chicago Press.

Carnap, Rudolf (1950), "Empiricism, Semantics, and Ontology", *Revue Internationale de Philosophie* 11: 20-40.

Carnap, Rudolf (1966/1974), *An Introduction to the Philosophy of Science*, Basic Books.

Chen, Xiang (1997), "Thomas Kuhn's latest notion of incommensurability", *Journal for General Philosophy of Science* 28: 257-273.

Chi, Michelene, Paul Feltovich & Robert Glaser (1981), "Categorization and representation of physics problems by experts and novices", *Cognitive Science* 5: 121-152.

Cho, In-Rae (2017a), "Kuhnian Turn in Scientific Rationality", *The Korean Journal for the Philosophy of Science* 20-2: 97-137.

Cho, In-Rae (2017b), "Kuhnian Paradigms Revisited", *The Journal of Philosophical Ideas*, Special Issue: 121-152.

Creath, Richard (2017), "Logical Empiricism", in *The Stanford Encyclopedia of Philosophy*.

Darrigol, Olivier (2012), *A History of Optics: From Greek Antiquity to the*

Nineteenth Century, Oxford: Oxford University Press.

Davidson, David (1974), "The Very Idea of a Conceptual Scheme", *Proceedings & Addresses of the American Philosophical Association* 47: 5-20.

Earman, John (1993), "Carnap, Kuhn, and the Philosophy of Scientific Methodology", in P. Horwich (ed.)(1993), *World Changes*, Cambridge, MA: MIT Press, pp. 9-35.

Ereshefsky, Marc (2004), *The Poverty of the Linnaean Hierarchy*, Cambridge: Cambridge University Press.

Feigl, Herbert (1970), "Beyond Peaceful Coexistence", in Roger H. Stuewer (eds.), *Historical and Philosophical Perspectives of Science: Minnesota Studies in the Philosophy of Science, Vol. V*, Minneapolis: University of Minnesota Press, pp. 3-11.

Feyerabend, Paul (1962), "Explanation, Reduction, and Empiricism", in H. Feigl & G. Maxwell (eds.), *Scientific Explanation, Space, and Time: Minnesota Studies in the Philosophy of Science, Vol. III*, Minneapolis: University of Minnesota Press, pp. 28-97.

Feyerabend, Paul (1963), "How to be a Good Empiricist: A Plea for Tolerance in Matters Epistemological", in B. Baumrin (ed.), *Philosophy of Science: The Delaware Seminar*, Vol. 2, New York: Interscience Press. Reprinted in Paul Feyerabend (1999), pp.78-103.

Feyerabend, Paul (1965), "Problems of Empiricism", in R. Colodny (ed.), *Beyond the Edge of Certainty: Essays in Contemporary Science and Philosophy*, Englewood Cliffs, NJ: Prentice-Hall, pp. 145-260.

Feyerabend, Paul (1966), "On the Possibility of a Perpetuum Mobile of the Second Kind", in P. Feyerabend & G. Maxwell (eds.), *Mind, Matter, and Method: Essays in Philosophy and Science in Honor of Herbert Feigl*, Minneapolis: University of Minnesota Press, pp. 409-412.

Feyerabend, Paul (1970), "Consolations of the Specialist", in I. Lakatos & A. Musgrave (eds.)(1970), pp. 197-232.

Feyerabend, Paul (1975/1993), *Against Method*, 3rded., Verso.

Feyerabend, Paul (1999), *Knowledge, Science and Relativism: Philosophical Papers, Volume 3*, edited by John Preston, Cambridge: Cambridge University

Press.

Fox, John G. (1965), "Evidence against Emission Theories", *American Journal of Physics* 33: 1-17.

Friedman, Michael (1987), "Carnap's *Aufbau* reconsidered", *Noûs* 21: 521-545. Reprinted in M. Friedman (1999), pp. 89-113.

Friedman, Michael (1998), *Kant and the Exact Sciences*, Cambridge, MA: Harvard University Press.

Friedman, Michael (1999), *Reconsidering Logical Positivism*, Cambridge: Cambridge University Press.

Friedman, Michael (2003), "Kuhn and Logical Empiricism", in T. Nickles (ed.)(2003), pp. 19-44.

Gattei, Stefano (2008), *Thomas Kuhn's "linguistic turn" and the legacy of logical empiricism*, Hampshire, England: Ashgate.

Geroch, Robert (1978), *General Relativity from A to B*, Chicago: University of Chicago Press.

Giere, Ronald (1988), *Explaining Science: A Cognitive Approach*, Chicago: University of Chicago Press.

Giere, Ronald (1994), "The Cognitive Structure of Scientific Theories", *Philosophy of Science* 61: 276-296.

Gimbel, Steven & Jeffrey Maynes (2011), "Ordinary Language and the Unordinary Philosophy of Peter Achinstein", in Gregory Morgan (ed.)(2011), *Philosophy of Science Matters: The Philosophy of Peter Achinstein*, Oxford: Oxford University Press, pp. 3-14.

Grandy, Richard (2006), "Thomas S. Kuhn (1922-1996)", in S. Sarkar & J. Pfeifer (eds.)(2006), *The Philosophy of Science: An Encyclopedia*, London: Routledge, pp. 419-431.

Grantham, Todd (1994), "Does Science Have a 'Global Goal?': A Critique of Hull's View of Conceptual Progress", *Biology and Philosophy* 9: 85-97.

Guerlac, Henry (1961), *Lavoisier-The Crucial Year*, Ithaca: Cornell University Press.

Hacking, Ian (1999), *The Social Construction of What?*, Cambridge, MA: Harvard University Press.

Hahn, Hans, Otto Neurath & Rudolf Carnap (1929), "The Scientific Conception of the World: The Vienna Circle".

Hall, A. R. (1954), *The Scientific Revolution, 1500-1800*, London: Longmans, Green & Co..

Hempel, Carl (1958), "The Theoretician's Dilemma," in H. Feigl, M. Scriven, and G. Maxwell (eds.), *Concepts, Theories, and the Mind-Body Problem: Minnesota Studies in the Philosophy of Science, Vol. II*, Minneapolis: University of Minnesota Press, pp. 37-98.

Hempel, Carl (1966), *The Philosophy of Natural Science*, Upper Saddle River, NJ: Prentice Hall.

Hempel, Carl (1970), "On the 'Standard Conception' of Scientific Theories", in M. Radner and S. Winokur (eds.), *Theories & Methods of Physics and Psychology: Minnesota Studies in the Philosophy of Science, Vol. IV*, Minneapolis: University of Minnesota Press, pp. 142-163.

Holmes, F. (1985), *Lavoisier and the Chemistry of Life*, University of Wisconsin Press.

Hoyningen-Huene, Paul (1990), "Kuhn's Conception of Incommensurability", *Studies in History and Philosophy of Science* 21: 481-492.

Hoyningen-Huene, Paul (1992), "The Interrelations between Philosophy, History and Sociology of Science in Thomas Kuhn's Theory of Scientific Development," *British Journal for the Philosophy of Science*, 43: 487-501.

Hoyningen-Huene, Paul (1993), *Reconstructing Scientific Revolutions: Thomas S. Kuhn's Philosophy of Science*, trans. A. T. Levine. Chicago: University of Chicago Press.

Hull, David (1965), "The Effect of Essentialism on Taxonomy: Two Thousand Years of Stasis," *British Journal for the Philosophy of Science* 15: 314-26 & 16: 1-18.

Irzik, Gürol & Grünberg, Teo (1995), "Carnap and Kuhn: Arch enemies or close allies?", *British Journal for the Philosophy of Science* 46: 285-307.

Irzik, Gürol & Grünberg, Teo (1998), "Whorfian Variations on Kantian Themes: Kuhn's Linguistic Turn", *Studies in the History and Philosophy of Science* 29: 207-221.

Kantorovich, Aharon (1993), *Scientific Discovery: Logic and Tinkering*, Albany: State University of New York Press.

Kemeny, John & Paul Oppenheim (1956), "On Reduction", *Philosophical Studies* 7: 6-19.

Kitcher, Philpp (1993), *The Advancement of Science*, Oxford: Oxford University Press.

Kripke, Saul (1972 / 1980), *Naming and Necessity*, Cambridge, MA: Harvard University Press.

Kuhn, Thomas (1957), *The Copernican Revolution*, Cambridge, MA: Harvard University Press.

Kuhn, Thomas (1962/2012), *The Structure of Scientific Revolutions*, 4th Edition, Chicago: University of Chicago Press.

Kuhn, Thomas (1970a), "Postscript-1969", in T. Kuhn (1962/2012), pp. 174-210.

Kuhn, Thomas (1970b), "Reflections on my Critic", in I. Lakatos & A. Musgrave (eds.)(1970), pp. 231-278. Reprinted in T. Kuhn (2000), pp. 123-175.

Kuhn, Thomas (1974), "Second Thoughts on Paradigms", in F. Suppe (ed.) (1974), *The Structure of Scientific Theories*, Urbana: University of Illinois Press, pp. 459-482. Reprinted in T. Kuhn (1977a), pp. 293-319.

Kuhn, Thomas (1976), "Theory Change as Structure Change: Comments on the Sneed Formalism", *Erkenntnis* 10: 179-199. Reprinted in T. Kuhn (2000), pp. 176-195.

Kuhn, Thomas (1977a), *The Essential Tension*, Chicago: University of Chicago Press.

Kuhn, Thomas (1977b), "Objectivity, Value Judgment, and Theory Choice", in T. Kuhn (1977a), pp. 320-339.

Kuhn, Thomas (1979), "Metaphor in Science", in A. Ortony (ed.)(1979), *Metaphor and Thought*, Cambridge: Cambridge University Press. Reprinted in T. Kuhn (2000), pp. 198-207.

Kuhn, Thomas (1983a), "Commensurability, Comparability, Communicability", in *PSA 1982*, Vol. 2, East Lansing, MI: Philosophy of Science Association, pp. 669-688. Reprinted in T. Kuhn (2000), pp. 33-57.

Kuhn, Thomas (1983b), "Rationality and Theory Choice", *Journal of Philosophy* 80: 563-570. Reprinted in T. Kuhn (2000), pp. 208-215.

Kuhn, Thomas (1987), "What are scientific revolutions?", in L. Krüger, L. J. Daston and M. Heidelberger (eds.)(1987), *The Probabilistic Revolution, Vol. 1: Ideas in History*, Cambridge, MA: MIT Press, pp. 7-22. Reprinted in T. Kuhn (2000), pp. 13-32.

Kuhn, Thomas (1989), "Possible Worlds in History of Science", in S. Allén (ed.)(1989), *Possible Worlds in Humanities, Arts and Sciences*, Berlin: Walter de Gruyter. Reprinted in T. Kuhn (2000), pp. 58-89.

Kuhn, Thomas (1990), "Dubbing and Redubbing: The Vulnerability of Rigid Designation", in C. W. Savage (ed.)(1990), *Scientific Theories, Minnesota Studies in Philosophy of Science, Vol. XIV*, Minneapolis: University of Minnesota Press, pp. 298-318.

Kuhn, Thomas (1991), "The Road since *Structure*", in *PSA 1990*, Vol. 2, East Lansing, MI: Philosophy of Science Association, pp. 3-13. Reprinted in T. Kuhn (2000), pp. 90-104.

Kuhn, Thomas (1992), "The Trouble with the Historical Philosophy of Science". Reprinted in T. Kuhn (2000), pp. 105-120.

Kuhn, Thomas (1993), "Afterwords", in P. Horwich (ed.)(1993), *World Changes: Thomas Kuhn and the Nature of Science*, Cambridge, MA: MIT Press, pp. 311-341. Reprinted in T. Kuhn (2000), pp. 224-252.

Kuhn, Thomas (1997), "A Discussion with Thomas S. Kuhn". Reprinted in T. Kuhn (2000), pp. 255-323.

Kuhn, Thomas (2000), *The Road since Structure: Philosophical Essays, 1970–1993*, edited by J. Conant and J. Haugeland, Chicago: University of Chicago Press.

Lakatos, Imre (1970). "Falsification and the Methodology of Research Pro-grammes," in I. Lakatos and A. Musgrave (eds.)(1970), pp. 91-196.

Lakatos, Imre (1971), "History of Science and Its Rational Reconstructions", in R. C. Buck & R. S. Cohen (eds.), *PSA 1970*, pp. 91-136. Reprinted in Lakatos (1978), pp. 102-138.

Lakatos, Imre (1978), *The methodology of scientific research programmes:*

Philosophical Papers Volume 1, edited by J. Worrall and G. Currie, Cambridge: Cambridge University Press.

Lakatos, Imre & Alan Musgrave (eds.)(1970), *Criticism and the Growth of Knowledge*, Cambridge: Cambridge University Press.

Laudan, Larry (1977), *Progress and its problems*, Berkeley: University of California Press.

Laudan, Larry (1984), *Science and Values: The Aims of Science and their Role in Scientific Debate*, University of California Press.

Laudan, Larry (1990), "Normative Naturalism", *Philosophy of Science* 57: 44-59.

Laudan, Larry (1996), *Beyond Positivism and Relativism*, Westview.

Laymon, Ron (1988), "The Michelson-Morley Experiment and the Appraisal of Theories", in A. Donovan, et al. (eds.)(1988), *Scrutinizing Science*, Kluwer, 245-266.

Lewens, Tim (2012), "Pheneticism reconsidered", *Biology and Philosophy* 27: 159-177.

Linnaeus, Carl (1751/2003), *Philosophia Botanica*, translated by Stephen Freer, Oxford: Oxford University Press.

Machery, Edouard (2009), *Doing without Concepts*, Oxford: Oxford University Press.

Masterman, Margaret (1970), "The Nature of a Paradigm", in I. Lakatos & A. Musgrave (eds.)(1970), pp. 59-90.

McMullin, Ernan (1984), "Goals of Natural Science", *Proceedings of American Philosophical Association* 58: 37-64.

Miller, David (ed.)(1985), *Popper Selections*, Princeton: Princeton University Press.

Murphy, Gregory (2002), *The Big Book of Concepts*, Cambridge, MA: MIT Press.

Nagel, Ernest (1939), *Principles of the Theory of Probability*, Vol. I, No. 6, of International Encyclopedia of Unified Science.

Nagel, Ernest (1961), *The Structure of Science*, Harcourt, Brace & World.

Nersessian, Nancy (2003), "Kuhn, Conceptual Change, and Cognitive Science", in Thomas Nickles (ed.)(2003), pp. 178-211.

Nickles, Thomas (ed.)(2003), *Thomas Kuhn*, Cambridge: Cambridge University Press.

Nola, Robert and Sankey, Howard (2007), *Theories of Scientific Method*, McGill-Queen's University Press.

North, J. D. (1974), "The Astrolabe", *The Scientific American* 230: 96-106.

Partington, J. (1957), *A Short History of Chemistry*, Dover.

Pedersen, Olaf (1974/1993), *Early Physics & Astronomy*, 2nd ed., Cambridge: Cambridge University Press.

Pinto de Oliveira, J. C. (2007), "Carnap, Kuhn, and revisionism: On the publication of Structure in encyclopedia", *Journal for General Philosophy of Science* 38: 147⁻157.

Pinto de Oliveira, J. C. (2015), "Carnap, Kuhn, and the History of Science: A Reply to Thomas Uebel", *Journal for General Philosophy of Science* 46: 215-223.

Popper, Karl (1959/1972), *The Logic of Scientific Discovery*, Hutchinson of London.

Popper, Karl (1970), "Normal Science and its Dangers", in I. Lakatos & A. Musgrave (eds.)(1970), pp. 51-58.

Popper, Karl (1974), "Replies to My Critics", in Paul Schilpp (ed.)(1974), pp. 961-1200.

Post, Heinz (1971), "Correspondence, Invariance and Heuristics", *Studies in History and Philosophy of Science* 2: 213-255.

Putnam, Hilary (1962), "What Theories Are Not", in Ernest Nagel, Patrick Suppes, and Alfred Tarski (eds.)(1962), *Logic, Methodology and Philosophy of Science*, Stanford, CA: Stanford University Press, pp. 240-251. Reprinted in H. Putnam (1975), pp. 215⁻227.

Putnam, Hilary (1975a), *Mathematics, Matter and Method: Philosophical Papers*, *Vol. 1*, Cambridge: Cambridge University Press.

Putnam, Hilary (1975b), "The meaning of 'Meaning'", in H. Putnam (ed.)(1975), *Mind, Language and Reality: Philosophical Papers, Vol. 2*, Cambridge: Cambridge University Press, pp. 215⁻271.

Putnam, Hilary (1981), *Reason, Truth and History*, Cambridge: Cambridge

University Press.

Reichenbach, Hans (1938), *Experience and Prediction*, Chicago: University of Chicago Press.

Reisch, George (1991), "Did Kuhn kill logical empiricism?", *Philosophy of Science* 58: 264-277.

Renzi, Barbara (2009), "Kuhn's Evolutionary Epistemology and Its Being Undermined by Inadquate Biological Concepts", *Philosophy of Science* 76: 143-159.

Resnick, R. (1968), *Introduction to Special Relativity*, John Wiley & Sons.

Reydon, Thomas and Paul Hoyningen-Huene (2010), "Discussion: Kuhn's Evolutionary Analogy in *The Structure of Scientific Revolutions* and 'The Road since Structure'", *Philosophy of Science* 77: 468-476.

Rips, Lance (1989), "Similarity, typicality, and categorization", in S. Vosniadou and A. Ortony (eds.)(1989), *Similarity and Analogical Reasoning*, Cambridge: Cambridge University Press, pp. 21-59.

Rosch, Eleanor (1978), "Principles of categorization", in E. Rosch and B. B. Lloyd (eds.)(1978), *Cognition and categorization*, Hillsdale, NJ: Erlbaum, pp. 27-48.

Rosch, Eleanor and Carolyn Mervis (1975), "Family resemblance: Studies in the internal structure of categories", *Cognitive Psychology* 7: 573-605.

Scheffler, Israel (1967), *Science and Subjectivity*, Bobbs-Merrill.

Shapere, Dudley (1966), "Meaning and Scientific Change", in R. G. Colodny (ed.), *Mind and Cosmos*, University of Pittsburgh Press, pp. 41-85.

Shapere, Dudley (1971), "The Paradigm Concept", Science 172: 706-709.

Smith, Edward and Steven Sloman (1994), "Similarity versus rule based categorization", *Memory & Cognition* 22: 377-386.

Sober, Elliott (2015), *Ockham's Razors: A User's Manual*, Cambridge: Cambridge University Press.

Sokal, Robert (1986), "Phenetic Taxonomy: Theory and Methods", *Annual Review of Ecology, Evolution and Systematics* 17: 423-442.

Suárez, M. (1999), "The Role of Models in the Application of Scientific Theories; Epistemological Implications," in *Models as Mediators. Perspectives on*

Natural and Social Science, M. S. Morgan and M. Morrison (eds.), Cambridge: Cambridge University Press, pp. 168–196.

Suppe, Frederick (1974), "The Search for Philosophic Understanding of Scientific Theories". In F. Suppe (ed.)(1977), pp. 3–241.

Suppe, Frederick (ed.)(1977), *The Structure of Scientific Theories*, 2nd ed., Urbana: University of Illinois Press.

Uebel, Thomas (2011), "Carnap and Kuhn: On the relation between the logic of science and the history of science", *Journal for General Philosophy of Science* 42: 129–140.

Wittgenstein, Ludwig (1953), *Philosophical Investigations*, translated by G. E. M. Anscombe, Basil Blackwell.

Worrall, John (2000), "Kuhn, Bayes and 'Theory-Choice': How Revolutionary is Kuhn's Account of Theoretical Change?", in R. Nola and H. Sankey (eds.)(2000), *After Popper, Kuhn and Feyerabend*, Kluwer, pp. 125-151.

Wray, Brad (2011), *Kuhn's Evolutionary Social Epistemology*, Cambridge University Press.

찾아보기

조인래(趙仁來)

현재 서울대학교 철학과 교수 및 과학사·과학철학 협동과정 겸무교수
서울대학교 물리학과(학부)와 철학과(석사)를 졸업하고 미국 존스 홉킨스대학
철학과에서 철학박사 학위를 취득했다.
한국분석철학회와 한국과학철학회의 회장 및 편집인을 역임하였으며, 미국 과학
철학회의 학회지인 *Philosophy of Science*의 편집위원(2004-2009)으로 활동했다.
『현대 과학철학의 문제들』(공저), 『쿤의 주제들 : 비판과 대응』(편역) 등의 저·역
서 외에 다수의 논문이 있다.

토머스 쿤의 과학철학
쟁점과 전망

초판 1쇄 발행 2018년 2월 23일

지은이 | 조인래

펴낸이 | 고화숙
펴낸곳 | 도서출판 소화
등록번호 | 제13-412호
주소 | 서울시 영등포구 버드나루로 69
전화 | 02-2677-5890
팩스 | 02-2636-6393
홈페이지 | www.sowha.com

ISBN   978-89-8410-491-4 93400

값 25,000원